高等学校工程管理专业系列教材

市政工程项目全过程管理

王恩茂　戴　滢　主　编
朱建良　韩谋学　王志良　副主编
乐　云　主　审

中国建筑工业出版社

图书在版编目 (CIP) 数据

市政工程项目全过程管理 / 王恩茂, 戴滢主编; 朱建良等副主编. -- 北京: 中国建筑工业出版社, 2025. 7. -- (高等学校工程管理专业系列教材). -- ISBN 978-7-112-31127-9

Ⅰ. TU99

中国国家版本馆 CIP 数据核字第 2025PL9898 号

市政工程项目是为人们提供必不可少的物质条件的城市公共设施项目, 是城市基础设施的重要组成部分和社会发展的基础条件, 与城市的生存和发展紧密相连, 与城市市民的生活质量休戚相关。市政工程项目能否顺利实施直接关系到项目目标的实现, 因此, 采用科学的管理方法与手段对市政工程项目建设中的各种资源进行有效组织和控制是确保市政工程项目目标实现的重要保障。

鉴于此, 本书充分发挥高校和行业企业开展产学研合作机制的优势, 针对市政工程项目的特点, 系统地阐述了如何运用工程项目管理的基本理论、方法和技能, 解决市政工程项目投资决策、准备、实施及收尾等阶段中招标投标、合同、进度、质量、安全、造价和档案等方面的管理问题, 并融入了行业企业的一些成熟做法、先进经验以及最新的科研成果, 可供从事市政工程项目建设管理、设计、施工、监理等的工程技术人员使用, 也可作为高等学校工程管理、土木工程、市政工程及其他相关专业师生的选修课程教材使用。

为了更好地支持相应课程教学, 我们向采用本书作为教材的教师提供教学课件, 有需要者可与出版社联系, 邮箱: jckj@cabp.com.cn, 电话: (010) 58337285, 建工书院 http://edu.cabplink.com (PC 端)。

责任编辑: 张　晶　冯之倩

责任校对: 张　颖

高等学校工程管理专业系列教材

市政工程项目全过程管理

王恩茂　戴　滢　主　编

朱建良　韩谋学　王志良　副主编

乐　云　主　审

*

中国建筑工业出版社出版、发行 (北京海淀三里河路 9 号)

各地新华书店、建筑书店经销

北京科地亚盟排版公司制版

天津安泰印刷有限公司印刷

*

开本: 787 毫米×1092 毫米　1/16　印张: 13½　字数: 332 千字

2025 年 6 月第一版　　2025 年 6 月第一次印刷

定价: **42.00** 元 (赠教师课件)

ISBN 978-7-112-31127-9

(44853)

前　　言

随着我国城市化进程的发展，以及人们对美好生活的向往，城市公用基础设施类市政工程项目的需求与投资越来越多，但市政工程项目的建设资金来源于公共财政，如果建成物达不到预期的建设目标，将会使政府失信于百姓。因此，为了确保实现市政工程项目的建设目标，对市政工程项目所运用的管理方法与手段进行针对性研究与总结，已成为工程管理学科重要的研究方向和广大市政工程项目管理者们的迫切需求。

市政工程项目是为城镇生产和居民生活提供各种服务的公用工程项目，包括供水、排水、道路、桥梁、隧道、电力、电信、燃气、热力、防洪、垃圾处理、社会公共停车场等公用设施项目。市政工程项目具有建设资金来自公共财政且建成物归属公共使用，与城市的生存和发展紧密相连，与城市市民的生活质量休戚相关，项目类型多、工程战线长、地质情况复杂、地基基础处理手段多样和复杂等鲜明的特点。市政工程项目管理除了具有一般项目管理的一次性、系统性、综合性和建设目标的约束性等特点外，还具有监督管理部门多、审批流程复杂，参建单位多、管理难度大、文明施工要求高、组织施工困难等特点。因此，在市政工程项目的建设中应特别强调以人为本，文明施工，综合考虑众多参建单位不同的利益诉求，确保建设期间对城市市民的生产、生活和环境产生的影响降到最小，建成后城市市民在生产、生活和环境方面受益最大。

本书充分发挥高校和行业企业开展产学研合作机制的优势，融入了行业企业的一些成熟做法、先进经验以及最新的科研成果，目的是为工程管理专业或其他土建类专业提供一部应用型专业选修课程教材或专业参考书，使学生能针对市政工程项目的特点，运用工程项目管理的基本理论、方法和技能，解决市政工程项目决策、准备、实施及收尾等阶段中的招标投标、合同、进度、质量、安全、造价和档案等方面的管理问题，进而具备对市政工程项目进行全方位、全过程、全要素管理的能力。

本书由嘉兴大学王恩茂和浙江协和建设有限公司戴滢共同担任主编，浙江桐升建设有限公司朱建良、浙江鑫博学建设集团有限公司韩谋学与浙江公科固桥工程有限公司王志良共同担任副主编，组织相关单位的专业技术人员编写而成，全书由同济大学乐云教授担任主审。具体撰写分工如下：第1章由王恩茂和戴滢编写；第2章由王恩茂和朱建良编写；第3章由王恩茂和韩谋学编写；第4章由王恩茂和王志良编写；第5章由王恩茂和浙江协和建设有限公司毋红志编写；第6章由王恩茂和浙江桐升建设有限公司费建强编写；第7章由王恩茂和戴滢编写；第8章由上海宝冶集团有限公司王紫旋编写；第9章由王恩茂和浙江鑫博学建设集团有限公司韩谋锐编写；第10章由王恩茂编写；全书由王恩茂教授统筹定稿。

　　本书在编写过程中参阅了大量的专业书籍，在参考文献中已一一列出，在此谨向这些书籍的作者们表示衷心的感谢。同时，本书在编写过程中还获得了嘉兴大学科研基金、教改基金的资助，在此一并表示谢意。

　　由于我国市政工程项目管理事业还处在不断地完善与发展中，加之作者的理论水平和实践经验以及对工程项目管理的理解程度有限，书中难免存在不足与缺漏之处，恳请广大读者批评指正并与作者联系：1216097193@qq.com。

目　　录

第1章　概　　论

【本章要点及学习目标】
1. 了解市政工程项目的含义及特点。
2. 熟悉市政工程项目管理的含义及特点。
3. 掌握市政工程项目策划生成流程与行政审批管理的内容。

1.1　市政工程项目的含义及特点

1.1.1　市政工程项目的含义

"市政"的含义很广，有城市就有市政。它包含城市的组织、法制、规划、建设、管理等方面。而市政工程项目则是"市政"范畴中有关工程建设方面的一类项目，是城市基础设施建设的重要组成部分。《辞海》中把市政工程项目定义为"为城镇生产和居民生活服务的各种公用的工程建设项目的总称"。市政工程项目包括供水、排水、道路、桥梁、隧道、电力、电信、燃气、热力、防洪、垃圾处理、社会公共停车场等公用设施项目。它属于财政投资的公益性项目，服务于城市的建设和发展，是城市基础设施的重要组成部分；同时，它也是社会发展的基础条件，与人民生活密切相关，是为人民提供必不可少的物质条件的城市公共设施项目。

市政工程从职能上划分，可分为建设与管理养护两部分。市政工程项目的建设包括规划、勘测、设计、施工、监理、监督与检测、竣工验收等内容；市政工程项目的管理养护主要包括设施的日常检查、定期检查、特殊检查、专门检验、长期观测、日常维护、小修、中修、大修以及路政管理等内容。

1.1.2　市政工程项目的类型

现代化城市的市政工程项目可以分为以下7个方面的类型：

1. 城市道路交通设施项目

城市道路交通设施项目是保证城市运行最基本的物质条件。"道路是城市的骨架，交通是城市的血脉"。城市交通对城市国民经济的发展起着极为重要的作用，特别是对城市可持续高速发展的前景起着明显的制约作用。因此，编制合理的城市综合交通规划，建成赋能城市发展的公共道路交通设施，形成功能明确、等级结构协调、布局合理的城市交通网络，是现代城市亟待建设的重大民生工程。

2. 城市供水及排水系统设施项目

水是人类生存的基本要素，城市供水及排水系统设施项目是城市存在的命脉。"民以食为天，食以水为先"。因此，加强研究、开发和推广节水型新技术、新工艺、新设备，开发和研究多种高效、节能、节水的水处理工艺，建成合理利用水资源、提高用水效率和水环境质量的城市供水及排水系统设施项目，是保障城市可持续发展的重要物质

1

条件。

3. 城市能源供应设施项目

城市能源供应设施项目是保障城市居民正常生活最基本的物质条件。自 1952 年以来，城市居民经历了木柴、木炭→煤→煤球、煤饼→蜂窝煤→瓶装煤气、管道煤气→天然气等阶段的燃料革命与革新，逐渐发展为管道输气。管道输气具有节约能源、净化环境、减少污染、使用方便等诸多优点，已成为世界各大城市首选的能源供应方式。因此，建成节约能源、减少污染的城市能源供应设施项目是保障城市正常运行的必要条件。

4. 城市邮电通信设施项目

城市邮电通信设施项目是保障城市快速发展与居民生活水平提高的重要物质条件。城市邮电通信设施在当今信息时代显得特别重要，是整个城市基础设施建设的重要组成部分，也是体现城市综合竞争力的标志之一。因此，建成网络发达、互联互通的城市邮电通信设施项目是构建智慧城市的基础性先决条件。

5. 城市园林绿化设施项目

城市园林绿化设施项目是改善生态、美化环境、降低噪声、营造休憩园地、提高城市品位的重要物质条件。追求人与环境和谐共生是建设园林绿化设施项目的终极目标，它对提高城市居民的生活质量具有重要的助推作用。因此，建成提高人民健康水平的公园、绿道等城市园林绿化设施项目是构建宜居宜业城市的基础性先决条件。

6. 城市环境保护设施项目

城市环境保护设施项目是促进城市可持续发展的重要物质条件。城市环境保护已越来越受到城镇居民的关注。凡是人口密集的城镇，每天都有大量的工业废料和生活垃圾产生，毒气、污水、废物及噪声等，不同程度地损害着人们的身心健康。因此，建成纳污截流的污水处理厂、垃圾处理场，进行污水和烟气处理，最大限度地控制污水、毒气、噪声、废物对城市的危害，是保障人民生活健康和社会和谐发展的重要物质条件。

7. 城市防灾安全设施项目

台风、沙尘暴、暴雨洪水、火灾、雪灾以及滑坡、泥石流、地震等灾难性的地质灾害，往往大范围地严重危害城市的安全，吞噬着人民生命，使城市遭受数以亿计的财产损失。因此，建设城市防灾与安全设施项目，如修建防洪大堤、疏通城市河道、设计建筑物的抗震性能等，是保障城市人民生产和生活正常秩序的重要物质条件。

由上可知，每一类城市基础设施项目都是城市赖以生存和发展的重要组成部分，特别是水、气、路、电、环境保护、防灾安全等项目。这些均需要从规划着手，精心设计，精心施工，严密监测、科学管理，方能保障城市的正常运行和健康发展。

1.1.3　市政工程项目的特点

1. 项目建设资金来源于公共财政且建成物归属公共使用

公共财政来源包含广大公众纳税人贡献的部分，建成物品质水平的优劣直接反映了对广大公众纳税人的服务质量。市政公用工程建设的业主（代建）单位是代表政府将纳税人的贡献转换为对纳税人的回报的具体责任单位，并为工程建设负总责。为了保证公共财政资金依法、安全、有效、科学、合理地使用，业主（代建）单位严格依照国家相关法律法规的规定，组织市政公用工程建设是不争的原则，任何业主（代建）单位或个人没有超出法律规定管理项目的权力。

2. 项目与城市的生存和发展紧密相连，与城市市民的生活质量休戚相关

市政工程因城市而生，因城市而建。市政工程项目不仅是城市形象的标志，而且关系到城市的生存与发展，与人民群众的生活质量有着紧密联系。"衣、食、住、行"是人类生活的基本内容，这些都离不开路、电、水、气，离不开污水、垃圾的处理。一个城市要生存，要发展，经济要繁荣，生活质量要提高，基础设施建设必须先行，并且处于"前提"和"先决"的地位。

随着社会的发展，城市在经济、政治、文化、交通、公共事业等方面既自成体系，又密切相关。市政工程项目既是一个城市存在的最基本的物质条件，又起着很重要的调节和纽带作用，它可以根据城市总体规划，充分利用城市平面及空间，将园林绿化与公共设施结合起来统一考虑，通过提高市政基础设施的功能，来达到减少投资、加快城市建设速度和美化城市的目的。同时，市政基础设施越完善，城市居民生产生活就越便利，生活质量就越高。

目前许多城市为了适应经济的高速发展，都在拓展改造原有的城市道路路网，采用城市快速干线、高架、隧道、轻轨、地铁等方式，解决城市行路难、停车难的问题。各级政府环境保护意识大大增加，纷纷建立污水处理厂、垃圾填埋场，对城市河道进行整治，增加绿化面积等，这些都说明与其他工程项目相比，市政工程项目与城市生存发展和人民生活质量关系更密切。

3. 项目类型多，工程战线长，地质情况复杂，地基基础处理手段复杂多样

市政工程项目位于城市内，就其功能而言，项目类型多样。例如：有幽静的园林步道及建筑小品；有供车辆行驶的不同等级道路，有跨越河流为联系交通或架设各种管道用的桥梁；有为疏通交通、提高车速建设的环岛及多种形式的立交工程；有供生活生产用的上下水管道；有供热煤气、电信等综合性管沟；有生活水厂与污水处理厂、防洪堤坝等。

市政工程项目多为线性工程，且建设内容丰富多样，涉及面极广，例如，城市道路不仅是组织交通运输的基础，也是敷设各种市政管线的载体，为地下管网提供空间；场地狭小、战线长、管线多，且地下各种城市管网纵横交错，地质情况极为复杂，一条数公里长的线路内，会遇到多种不良工程地质问题，解决的方法也各不相同。不同的地层和不同的工程地质特征，其处理手段和选用的机具设备也不尽相同。因此，地基基础处理的方法与手段具有明显的多样性和复杂性。

1.2　市政工程项目管理的含义及特点

1.2.1　市政工程项目管理的含义

市政工程项目管理是指承建单位运用系统的管理理论和方法，对市政工程项目进行的计划、组织、控制、协调和指挥等的专业化活动或工作。同一管理对象，由于管理主体不同，其管理范围、管理内容、管理任务也存在差异，不能混为一谈，更不能相互替代。

从建设单位的角度来讲，市政工程项目管理是把市政工程项目作为管理对象，通过设立一个专门的组织机构（一般为市政建设管理公司），对市政工程项目进行计划、组织、

控制和指挥，以实现市政工程项目全过程动态管理和项目目标的协调与优化。

从施工单位的角度来讲，市政工程项目管理是指把施工的市政工程项目作为管理对象，以项目经理责任制为中心，以合同为依据，按施工项目的内在规律，对资源进行优化配置，对各生产要素进行有效的计划、组织、控制、协调和指挥，以取得最佳的经济效益的施工全过程管理。

从监理单位的角度来讲，市政工程项目管理是指工程监理单位受建设单位委托，把市政工程项目作为服务与管理对象，根据法律法规、市政工程建设标准、勘察设计文件及合同，对市政工程项目的质量、造价、进度进行控制，对合同、信息进行管理，对市政工程建设相关方的关系进行协调，并履行市政工程安全生产管理法定职责的服务与管理活动。

1.2.2 市政工程项目管理的特点

市政工程项目管理除了具有一般项目管理的一次性、整体性、综合性和建设目标的约束性等特点外，还具有鲜明的自身管理特点，主要体现在：

1. 审批流程复杂、监督管理部门多

市政工程项目公益性很强，因此，在立项决策阶段除了进行技术经济论证外，还需通过众多监督管理部门的预审与评审，这些管理部门按照自己的职责范围对市政工程建设项目实施交叉监督与管理工作，主要包括发展与改革、财政、规划、国土资源与房产管理、环境保护、海洋与渔业、水利、建设与管理、市政园林、交通管理、港口管理、海事、人民防空、公安消防、气象、质量安全监督、建设工程招标投标管理、建设工程交易、财政审核、政府投资项目评审、公安交警、航空安全监督管理、档案管理、政府采购、安全生产监督、审计、纪检监察等部门，以确保项目建设期间对城市市民的生产、生活和环境产生的影响最小，建成后城市市民在生产、生活和环境方面受益最大。

2. 参建单位多、管理难度大

一个市政工程项目从策划决策到建成投入使用，通常要有多方的参与管理以保证项目完成。它们在市政工程项目建设中扮演着不同的角色，发挥着不同的作用。一般来讲，市政工程建设项目的主要参建单位有：

(1) 建设单位。建设单位是指对建设工程项目策划、资金筹措、建设实施、生产经营、债务偿还和资产保值增值进行全过程负责的企事业单位或者其他经济组织。当建设单位的身份为一个广义概念或无法自行组织项目的实施时，可委托专业代理公司履行建设单位（代建单位）职责并组织项目的建设管理工作。建设单位和代建单位一般统称为建设单位（也称业主）。

市政工程项目一般由地方财政进行投资与融资，建设单位是政府（或广义上的纳税人），使用者是民众，一般由政府指定一个代建单位作为建设单位履行业主职责，全面主持从项目建议书开始到工程竣工验收、交付使用、保修期满、工程竣工决算完成并形成固定资产及后评价为止的所有建设管理工作，并对工程负终身责任。

(2) 设计单位。设计单位是从事设计工作的各类机构的总称。它以建设单位的建设目标、政府建设法律法规要求、建设条件作为依据，通过招标投标方式取得项目的设计权，经过智力投入完成市政工程项目方案的综合创作，编制出用以指导项目实施活动的设计文件。

设计联系着项目决策和项目建设施工两个阶段，设计文件既是项目决策基础，也是项目施工的主要依据。因此，建设单位与设计单位签订设计合同后，设计单位为保证完成相应的设计任务，首先应抽调有关人员组建设计项目管理部，明确各自的职责与工作范围，完成各自的设计任务，最后确保按时保质保量地完成设计任务。

（3）施工单位。施工单位是指以承包工程施工建设为主要经营活动的建筑产品生产者和经营者。在市场经济体制下，施工单位通过工程投标竞争，签订工程的承包合同后，根据施工单位技术和管理的综合实力，制定最经济合理的施工方案，并组织协调人、财、物等各种资源进行工程的施工和安装，以保证在规定的工期内，全面完成质量符合发包方标准的施工任务。

建设单位与施工单位签订施工合同后，施工单位为保证完成合同中约定的施工任务，应按照国家及企业的有关规定组建施工项目管理部，明确各自的职责与工作范围，确保按时保质保量地完成工程施工任务。

（4）监理单位。监理单位是指具有相应资质的工程监理企业。它们通过工程监理招标投标行为或直接接受建设单位的委托，代表建设单位对承建单位的行为进行专业化监控。工程监理的工作内容包括工程建设投资控制、进度控制、质量控制、安全控制、信息管理、合同管理、协调有关单位间的工作关系等。

建设单位与监理单位签订监理合同后，监理单位为保证完成监理合同中约定的监理任务，应按照国家及监理企业的有关规定组建监理项目管理部，明确各自的职责与工作范围。监理单位的权利义务来源于其与建设单位或代建单位签订的监理合同及国家相关法律的规定，监理单位接受了项目法人的授权，与施工单位没有直接的合同关系。

（5）征地拆迁单位。市政工程项目建设用地的取得通常需要由具体负责土地征收、房屋拆迁及相关补偿安置工作的部门或单位来完成。例如政府相关部门负责土地征收的审批、规划及政策制定，市政集团或拆迁公司等企业承担拆迁、安置和土地整理等工作。

除以上主要参建单位之外，市政工程项目在建设过程中还会涉及众多其他参建单位，主要包括：

（1）地质勘探单位。地质勘探单位是指为弄清市政工程建设场地的工程地质条件、基础水文地质条件及地质灾害情况等，分析、预测和评价可能存在或者已经发生的工程地质问题提供技术服务，为推动工程项目顺利、安全地建设提供可靠地质科学依据的单位。

建设单位通过招标投标方式确定地质勘探单位并签订地质勘探合同，地质勘探单位为保证完成合同中约定的地质勘探任务，应按照国家及企业的有关规定组建地质勘探项目管理部，明确各自的职责与工作范围，以确保按时保质保量地完成工程地质勘探任务。

（2）工程测量单位。为了做好一个市政工程项目的设计工作，必须对市政工程场地标高、建筑物、构筑物、名木古树、河流、水系，尤其是各种地下市政管线的平面、高程、管径等进行准确测量。可以说，没有测量工作为工程建设提供基础设计和施工数据，任何市政工程建设都无法顺利地进行和完成。工程测量单位就是提供工程测量服务的单位。

（3）科研单位。在市政工程项目建设中会广泛应用新技术、新工艺、新材料、新设备，这也意味着市政工程项目在实施的过程中存在着诸多的技术难题需要研究和攻克，因此，需要与科研单位共同合作来破解工程难题。

（4）材料供应单位。市政工程项目建设是一个消耗大量物质资料的过程，因此，需要众多的建筑材料、构配件、仪器设备等生产单位为其提供建设所需的各类建筑材料。

（5）工程检测单位。为了确保市政工程项目的质量与安全，在施工期间及完工后还应提供诸如桥梁、地下管线、隧道等的安全检测评估报告。工程检测单位将提供工程质量检测服务。

（6）试验单位。试验单位是指为市政工程项目建设中使用的水泥、砂石原材料、墙体材料、防水材料、钢材等各类建筑材料的性能，以及混凝土配合比、砂浆配合比、混凝土耐久性、外加剂性能、掺合剂性能和混凝土结构属性等提供公正数据的具有独立法人地位的第三方试验检测机构（公司）。

（7）环境评价机构。根据《中华人民共和国环境影响评价法》等，建设项目应进行环境影响评价，即对项目建设期间及建成后对周围环境产生的影响进行详细分析、预测和评价，并对项目的环境可行性提出明确的结论。环境评价机构是指具备相应资质，专门从事环境影响评价工作的第三方机构。

（8）水土保持评价机构。市政工程项目建设期间以及建成后可能会造成一定的水土流失，因此，建设单位需要事先委托具有水土保持方案编制资质的单位进行论证。

（9）水利、防洪评价与论证机构。市政工程项目在建设与运营的过程中，建设单位应妥善解决工程建设与第三方的涉河权益关系，防止产生不必要的水事纠纷。在工程建设和工程建成后的管理中，在涉水范围内应设置警示标志和防护措施，以保障他人的生命财产安全。工程设计和施工要充分考虑防洪、水位淹没、泥沙作用等对工程自身安全和他人安全的影响，并注重对铁路路基的防护，工程施工期间和完工后应加强对工程及其他建筑物稳定性的监测。禁止在项目建设范围内建设非防洪设施和设置商业网点、居住点，防止人为将污水、垃圾倾倒河中污染水体。在工程建设和工程建成后的使用中，必须制定切实可行的度汛方案和管理制度，加强与防汛、气象、水文部门的联系，掌握水情、雨情，确保人身、财产和设施的安全，并服从防汛部门的调度。

（10）地质灾害及地震影响评价机构。大型市政工程项目必须要进行工程地震安全性评价及地质灾害危险性预测评估，因此，建设单位应委托具有建设工程地震安全性评价资质和具有地质灾害危险性评估资质的单位进行地质灾害和地震影响评价分析。

（11）招标代理等工程咨询机构。市政工程项目在实施过程中的工程招标投标、工程预算、工程决算等业务可委托具有相应资质的招标投标代理机构及工程造价咨询机构提供相关的咨询服务。

（12）图纸审查机构。在市政工程项目设计完成后，应委托具有图纸审查资格的单位对设计文件的合法性和强制性技术条件（是否符合现行国家及地方的有关规范及标准）进行全面审查，以保证工程设计的正确性和合理性。审查单位完成审查后，出具合格书，并向行政管理部门进行施工图审查备案。

（13）工程保险单位。市政工程项目具有以下特点：工程线性分布，施工流动性大；地处交通繁忙、周边居民密集的环境；工程类型繁多，施工协作性高；外界干扰大，风险因素多等。这些特点使项目在实施过程中存在大量的风险，如自然风险、经济风险、技术风险、社会风险、内部决策与管理风险等，为了降低风险系数，建设单位或施工单位一般都要通过投保的方式对风险进行转移。

市政工程项目的参建单位众多且利益诉求不同，使得市政工程项目的管理难度明显增大。

3. 文明施工要求高、组织施工困难

现代城市商业发达，人们生活节奏很快，车多人多，交通繁忙，而市政基础设施的条件大多与城市发展所需不能完全匹配。市政工程项目的建设多是在先有用户的情况下进行改建和扩建，由于在市区内施工，需埋设新的地下管网，在新管网未建成运行之前，旧的市政管线不能废除，否则会影响沿线市民的生产与生活，同时还得考虑新、老管线之间的衔接，以及在挖槽敷管时，如何保证周围建筑物和旧市政工程管线的安全，特别是对一些具有文物价值的古建筑、古树名花等，必须制定严密的施工组织专项方案，否则将会造成不可挽回的损失。另外，总是在交通流量大的瓶颈路段才决定道路的扩建或立交桥、高架桥的新建。工程项目的施工势必会对本已拥挤不堪的交通路段产生了"雪上加霜"的影响，因此在施工中，要尽量减少对原有交通流量的影响，此时施工组织就需要半幅路面交叉施工，加大了基槽开挖敷设市政管线的难度，同时工期又要求尽量缩短，以减少给市民带来的不便与麻烦。因此，市政工程项目实施时的交通组织非常困难，对文明施工的要求很高，在建设实施的过程中应特别强调以人为本，文明施工，尽量要做到"困难自己克服，方便留给群众"。

1.3 市政工程项目决策管理

1.3.1 项目来源

有城市就有市政工程项目，它是城市基础设施的重要组成部分，是社会发展的基础条件，特别是水、气、路、电、环境保护、防灾安全等是城市生存和发展的必要条件，与人民的生活密切相关，因此，城市为人民提供必不可少的物质条件就是市政工程项目的基本来源。市政工程项目的来源主要包括：城市或行业规划中已纳入建设计划的项目（新建）；规划区建设中需要配套的项目（新建）；地方政府根据地区社会经济发展的需要提出的项目；社会公众根据当地生产生活的需要提出的项目等。

1.3.2 决策流程

一般来讲，市政工程项目策划生成的流程如下：

1. 启动阶段

一般由建设（代建）单位负责启动项目的初步研究工作，内容包括项目选址意向（含所有界址点坐标）、初步建设内容、建设规模、主要技术方案、初估投资等指标（相当于预可行性研究深度）等。形成的工作成果提交给政府相关行政管理部门（一般为发展改革委员会）进行初审。

2. 项目建设条件核实与规划预选址阶段

一般由建设（代建）单位负责对接规划、发展和改革、自然资源、环保、海洋、市政园林、水利、经济和信息化等部门和项目所在地区政府，及时获取对项目建设条件的核实情况及规划预选址（含边界图）的完成情况。

3. 项目可行性研究阶段

建设（代建）单位在收到政府相关行政管理部门（一般为发展和改革委员会）下达的项目前期工作计划后，应协调相关部门立即启动项目报建、勘察设计招标、可行性研究（或方案设计）及各专项报告编制等工作。在可行性研究（或方案设计）的编制过程中，可根据需要提请发展和改革部门牵头召开可行性研究方案编制协调会，沟通协调设计方案。可根据需要配合规划部门启动规划征求公众意见工作，并及时获取项目土地征收意见、土地勘测定界技术报告书、地质灾害易发区或压覆矿产资源的说明等信息，开展相关论证工作。

4. 项目可行性研究报告初审阶段

可行性研究报告（或方案设计）编制完成后，建设（代建）单位应在规定的工作日内将可行性研究报告（或方案设计）提交给行业主管部门进行行业初审并及时获得初审意见。行业主管部门初审提出修改意见的，应在规定的工作日内修改完善并重新提交。初审意见下达后，应在规定的工作日内将可行性研究报告（或方案设计）和行业初审意见提交给政府相关行政管理部门开展联评联审工作。建设（代建）单位应指定专人及时跟踪联评联审进展，及时获得联评联审会议纪要。

5. 项目可行性研究报告修订阶段

建设（代建）单位应在取得联评联审会议意见及会议纪要后，在规定的工作日内完成可行性研究报告修订工作，并提交给政府相关行政管理部门。

6. 项目可行性研究报告决策阶段

建设（代建）单位应指定专人跟踪决策进展，及时在政府相关行政管理部门信息平台上获得项目评审报告、建设方案策划意见函。提前做好报批准备工作，在项目建设方案策划意见函下达后启动正式审批申报程序。

【案例 1-1】

某市为我国改革开放试点城市之一，陆域面积为 $1800km^2$，海域面积为 $350km^2$。全市常住人口为 540 万人，常住人口城镇化率为 90.81%。2023 年全年地区生产总值（GDP）为 9000 亿元，经过几十年的建设，城市基础设施发达，公共设施完善，尤其在市政工程项目建设方面，积累了丰富的经验并拥有完善的项目策划生成管理系统，具体流程如图 1-1 所示。

1.4 市政工程项目行政审批管理

市政工程项目前期决策阶段行政审批事项主要包括工程立项用地规划许可、工程建设规划许可和工程施工许可 3 项内容。

1.4.1 工程立项用地规划许可

工程立项用地规划许可阶段的审批事项主要包括项目选址意见书、预审意见、用地预审、可行性研究批复、建设用地规划许可等内容。建设单位依据相关法律法规，按照审批流程，准备好相关申请材料，在规定的地点和时限内办理相关审批手续。

项目启动	
审核内容	审核部门
提出项目选址意向、规模及初步内容等	发展和改革部门牵头，会同规划部门、相关行业主管部门和项目业主单位

规划预选址（未通过）
确定预选址意见(含边界图)
规划部门
通过

建设条件核实（未通过 / 计划变更）

核实意见	核实部门
用地预审意见	国土部门
用海和海洋环境影响评价意见	海洋部门
用林意见	市政园林部门
环境影响评价意见	环保部门
防洪、水土保持意见	水利部门

通过

下达前期工作计划
明确项目名称、项目编码、建设内容及规模、项目责任部门、业主单位等内容

无变更

业主单位开展的咨询及报建工作

- 编制项目可行性研究报告（或方案设计）
- 编制勘察设计招标文件
- 编制地质灾害评估报告 / 编制矿产压覆报告
- 编制地震安全评价报告 / 编制社会稳定风险评估报告
- 编制环境影响评价报告
- 编制水土保持方案、防洪方案
- 编制海洋环境影响评价报告 / 编制海域使用论证报告
- 编制节能评价报告
- 编制《使用林地申请表》《征占用林地可行性报告》或《使用林地现状调查报告》

相关行政部门同步开展的工作

相关工作内容	审查部门
规划选址意见书、征求公众意见	规划部门
项目报建	招标办公室
发布招标公告、勘察设计开标	交易中心
用地勘测定界、用地预审	国土部门
地质灾害评估、压覆矿产资源审查	
地震评估报告和社会稳定评估报告审查	安全部门
环境影响评价报告审查	环保部门
水土保持方案、防洪方案审查	水利部门
海洋环境影响评价报告审查	海洋部门
海域使用论证报告审查	
节能审查	经济和信息化部门
使用林地审查	林业部门

可行性研究初审（未通过）
行业主管部门组织
通过

可行性研究评审（未通过）
发展和改革部门牵头进行联评联审
通过

可行性研究决策（未通过）
发展和改革部门上报市政府决策
通过

下达可行性研究通知函及投资估算

启动正式审批申报程序

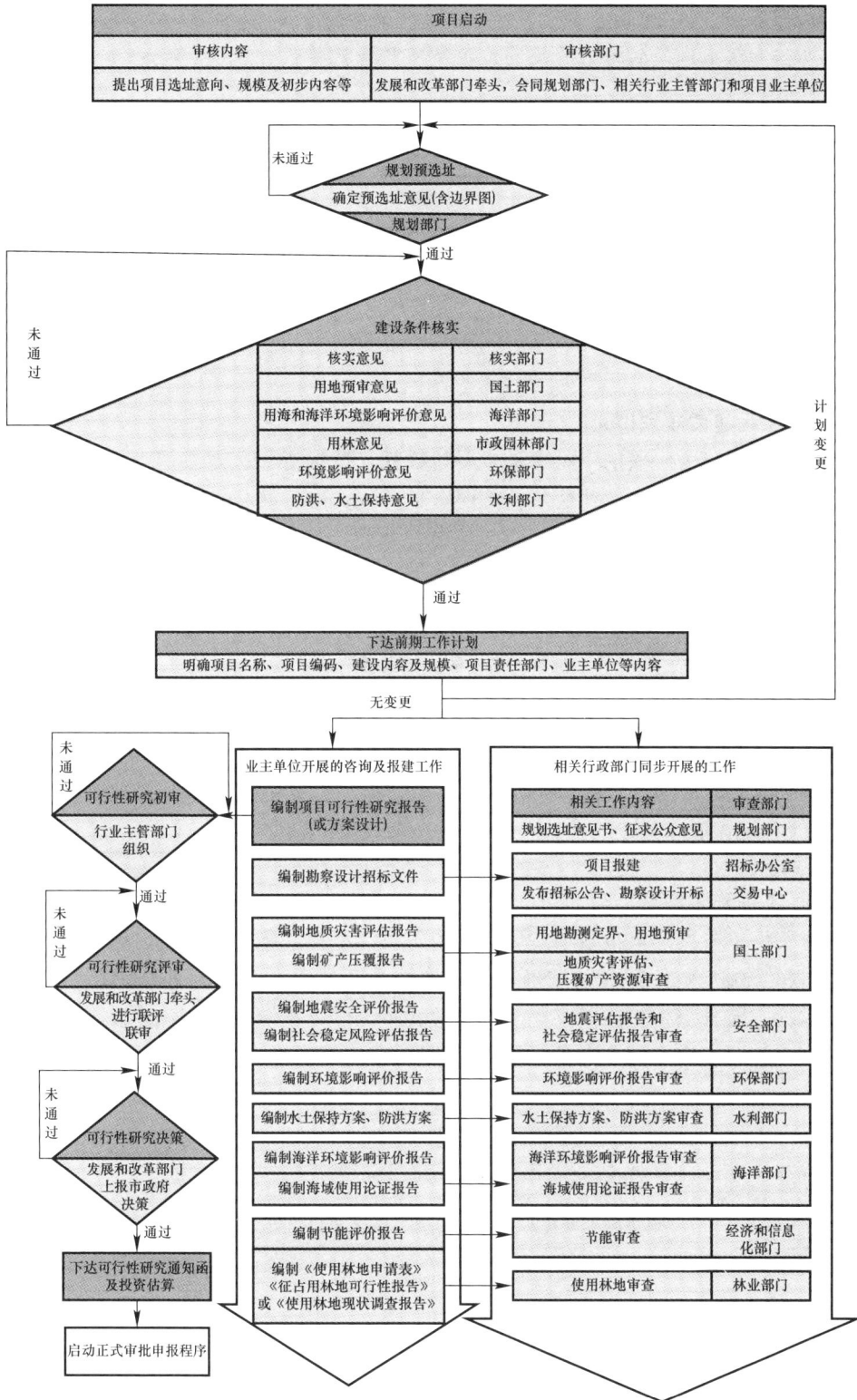

图 1-1 某市市政工程项目生成的流程

9

【案例1-2】

某市工程立项用地规划许可阶段的审批事项与审批单位如表1-1所示。

某市工程立项用地规划许可阶段的审批事项与审批单位　　　　　表 1-1

审批事项	审批单位
项目选址意见书	规划部门
预审意见	水利、环保、海洋、市政园林等行业主管部门
用地预审	国土资源管理局、房产局
可行性研究批复	发展和改革委员会
建设用地规划许可	规划部门

1.4.2　工程建设规划许可

工程建设规划许可阶段的审批事项主要包括联合技术指导、方案审查及工程规划许可等内容，建设单位依据相关法律法规，按照审批流程，准备好相关申请材料，在规定的地点和时限内办理相关审批手续。

【案例1-3】

某市工程建设规划许可阶段的审批事项与审批单位如表1-2所示。

某市工程建设规划许可阶段的审批事项与审批单位（建筑类）　　　　　表 1-2

审批事项	审批单位
联合技术指导	人民防空办公室、市政园林局、消防支队、国网供电公司等
方案审查	规划部门
工程规划许可	规划委员会

1.4.3　工程施工许可

工程施工许可阶段的审批事项主要包括消防设计审核、施工图审查、施工图合格书备案、防雷审核、施工图备案及区域确认、城市结合新建民用建筑易地修建防空地下室审批、市政审核、园林审核、质量安全监督申报、施工许可核发等内容，建设单位应依据相关法律法规、按照审批流程、准备好相关申请材料，在规定的地点和时限内办理相关审批手续。

【案例1-4】

某市施工许可阶段审批事项与审批单位如表1-3所示。

某市施工许可阶段审批事项与审批单位（建筑类）　　　　　表 1-3

审批事项	审批单位
消防设计审核	消防支队
施工图审查	图纸审查机构
施工图合格书备案	住房和城乡建设局
防雷审核	气象局

审批事项	审批单位
施工图备案及区域确认	人民防空办公室
城市结合新建民用建筑易地修建防空地下室审批	
市政审核	市政园林局
园林审核	
质量安全监督申报	质量安全站
施工许可核发	住房和城乡建设局

1.4.4 项目行政审批管理改革

目前，全国各地项目行政审批手续办理的流程不尽相同，在部分改革试点地区，流程精简、效率很高，但大部分地区流程复杂、效率较低。2019 年，国务院办公厅发布了《国务院办公厅关于全面开展工程建设项目审批制度改革的实施意见》（国办发〔2019〕11号），正式拉开了工程建设项目审批制度全流程、全覆盖改革的大幕，将进一步下放审批权限、精简审批环节、调整审批时序，例如，地震安全性评价在工程设计前完成即可；环境影响评价、节能评价等评估评价和取水许可等事项在开工前完成即可；可以将用地预审意见作为使用土地证明文件申请办理建设工程规划许可证；将供水、供电、燃气、热力、排水、通信等市政公用基础设施报装提前到开工前办理，在工程施工阶段完成相关设施建设，竣工验收后直接办理接入事宜等。项目行政审批管理的改革方向为：

1. 合理划分审批阶段

工程建设项目审批流程主要分为立项用地规划许可、工程建设许可、施工许可、竣工验收 4 个阶段。其中，立项用地规划许可阶段主要包括项目审批核准、选址意见书核发、用地预审、用地规划许可证核发等。工程建设许可阶段主要包括设计方案审查、建设工程规划许可证核发等。施工许可阶段主要包括设计审核确认、施工许可证核发等。竣工验收阶段主要包括规划、土地、消防、人防、档案等验收及竣工验收备案等。其他行政许可、强制性评估、中介服务、市政公用服务以及备案等事项纳入相关阶段办理或与相关阶段并行推进。每个审批阶段确定一家牵头部门，实行"一家牵头、并联审批、限时办结"，由牵头部门组织协调相关部门严格按照限定时间完成审批。

2. 推行区域评估制度

在各类开发区、工业园区、新区和其他有条件的区域，推行由政府统一组织对压覆重要矿产资源、环境影响评价、节能评价、地质灾害危险性评估、地震安全性评价、水资源论证等评估评价事项实行区域评估。实行区域评估的，政府相关部门应在土地出让或划拨前，告知建设单位相关建设要求。

3. 统一工程建设项目信息数据平台

地级及以上地方人民政府要按照"横向到边、纵向到底"的原则，整合建设覆盖地方各有关部门和区、县的工程建设项目审批管理系统，并与国家工程建设项目审批管理系统对接，实现审批数据实时共享。省级工程建设项目审批管理系统要将省级工程建设项目审批事项纳入系统管理，并与国家和本地区各城市工程建设项目审批管理系统实现审批数据实时共享。地方工程建设项目审批管理系统要具备"多规合一"业务协同、在线并联审批、统计分析、监督管理等功能，以应用为导向，打破"信息孤岛"，在"一张蓝图"基础上开展审批，实现统一受理、并联审批、实时流转、跟踪督办。

4. 建立统一审批和统一监管的管理体系

建立"一张蓝图"统筹项目实施、"一个窗口"提供综合服务、"一张表单"整合申报材料、"一套机制"规范审批运行的统一审批管理体系。建立以"双随机、一公开"监管为基本手段，以重点监管为补充，以信用监管为基础的新型监管机制，严肃查处违法违规行为。依托工程建设项目审批管理系统建立中介服务网上交易平台，对中介服务行为实施全过程监管。供水、供电、燃气、热力、排水、通信等市政公用服务要全部入驻政务服务大厅，实施统一规范管理，为建设单位提供"一站式"服务。

1.4.5　项目征地拆迁管理

市政工程项目大多在经济繁荣、人口密集的地方进行建设，征地拆迁的工作量非常大，因此，征地拆迁工作在市政工程项目建设中十分重要。随着《中华人民共和国物权法》（已废止）的实施，民众自我权益保护意识加强，受经济利益驱使，部分民众会提出不合理要求，给征地拆迁工作增添很多困难。征地拆迁工作的其难度不亚于工程本身的技术难度，如果征地拆迁工作不能完成，工程建设将寸步难行。因此，建设（代建）单位应成立专门的征拆部门或工作组，负责协调被征地村镇，配合属地政府做好农转用村民告知、召开村民代表大会等相关工作，为农转用以及发布征地公告做好准备工作。负责向属地政府申请出具完成土地房屋征收证明文件用于办理用地红线等相关手续。改扩建工程在原红线范围内的，可利用原有用地手续先行办理施工许可；线性工程可根据相关文件规定分段办理用地红线和施工许可。

涉及林业用地征收等情况，项目开工前应凭建设项目使用林地可行性报告向林业部门申请批复使用林地审核意见书、办理林地砍伐许可。涉及集体土地征收等情况，应凭农转用批文向国土部门申请发布征地（预）公告。涉及用海项目应凭海洋环境影响评价报告及海域使用论证报告向海洋渔业部门申请海域使用权证批复；开工前应凭通航安全影响论证报告和通航安全评估报告向海事部门申请水上水下作业许可；应凭已通过评审的通航安全评估报告和环境影响技术评估报告向港口部门申请港口岸线使用批复。

征用土地涉及军队和铁路等单位事项的，应加强沟通并提请有关军队管理部门、铁路公司等相关部门协调。特殊供水、高压、热力、氮气等管道迁改应与管线相关管理部门协调。

项目征地拆迁工作政策性强、涉及利益相关者多、对社会和个人影响大，因此，建设单位应依据相关法律法规，按照征地拆迁工作流程，准备好建设用地批文及红线图、工程项目勘测定界报告、发展和改革委员会立项批文、建设用地规划许可证及蓝线图、委托征地协议书等相关申请材料，在规定的时限内向国土资源与房产管理部门办理完相关审批手续后，由建设单位委托或通过招标确定有资质的征地拆迁公司负责组织实施。征地拆迁赔偿应由征地拆迁公司对征地范围和拆迁补偿内容数量进行实地丈量后，套用现行的补偿标准计算补偿金额，建设单位报送相关审核单位审定后执行。

【案例 1-5】

某市项目征地拆迁工作的基本流程如图 1-2 所示。

启动土地征收和用地报批相关前置工作

用地报批的前置条件

审核单位	审核事项
省自然资源厅	地灾评估
省自然资源厅	矿产压覆
村民委员会	征地告知书及被征地农民代表会议记录
市、区人力资源和社会保障局	社保告知书和社保审查

编制地质灾害评估报告(15天)(以单独选址报批的项目需准备)

编制矿产压覆报告(10天)(以单独选址报批的项目需准备)

编制《使用林地申请表》《征占用林地可行性报告》或《使用林地现状调查报告》

区林业主管部门	建设项目使用林地初审

市林业和草原局	建设项目使用林地审核

省林业和草原局	林地使用审批

注：除防护林、特殊用途林和省属国有林场经营区范围内的林地外，占用或征用林地面积不足3亩(不含3亩)的，由区级林业部门直接批准

发布土地征收预告

审核单位	审核事项
省政府或国务院	农转用与土地征收

征地事项批复公示及房屋征收公告

区政府组织集体土地房屋征收，出具完成征地拆迁补偿征收的证明

提出办理供地申请

审核单位	审核事项
自然资源局	核发建设用地划拨决定书和用地批准书

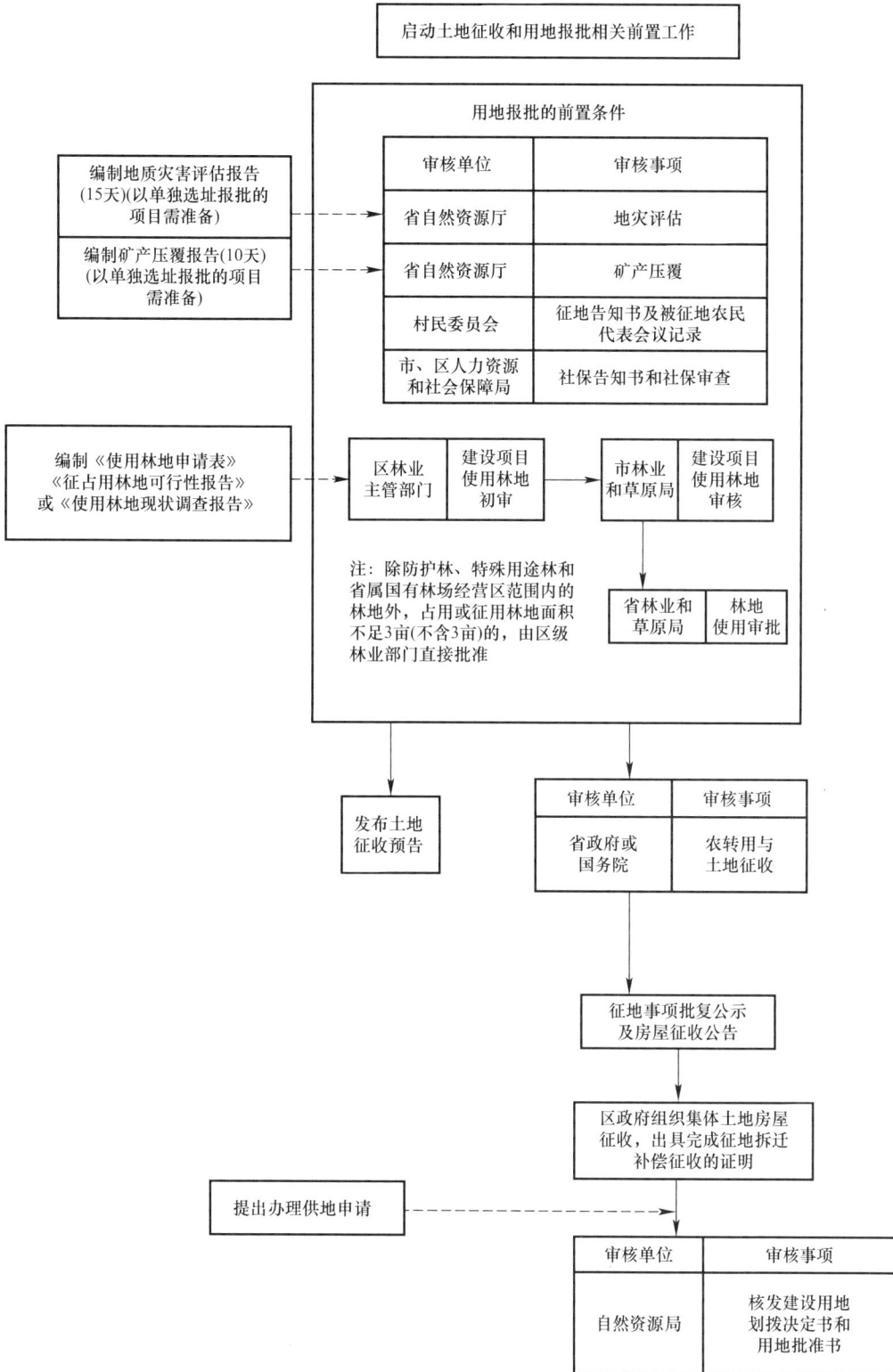

图1-2　某市项目征地拆迁工作流程图

【本章小结】

本章从市政工程项目的含义入手，阐述了它产生的背景，以及具有的项目建设资金来自公共财政开支且建成物归属公共使用，项目与城市的生存和发展紧密相连、与城市市民的生活质量休戚相关，项目类型多、工程战线长、地质情况复杂、地基基础处理手段多样复杂等特点。市政工程项目除了具有一般工程项目管理的特点之外，它还具有审批流程复杂、监督管理部门多，参建单位多、管理难度大，文明施工要求高、组织施工困难等特点。因此，市政工程项目投资决策流程又可细分为启动阶段、项目建设条件核实与规划预选址阶段、项目可行性研究阶段、项目可行性研究报告初审阶段、项目可行性研究报告修订阶段与项目可行性研究报告决策阶段等环节。前期决策阶段行政审批事项主要包括立项用地规划许可、工程建设规划许可和工程施工许可等内容。

【思考与练习题】

1. 什么是市政工程项目？它的特点是什么？
2. 什么是市政工程项目管理？它的特点是什么？
3. 市政工程项目是怎么产生的？策划生成的一般流程有哪些？
4. 市政工程项目行政审批的流程有哪些？
5. 市政工程项目行政审批管理改革的方向是什么？

第2章 市政工程项目招标投标管理

【本章要点及学习目标】
1. 了解招标投标的主要内容与程序。
2. 熟悉市政工程项目勘察设计、施工、监理以及重要设备和材料采购招标投标的做法。
3. 掌握强制招标的工程项目类型与标准。

2.1 概 述

2.1.1 工程招标投标的基本概念

招标投标是工程实施的开始，合同是工程实施的基础。做好招标投标和签好合同是市政工程项目管理的首要职责，是工程项目成功实施的根本保证。各参建单位应高度重视工程项目的招标投标与合同管理工作，坚持"公开、公平、公正"原则，从健全招标投标制度入手，明确程序，严格纪律，统揽全局，把握关键，突出重点，注意细节，着力从招标投标和合同管理条款上解决矛盾和问题，把教训弥补在标书之中，把问题解决在合同之中，把隐患消除在萌芽之中。

1. 工程招标的概念

工程招标是指招标人（或招标单位）在发包建设项目之前，以公告或邀请书的方式提出招标项目的有关要求，公布招标条件，投标人（或投标单位）根据招标人的意图和要求编制投标书并递送标书，择日当场开标，以便从中择优选定中标人的一种交易行为。同时，工程招标也从源头上有效地遏制了工程承发包领域腐败行为的发生。

2. 工程投标的概念

工程投标是指具有合法资格和能力的投标人（或投标单位）根据招标条件，经过初步研究和估算，在指定期限内填写标书，根据实际情况提出自己的报价，通过竞争争取能被招标人选中，并等待开标，决定能否中标的一种交易方式。

建设工程招标投标活动应当遵循公开、公平、公正和诚实信用的原则。依法必须招标的项目，其招标投标活动不受地区或者部门的限制，任何单位和个人不得违法限制或者排斥本地区、本系统外的法人或其他组织参加投标，不得以任何方式非法干涉招标投标活动。

3. 工程招标的方式

《中华人民共和国招标投标法》规定：招标主要分为公开招标和邀请招标两种方式。

（1）公开招标

公开招标又称为无限竞争性招标，是一种由招标单位通过指定的报刊、信息网络或其他媒体发布招标公告，有意的承包商均可参加资格审查，审查合格的承包商可购买招标文件参加投标的招标方式。对于一般性工程，普遍采用公开招标。

公开招标的优点包括：投标的承包商多、范围广、竞争激烈，建设单位有较大的选择余地，有利于择优选择承包商、降低工程造价、提高工程质量和缩短工期。缺点包括：由于投标的承包商多，招标工作量大，组织工作复杂，需投入较多的人力、物力，招标过程所需时间较长，同时难以限制挂靠投标、买标卖标等违法行为的发生。

（2）邀请招标

邀请招标又称为有限竞争性招标。这种方式不发布广告，建设单位根据工程项目的投资规模、特点和难点等具体情况，邀请不少于3家具有相关工程经验及资质、综合实力较强的承包商参与竞标。采用邀请招标必须经当地政府部门批准才能实施。

邀请招标的优点为：对于重大、特大、技术含量高的项目或建成区改扩建工程项目，由于施工环境特殊，对百姓的生产、生活和出行有重大影响，采用邀请招标方式更能选择一家技术、设备和经济实力雄厚，能打硬仗的承包商，确保工程按时保质完成，将工程建设期间对百姓生活产生的影响降到最低。缺点为：由于参加的投标单位较少，在工程造价方面会缺少竞争性，同时也容易发生串标等行为。

（3）公开招标与邀请招标的区别

1）发布信息的方式不同

公开招标采用招标公告的形式发布，邀请招标采用投标邀请书的形式发布。

2）选择的范围不同

公开招标由于使用招标公告的形式，针对的是一切潜在的对招标项目感兴趣的法人或其他组织，招标人事先不知道投标人的数量；邀请招标针对已经了解的法人或其他组织，而且事先已经知道投标人的数量。

3）竞争的范围不同

由于公开招标使所有符合条件的法人或其他组织都有机会参加投标，竞争的范围较广，竞争性体现得也比较充分；邀请招标中投标人的数目有限，虽然缺少造价的竞争性，但在质量、工期和安全管理方面更有保证。

4）公开的程度不同

公开招标中，所有的活动都必须严格按照预先指定且大家熟悉的程序、标准公开进行，大大减少了作弊的可能；相比而言，邀请招标的公开程度逊色一些，产生不法行为的机会也就多一些。

5）时间和费用不同

公开招标的程序比较多，从发布公告、投标人作出反应、评标，到签订合同，有许多时间上的要求，要准备许多文件，因而耗时较长，费用也比较高。由于邀请招标不发公告，招标文件数量较少，整个招标投标的时间和成本大大减少。

4. 工程招标投标的种类

建设工程招标投标可分为建设项目全过程工程咨询服务招标投标、建设工程勘察设计招标投标、建设工程施工招标投标、建设工程监理招标投标和建设工程材料设备招标投标等。

（1）全过程工程咨询服务招标投标

全过程工程咨询服务是指为工程建设项目的前期研究和决策以及工程项目实施和运营的全生命周期提供包含规划和设计在内的涉及组织、管理、经济和技术等各方面的工程咨询服务，包括项目的全过程工程项目管理、投资决策综合性咨询、勘察、设计、招标采购、造价咨询、监理、运行维护咨询以及 BIM 咨询等专业咨询服务。

全过程工程咨询服务招标是指建设单位在项目决策阶段从项目建议书开始,包括可行性研究、勘察设计、设备材料询价与采购、工程施工、生产准备,到竣工投产、交付使用等全过程进行的一次性招标活动。全过程工程咨询服务投标是指全过程工程咨询服务企业根据建设单位所提出的工程要求,对项目建议书、可行性研究、勘察设计、设备询价与选购、材料订货、工程施工、职工培训、试生产、竣工投产等实行的全面投标报价。

(2)工程勘察设计招标投标

工程勘察设计招标投标是指招标人就拟建工程的勘察和设计任务发布通告,以法定方式吸引勘察、设计单位参加竞争,经招标人审查获得投标资格的勘察、设计单位按照招标文件的要求,在规定时间内向招标人递送投标书,招标人经法定程序从中择优确定中标人完成拟建工程的勘察、设计任务。

(3)建设工程施工招标投标

建设工程施工招标投标是指招标人就拟建的工程项目的施工任务发布招标公告,以法定方式吸引建筑施工企业参加竞争,招标人经法定程序从中选择条件优越者完成拟建工程项目的施工任务。施工招标投标一般可分为全部工程招标投标、单项工程招标投标和专业工程招标投标。

(4)建设工程监理招标投标

建设工程监理招标投标是指招标人就拟建工程的监理任务发布招标公告,以法定方式吸引工程监理单位参加竞争,招标人经法定程序从中选择条件优越者完成拟建工程项目的监理任务。监理招标的标的是"监理服务",与工程建设中其他各类招标的最大区别为监理单位不承担物质生产任务,只是受招标人委托对生产建设过程提供监督、管理、协调、咨询等服务。鉴于标的的特殊性,招标人选择中标人的基本原则是"基于能力的选择"。

(5)工程材料设备招标投标

工程材料设备招标投标是指招标人就拟购买的材料设备发布招标公告,以法定方式吸引材料设备供应商参加竞争,招标人经法定程序从中选择条件优越者的法律行为。它主要是针对与工程建设有关的重要设备、材料供应及设备安装调试等的招标投标活动。

5. 工程招标投标的前提条件

进行工程招标投标必须要有明确的标的,即有政府投资主管部门批准的投资规模或单项的控制价,才能进行招标投标活动,政府投资主管部门在整个基本建设程序中先后有以下阶段性的投资规模批复。

(1)项目建议书或预可行性研究得到批复

对于城市规划中明确的中、小型市政工程项目,政府投资主管部门的第一个批复就是项目建议书。

1)带投资估算批复的项目建议书:对于规划明确、建设环境条件清楚、投资规模不大、技术难度一般,工程急需建成的项目,项目建议书的研究深度接近工程可行性研究水平,可带投资估算批复项目建议书。带投资的项目建议书批复可作为项目决策阶段和准备阶段招标投标的前提条件。

2)不带投资估算批复的项目建议书:可作为开展项目前期工作的依据,但不能作为招标投标工作的前提条件。

3)项目预可行性研究批复:对于大型和特大型项目,其规划条件不明朗、投资规模大、技术难度高，需要进行预可行性研究，在其批复中也带投资估算，也可以作为项目决策阶段招标投标的前提条件。

（2）项目可行性研究得到批复

项目可行性研究得到批复可作为项目准备阶段招标投标工作的前提条件。

（3）项目投资概算得到批复

项目投资概算得到批复可作为项目实施阶段招标投标工作的前提条件。

2.1.2　强制招标的工程项目类型与标准

1. 必须进行招标的建设工程项目

《中华人民共和国招标投标法》规定，在中华人民共和国境内进行下列工程建设项目包括项目的勘察、设计、施工、监理以及与工程建设有关的重要设备、材料等的采购，必须进行招标：

（1）大型基础设施、公用事业等关系社会公共利益、公众安全的项目；

1）市政道路、桥梁、隧道、供水、供电、供气、供热等市政工程项目；

2）科技、教育、文化等项目；

3）体育、旅游等项目；

4）卫生、社会福利等项目；

5）商品住宅，包括经济适用住房；

6）其他公用事业项目。

（2）全部或者部分使用国有资金投资或者国家融资的项目；

1）使用预算资金 200 万元人民币以上，并且该资金占投资额 10% 以上的项目；

2）使用国有企业事业单位资金，并且该资金占控股或者主导地位的项目。

（3）使用国际组织或者外国政府贷款、援助资金的项目。

1）使用世界银行、亚洲开发银行等国际组织贷款、援助资金的项目；

2）使用外国政府及其机构贷款、援助资金的项目。

2. 建设工程项目必须招标的标准

中华人民共和国国家发展和改革委员会令（第 16 号）明确规定，必须招标的各类工程建设项目，包括项目的勘察、设计、施工、监理以及与工程建设有关的重要设备、材料等的采购，达到下列标准之一的，必须进行招标：

（1）施工单项合同估算价在 400 万元人民币以上；

（2）重要设备、材料等货物的采购，单项合同估算价在 200 万元人民币以上；

（3）勘察、设计、监理等服务的采购，单项合同估算价在 100 万元人民币以上。

同一项目中可以合并进行的勘察、设计、施工、监理以及与工程建设有关的重要设备、材料等的采购，合同估算价合计达到前款规定标准的，必须招标。

3. 全部使用国有资金投资或国有资金投资占控股或者主导地位的依法必须进行招标的工程建设项目以及法律、行政法规或者国务院规定应当公开招标的其他项目，应当公开招标，但有下列情形之一，并依法获得批准的，可以采取邀请招标：

（1）涉及国家安全或者国家秘密，不适宜公开招标的；

（2）技术复杂或者有特殊专业要求，仅有少数几家潜在投标人可供选择的；

（3）采用公开招标方式所需费用占项目总价值比例过大，不符合经济合理性要求的；

（4）受自然资源或者环境条件限制，不适宜公开招标的；

（5）法律、行政法规或者国务院规定不宜公开招标的。

4. 依法必须招标的项目有下列情形之一的，可以不进行招标：

（1）涉及国家安全、国家秘密、抢险救灾而不适宜招标的；

（2）利用扶贫资金实行以工代赈、需要使用农民工的；

（3）采用特定专利或者专有技术，或者对建筑艺术造型有特殊要求而无法达到投标人法定人数要求的；

（4）施工企业自建自用的工程，且该施工企业资质等级符合工程要求的；

（5）在建工程追加的附属小型工程或者主体加层工程，原中标人未发生变更，仍具备承包能力的；

（6）停建或者缓建后恢复建设的单位工程，且承包人未发生变更的；

（7）企业投资占控股或者主导地位的建设项目，该企业具备自行生产符合项目要求的货物的能力，或者具有与项目相适应的勘察、设计、施工资质等级的，其相应事项可以不招标；

（8）法律、行政法规或者国务院规定的其他情形。

依法必须招标的项目的招标人以弄虚作假的方式证明存在上述情形不招标的，属于招标投标法第4条规定的规避招标行为。

2.1.3　招标投标文件的主要内容

1. 招标文件的主要内容

一般来讲，招标文件的主要内容应包括：

（1）投标人须知。这是招标文件中反映招标人的招标意图，且每个条款都是投标人应该知晓和遵守的规则说明。

（2）招标项目的性质、数量。

（3）技术规格。招标项目的技术规格或技术要求是招标文件中最重要的内容之一。技术规格是指招标项目在技术、质量方面的标准，如一定的大小、轻重、体积、精密度、性能等。技术规格或技术要求往往是招标能否具有竞争性和是否能达到预期目的的技术制约因素。

（4）投标价格的要求及其计算方式。投标报价是招标人评标时衡量的重要因素，招标文件中应说明投标价格是采取固定价还是可调价，价格的调整方法及调整范围应在招标文件中明确，招标文件中还应列明投标价格的一种或几种货币。

（5）评标的标准和方法。评标时只能采用招标文件中已列明的标准和方法，不得另定。

（6）交货、竣工或提供服务的时间。

（7）投标人应当提供的有关资格和资信的证明文件。

（8）投标保证金的数额或其他形式的担保。投标保证金可以采用现金、支票、信用证、银行汇票，也可以是银行保函等。投标保证金的金额不宜太高，在现实操作中一般不得超过投标总价的2%，以免影响投标人的积极性。中标人确定并签署合同后的5个工作日内，应向中标人和未中标的投标人退还投标保证金。

（9）投标文件的编制要求。

（10）提供投标文件的方式、地点和截止时间。

（11）开标、评标的日程安排。

（12）主要合同条款。合同条款应注明将要完成的工程范围、供货范围、招标人与中标人各自的权利和义务。除了一般合同条款以外，合同中还应包括招标项目的特殊合同条款。

2. 投标文件的主要内容

投标人必须响应招标文件的要求，应当按照招标文件的要求编制投标文件。一般来讲，投标文件应当载明下列事项：

（1）投标函；

（2）投标人资格、资信证明文件；

（3）投标项目方案及说明；

（4）投标价格；

（5）投标保证金或者其他形式的担保；

（6）招标文件要求具备的其他内容。

投标文件应在规定的截止日期前密封送达到投标地点。对于投标文件提交截止日期后收到的投标文件，招标人或者招标代理机构应不予开启并退还。招标人或者招标代理机构应当对收到的投标文件签收备案。投标人有权要求招标人或者招标代理机构提供签收证明。

投标人可以撤回、补充或者修改已提交的投标文件，但是应当在提交投标文件截止日之前，书面通知招标人或者招标代理机构。

2.1.4　工程招标投标的程序

一般来讲，工程招标投标的主要程序为：

（1）向招标投标管理机构报建；

（2）核准招标方式和招标范围；

（3）编制招标文件；

（4）发布招标公告或发出投标邀请书；

（5）对潜在投标人进行资格审查；

（6）发布招标文件；

（7）项目现场勘察；

（8）投标人编制投标文件；

（9）组建评标委员会；

（10）开标、评标，提交评标报告；

（11）确定中标人；

（12）招标人提交招标投标情况的书面报告；

（13）发出中标通知书；

（14）签订合同。

2.1.5　招标投标活动中有关行为应负的法律责任

1. 招标人对自行确定中标人的行为应负的法律责任

如果招标人在评标委员会推荐的中标候选人之外确定中标人，就会使评标委员会的工作失去意义，难以保证招标结果的公正。鉴于此，《中华人民共和国招标投标法》规定，招标人根据评标委员会提出的书面评标报告和推荐的中标候选人确定中标人。招标人违反本法规定，在评标委员会推荐的中标候选人外确定中标人的，就构成违法。

《中华人民共和国招标投标法》规定，评标委员会经评审，认为所有投标都不符合招标文件要求的，可以否决所有投标。所有投标被否决意味着没有符合条件的投标人，说明招标失败。招标人应当依照本法的规定重新招标，而不能出于简便、节约成本等考虑，在所有投标被评标委员会否决后自行确定中标人。否则的话，招标将流于形式不能实现招标制度的价值，也有违法律对强制招标的要求。

招标人在中标候选人以外确定中标人的，或者在所有投标被否决后自行确定中标人的，应当承担以下法律责任：

（1）责令改正。对于有前述违法行为的招标人，有关行政监督部门应当责令其于一定期限内改正，在评标委员会推荐的候选人中确定中标人，或者在所有的投标人均被评标委员会否定的情况下，按照本法的规定重新招标。

（2）罚款。对于有前述违法行为的招标人，有关行政监督部门可以对其处以中标项目金额千分之五以上千分之十以下的罚款。招标人及时纠正错误的，有关行政监督部门可以不予罚款。

（3）给予处分。招标单位直接负责的主管人员和其他直接责任人员属于国家工作人员的，有关主管机关应当对其给予行政处分。视情节的轻重，可分别给予记过、记大过、警告、降职、降级、开除等不同的处罚。

招标单位直接负责的主管人员和其他直接责任人员不属于国家工作人员的，有关行政主管机关应当责令招标单位依照内部规章给予纪律处分。

以上法律责任的主体是依法必须进行招标的项目的招标人及招标单位直接负责的主管人员和其他直接责任人员。构成《中华人民共和国招标投标法》第57条规定的法律责任，行为人在主观上应当具有从事违法行为的故意。

2. 中标人转包以及分包人再次分包应负的法律责任

中标人除了不得将中标项目转让给他人完成外，还不得将中标项目的主体、关键性工作分包给他人完成。

中标人可以在取得招标人同意的前提下将某些非主体、非关键性的工作分包给具备相应资质条件的人完成。允许中标人将中标项目的非主体、非关键性工作分包给具有资质条件的人完成可以充分发挥多方的优势，更好地完成中标项目。但是，不允许分包人再次分包，中标人或者分包人有前述违法行为的，应当承担以下法律责任：

（1）罚款。中标人和分包人有前述违法行为的，有关行政监督部门应当对其处以罚款。罚款的幅度为转让、分包项目金额千分之五以上千分之十以下，具体数额由有关行政监督部门根据行为人违法行为的情节轻重决定。

（2）没收违法所得。行为人因转让、分包而有违法所得的，应当没收违法所得。

（3）责令停业整顿。中标人或者分包人有前述违法行为的，有关行政监督部门可以责令其停业，并在一定期限内进行整顿。如果行为人在指定的期间内纠正了违法行为，可以恢复经营。如果通过罚款和没收违法所得能够达到制裁违法行为的目的，则无须责令停业整顿。

（4）吊销营业执照。中标人从事前述违法行为情节严重的，由工商行政管理机关吊销营业执照。所谓情节严重，是指行为人的行为造成了较为严重的后果，行为人屡次实施违法行为，或者行为人的行为表明了行为人没有改正错误的诚意和可能，适用前述法律责任不足以达到制裁目的等情况。被吊销营业执照的人不得再从事相关的经营活动。

以上法律责任的主体是中标人，以及依法获得分包项目的分包人。构成以上法律责任，行为人在主观上必须有进行故意违法行为的意图，即对其转让或分包的行为有充分的认识或理解。在客观上，无需行为人的违法行为造成实际的损害后果，只要行为人实施了前述违法行为并在主观上具有过错就应当承担法律责任。

2.2　工程勘察设计招标投标管理

建设工程实行勘察设计招标投标制度是一项有利于规范勘察设计市场、优化工程勘察设计、提高勘察设计质量和工程投资效益的有效举措。市政工程建设，不仅地面道路是一个系统，各种地下管线也各自形成系统，先期建设的市政道路及地下管线是构筑城市或片区路网和管网的开始，是该系统的原始定位，而后期建设或二次改造的市政道路及地下管线则是相应系统的延续和完善，是构成相应系统的组成部分，因而，在勘察设计阶段，一定要详细勘察清楚拟建道路及周边既有地下管线的平面位置、高程、管线及重力排水的流向。因此，市政工程项目在勘察设计阶段做好招标投标管理工作，明确勘察设计单位的资质、业绩和人员要求，对确保中标单位按要求完成勘察设计任务非常重要。

2.2.1　市政工程勘察设计招标投标的依据

市政工程勘察设计招标投标的依据包括：

(1)《中华人民共和国建筑法》；

(2)《中华人民共和国招标投标法》；

(3)《工程建设项目勘察设计招标投标办法》；

(4)《建筑工程设计招标投标管理办法》；

(5) 其他有关建设工程勘察设计招标投标的法律、法规、规章和政策规定。

2.2.2　市政工程勘察设计招标投标的条件

市政工程勘察设计招标投标的条件包括：

(1) 取得建设工程项目立项批准书（如带投资的项目建议书或工可批复等）；

(2) 按规定办理工程报建手续；

(3) 取得规划管理部门核发的选址意见书或提供的规划设计条件、规划设计要求；

(4) 勘察设计所需资金已落实；

(5) 所必需的勘察设计基础资料已经收集完成；

(6) 法律法规规定的其他资料。

注： 特大型公共建筑和城市标志性建筑应先通过方案竞选再进行设计招标。

2.2.3　市政工程勘察设计招标的方式

1. 业主自行组织招标

业主自己组织招标，必须具备一定的条件：设立专门的招标组织，经招标投标管理机构审查合格，确认其具有编制招标文件和组织评标的能力，给予颁发招标组织资质证书。持有招标组织资质证书的招标人，才能自己组织招标、自行办理招标事宜。

2. 委托代理招标

招标人未取得招标组织资格的，必须委托具备相应资质的招标代理人组织招标、代为办理招标事宜。这是为保证工程招标的质量和效率，适应市场经济条件下代理业的快速发展而采取的管理措施，也是国际上通行的做法。

2.2.4 市政工程勘察设计招标文件的编制

1. 编制工程招标文件的作用

（1）工程招标文件是政府监督的对象和依据

招标文件既是招标投标管理机构的审查对象，也是招标投标管理机构对招标投标活动进行监管的一个重要依据。

（2）工程招标文件是投标的主要依据和信息源

招标文件是投标人获取招标人意图和工程招标各方面信息的主要途径。通常投标人只有认真研读了招标文件，领会了精神实质，掌握了各项具体要求，才能保证投标文件对招标文件的实质性响应，顺利通过对投标文件的符合性鉴定。

（3）工程招标文件是合同签订的基础

在招标投标过程中，无论是招标人还是投标人，都可能对招标文件提出这样那样的修改或补充的意见和建议，但不管怎样修改和补充，其基本的内容和要求通常是不会变的，也是不能变的，因此，招标文件的绝大部分内容，事实上都将会变成合同的内容。

2. 编制工程招标文件的基本原则

建设工程招标文件由招标人或其委托的招标代理人负责编制，由建设工程招标投标管理机构负责审定。未经建设工程招标投标管理机构审定，建设工程招标人或招标代理人不得将招标文件分送给投标人。编制建设工程招标文件应当遵循的原则有：

（1）合法性

招标文件应遵守法律、法规、规章和有关方针、政策的规定，这是编制和审定招标文件必须遵循的一个根本原则。

（2）公正性

招标文件的规定要公平合理，不能不恰当地将招标人的风险转移给投标人。

（3）真实性

招标文件反映的情况和要求应真实可靠，讲信用，不能欺骗或误导投标人。招标人或招标代理人对招标文件的真实性负责。另外，招标文件的内容应当全面系统、完整统一，各部分之间必须一致，避免相互矛盾或冲突。招标文件确定的目标和提出的要求，必须具体明确，不能存在歧义、模棱两可。

（4）完整性

招标文件应有条理性和系统性，清楚易懂，不应存在矛盾、错误和遗漏等问题。对招标人的工程范围、风险的分担、双方的责任应明确、清晰。招标人要使投标人尽可能简单和方便地对招标文件进行分析及审查合法性、完整性，能清楚地理解招标文件，明确工程范围、技术要求和合同责任。招标文件应使投标人十分方便且精确地计划和报价，中标后能够正确地履行合同。

2.3 工程施工招标投标管理

建设工程实行施工招标投标制度是为了适应社会主义市场经济的需要，通过实行招标投标，把工程施工承包推向市场，引入竞争机制，达到控制建设工期、确保项目质量和提高投资效益的目的。

2.3.1　市政工程施工招标投标的依据

市政工程施工招标投标的依据包括：

（1）《中华人民共和国建筑法》；

（2）《中华人民共和国招标投标法》；

（3）《工程建设项目施工招标投标办法》；

（4）《房屋建筑和市政基础设施工程施工招标投标管理办法》；

（5）其他有关建设工程施工招标投标的法律、法规、规章和政策规定。

2.3.2　市政工程施工招标投标的条件

市政工程施工招标投标的条件包括：

（1）市政工程项目正式列入国家、部门或地方的年度固定资产投资计划，初步设计及概算应当审批的，已经批准；

（2）市政工程项目报建手续已办妥；

（3）建设工程规划许可手续已办妥；

（4）进行招标所需的设计图纸及技术资料已备妥；

（5）进行招标项目的相应资金或者资金来源已落实；

（6）法律、法规规定的其他条件已具备。

2.3.3　市政工程施工招标文件编制要点

除了招标文件的常规内容以外，招标人在编制施工招标文件时，应重点注意以下几个方面的问题。

1. 需求分析

（1）分析拟招标项目的工程特点，包括建筑物的规模、结构、施工难度、地理位置、周边环境等，这是做好招标文件的第一步。

（2）分析业主自身对工程项目的需求，主要分析时间需求、功能需求、质量需求等。

（3）业主自身的能力分析，如分析自己是否具有建设项目的管理能力等。

2. 发包形式

从发包承包的范围、承包人所处的地位和合同计价方式等不同的角度，可以对工程招标发包承包方式进行分类。在编制招标文件前，招标人必须综合考虑招标项目的性质、类型和发包策略，招标发包的范围，招标工作的条件、具体环境和准备程度，项目的设计深度、计价方式和管理模式，以及发包人、承包人便利等因素，适当地选择拟在招标文件中采用的招标发包承包方式。

3. 保函或保证金的应用

使用保函或保证金是为了保证投标人能够认真投标和忠实履行合同，招标人应很好地加以利用。比较常见的保函（或保证金）有投标保函（或保证金）、履约保函（或保证金）、预付款保函、质量担保函（或保证金）、材料设备供应保函（或保证金）等。当然，根据有关规定，投标人也有权利要求招标人提供相应的工程款预付保函。

但是，招标人也要注意，大量的或者高额的保函或保证金的使用将会提高投标人的投标门槛，对投标人造成很大的资金压力，从而限制了许多中小承包商的投标，也就有可能抬高中标的价格，因此，招标人应根据工程项目的性质确定如何设置合理的各种保函或保证金。

4. 选择报价形式

我国现阶段常采用两种报价形式，即工程量清单报价和施工图预算报价。

（1）工程量清单报价

由招标人提供工程的全部工程量清单，由投标人根据自身实力、市场条件和竞争对手的情况等因素，确定各个工程项目的清单报价，并计算措施项目费用及其他项目费用，最终形成投标报价。

目前，我国在全国范围内实行《建设工程工程量清单计价标准》GB/T 50500—2024，国有投资都采用工程量清单报价这种形式，而更多的涉外投资则采用国际通用的 FIDIC 合同条款。

采用工程量清单报价的最大好处就是，通过清单报价方式所创造出来的市场化竞争环境便于招标人在评标时分析比较各投标报价之间的差异，可以为业主节约投资成本，也可以节约招标时间，同时也节约了投标人的投标成本。对于那些项目投资巨大、建设周期长、管理难度大、施工图设计深度不够而业主又希望能够尽早开工的项目特别适用。

要注意，采用这种报价方式也一定要向投标人提供施工图，这样投标人才能够编制出有针对性的施工组织设计和技术方案，同时避免出现对工程量清单某些项目理解上的歧义，从而造成清单项目报价偏低或偏高，或对工程项目的技术难度估计不足。

采用工程量清单报价的关键在于提高了对招标人的造价管理能力的要求。因为在清单环境下，招标人也要承担风险，工程量清单本身如果出现问题，将给招标人带来不利的影响。所以，如果招标人本身不具备相应的造价管理能力，必须要雇用有经验的中介咨询机构来帮助招标人编制清单，或者代理招标。

（2）施工图预算报价

招标人提供发包工程的设计文件和施工图资料，并在招标文件中给出明确的施工范围和报价口径，由投标人自行计算全部工程项目的工程量，确定单价，综合考虑各种可能出现的情况，计算出全部费用，形成投标报价。

5. 招标人需要对工程量清单承担的责任

在工程量清单环境下招标，招标人和投标人均承担工程中的风险。招标人承担工程量变化的风险，投标人承担价格变化的风险。在招标人计算工程量清单的时候，如果没有在招标文件中注明清单出现错误时的处理方式，则所有的后果由招标人承担。因此，招标人在编制招标文件的时候，一定要明确规定工程量清单出现错误时的处理方式，规定投标人应审核工程量，在何种情况下可以在单项报价中综合考虑，在何种情况下应该向招标人提出修改。

6. 材料设备的供应采购

一般来讲，除了业主擅长的专业范围内的材料和设备，或者为了保证某些材料和设备的质量或使用效果，可以由业主提供部分材料设备外，其他材料设备均应由承包商自行采购供应。因为在大多数情况下，业主不可能得到比承包商更低的价格，还不如把这部分利润留给承包商。这样可以减少采购、卸货、交接、仓储等麻烦，还可以防止出现材料超预算问题，避免出现想节约反而浪费的情况发生。

业主可以通过在合同中设置约束性条款，如材料设备的采购需经业主通过监理认可质量和价格，要有合格证、质保书等，来对承包商使用的材料设备进行控制。

7. 对质量、安全、工期的要求和奖罚

业主应根据项目的使用要求合理确定施工质量等级和施工工期，以免增加造价，造成浪费。业主要在合同中根据确定的质量等级和工期要求，设置相应的惩罚（或奖励）条款，用以约束承包商。

8. 其他问题

为了控制造价，减少在施工过程中及竣工结算时发生额外的费用和索赔，招标人要在招标文件中明确要求投标人应通过设计文件、施工图、现场踏勘材料等资料及对周围环境自行调查等，充分了解可能发生的情况，预估费用，包括市政、市容、环保、交通、治安、绿化、消防、土方外运，以及水文、地质、气候、地下障碍物清除等各种影响因素和可能产生的费用，各分项单列报价，并汇成总报价。

对于工程量、工期、费用结算方法等相关的合同主要条款一定要列在招标文件中，中标后再谈容易引起争议和反复。

建议招标人将工程建设过程中对中标人的管理办法（如项目实施管理办法、工程量签证、计量支付管理办法、档案资料管理办法等）列在招标文件中，明确告知所有的投标人。

另外，招标人在确定招标文件中的投标有效期时要留有一定的余地，以免因为意外事件延期而给招标工作造成被动。

2.4　工程监理招标投标管理

2.4.1　市政工程监理招标投标的依据

市政工程监理招标投标的依据包括：

（1）《中华人民共和国建筑法》；

（2）《中华人民共和国招标投标法》；

（3）其他有关建设工程监理招标投标的法律、法规、规章和政策规定。

2.4.2　市政工程监理招标投标的条件

市政工程监理招标投标的条件包括：

（1）建设工程项目报建手续已办妥；

（2）有能够满足招标所需的技术文件资料；

（3）法律、法规规定的其他条件已具备。

2.4.3　市政工程监理招标文件的组成

市政工程监理招标文件包括：

（1）投标须知前附表；

（2）工程基本情况；

（3）工程经济要求；

1）工程投资控制要求：严格控制施工阶段的费用，工程造价不超过施工招标中标人的投标报价和施工合同约定的可调整工程造价部分（含项目增减及单价调整）之和。按监理规范要求进行工程计量、各类工程款项审核、工程变更审核（含变更工程量和价款的审核）及竣工结算，按要求完成周、月、季、年度完成工程量统计工作，确保投资控制在工程施工合同约定的工程价格范围内，严格按照有关规定对工程款的支付及工程结算进行审核，及时报业主审定。

2）工程质量安全控制要求：工程质量安全控制要求详见招标文件投标须知前附表规定。

3）工程进度控制要求：工程进度按施工总进度计划严格控制，工期不超过施工合同约定的工期。

4）工程监理取费标准。

5）其他要求。

（4）工程技术要求；

（5）合同专用条件；

（6）其他需要说明的事项。

其他需要说明的事项包括项目监理机构人员配备的标准，工程招标范围内主要的工程数量，工程监理费用相关数据，投标人投入本工程的主要检测设备仪器等。

【案例2-1】

某市政工程单位为进一步规范对监理的管理工作，充分发挥监理"四控制、两管理、一协调"的作用，全面实现市政工程项目建设质量、投资、进度、安全管理等控制目标，对监理单位制定了以下管理规定：

1. 管理原则

（1）坚持事前控制、以合同管理监理的原则。对监理工作的管理应重点抓好监理人员的到位情况以及监理人员履行监理合同和执行监理规范等情况。

（2）坚持树立监理管理权威，充分发挥监理工作的主观能动性。对于施工现场发生的关于施工进度、质量、安全及文明施工等具体管理事务，由总监负责管理、协调和解决；对于监理工程师发出的工作指令不宜轻易修改和干涉。

（3）投资控制方面，按公司《关于工程计量与签证工作的管理规定》和《关于工程计量与支付的管理规定》的相关要求管理监理工作。

2. 对监理工作的管理方法和要求

（1）项目部应及时把与监理工作相关的合同文件送达项目监理机构，以确保合同在监理过程中得到有效执行。

（2）项目部应仔细审查监理规划、监理细则和旁站监理方案，重点核查监理机构对项目关键点、技术点和难点等的掌握和采取的针对性措施，并督促其对施工单位进行监理交底。

（3）对监理工程师提交的各项业务联系单应及时予以书面答复，各项业务联系单的处理应以不影响工程进展为原则。

（4）及时协调并有效解决监理、设计、检测及各承包单位之间发生的各种问题，督促总监定期召开工地例会。

（5）项目部应及时、认真地审核监理月报，了解和分析各种偏差以及存在的问题，认真审核监理工程师提出的应对措施。

（6）对项目监理机构违反相关要求的，项目部应根据监理合同的相关约定，追究监理单位的违约责任。若情节严重，致使监理工作难以有效开展，严重影响工程进展，项目部应书面提出处理意见，报公司研究处理。

（7）项目部负责及时按监理合同审核各期监理费的支付和办理监理费用的结算。

（8）项目部在第一次工地例会上应明确哪些关键部位和关键工序（如桩基验孔、路基弯沉、闭水试验等）的验收工作监理机构必须通知业主代表参加。

（9）监理单位进场后，项目部应督促其完善各项规章制度及管理细则，及时提交工程单位、分部、分项的划分工作，并要求将划分情况报质量监督站审核。

（10）项目部应及时检查监理单位对招标投标文件、施工合同、施工图纸和相关技术规范等的掌握情况。

（11）项目部应不定时检查监理工程师现场验收和巡查的情况，特别在隐蔽工程、关键工序等施工时，必须抽查监理旁站情况。

（12）项目部应严格监督落实首件验收制度，要求工程中每一个分项的第一次验收均应由总监主持，重要分项应同时通知其他相关单位负责人参加，并形成验收意见指导后续施工。

（13）项目部应及时跟踪监理单位界定的主材供应商资料和业绩情况，并提出遴选方案，但不能变相地指定供应商。

（14）项目部应督促监理部做好安全生产、文明施工检查和整改反馈工作。

（15）项目部应督促监理部加强过程内业管理和编制监理工作竣工文件。

3. 对监理进行管理的主要合同措施

（1）必备条款约定

在合同专用条款会审和会签时除了一般规定以外，应特别设定如下条款并具体规定监理单位应承担的违约责任。

1）项目监理机构的组织形式、人员设备及对总监的任命必须以书面形式通知业主项目部。监理项目印章必须通过监理公司发文启用，同时总监理工程师在该启用文上签名留底。

2）监理单位必须在现场设置独立的项目办公和生活场所，以保证监理机构正常运转。

3）总监及其代表、各专业监理工程师、档案管理等监理人员原则上不得更换。若需更换，须经项目部同意，其中更换总监须报公司分管领导审批。根据不同的工程项目规模，在监理合同的专用条款中设置更换监理人员需扣除相应违约金的条款。同时规定若总监不称职，监理单位必须无条件更换，更换后的总监仍不能胜任的，有权解除委托监理合同。

4）在监理招标或合同签订时，应针对监理工作不到位或违反相关规定的情况，明确规定具体的处罚措施。例如，对监理人员的廉洁情况、总监最少驻现场时间、各专业监理的配备、节假日监理上岗人员规定、旁站监理脱岗情况等制定相应的措施。

5）在工程开工前，监理单位应按照工程量清单和招标文件规定的计算原则和计量方法，复核工程量清单，并形成书面的审核意见。

6）测量交桩后，监理单位必须及时提交交桩复核成果，以及原地面复测意见书，特别是电力设施、古建筑、古墓、古树、既有管渠标高与断面等的复核。

7）监理工程师应对承包人提交的施工方案认真进行审核，提出审核意见并向业主项目部报备。

8）监理机构必须对工程的所有取样、送检和试验进行100%见证，并建立完善的见证记录和试验台账。

9）对隐蔽工程的隐蔽过程及工序完成后难以检查、存在问题难以返工或返工影响大的重点部位，实行旁站监理。

10）监理单位必须组织辨析重大危险源；必须落实危险性较大的工程安全专项方案的编制及专家论证工作。

11）监理单位必须做好每月1次的安全生产和文明施工检查，并将检查结果反馈给项目部。

12）为了防止资料的丢失，监理单位应加强内业管理，各种资料均应采用规范的格式，并进行分类编号登记，统一保管，建立健全收发文制度。

13）监理单位每月必须提交1次工程影像资料。其中，每个施工标段，每天不少于3张工程照片，每月不少于100张。

14）监理单位应督促施工单位及时准确地完善竣工文件。

15）对随意降低技术质量标准检查验收的，伪造原始资料、监理凭证的，未经检查就签字的，业务水平和综合素质明显不能胜任监理工作岗位的情况，专用条款中应规定相应的违约责任。

（2）违约责任的一般约定

对于监理单位的违约行为，业主项目部应追究其违约责任，形成书面通知书送达监理公司，抄送公司分管领导。涉及扣除违约金的通知书应送公司财务部，并告知监理单位违约金直接缴交至公司财务部。对于各种情况的具体违约金扣除数额，在招标文件中要予以列出，并在合同中明确。一般地：

1）变更总监理工程师，委托监理合同费用在100万元以下（含100万元）的，扣除5万元的违约金；委托监理合同费用为100万～200万元的，扣除10万元的违约金；委托监理合同费用在200万元以上的，扣除20万元的违约金。

2）变更总监代表，委托监理合同费用在100万元以下（含100万元）的，扣除2万元的违约金；委托监理合同费用为100万～200万元的，扣除5万元的违约金；委托监理合同费用在200万元以上的，扣除8万元的违约金。

3）变更专业监理工程师，扣除1万元/人的违约金。

4）总监、总监代表及专业监理工程师未保证工作时间，未经业主项目部批准擅自离岗的，发现1次给予警告处理，2次以上（含2次）扣除2000元/次的违约金。

5）监理人员未按委托监理合同履行监理职责。例如，该审查的未审查，该检测的未检测，该记录的未记录，该旁站的未旁站；随意降低验收标准，伪造原始资料、监理凭证；工程计量方式方法不规范，出现超支、错支、漏支现象。一经发现，每次扣除2000～50000元违约金。情节严重者，除了扣除违约金外，还要责令监理单位更换监理人员。

6）监理人员无理刁难承包人，经调查后情况属实的，给予警告处理。情节严重者，责令监理单位更换监理人员。

7）监理人员不得收受监理报酬以外的任何好处。无特殊情况，监理人员接受承包人的吃请，发现1次扣除500～1000元/人的违约金。监理人员收受承包人的礼品、礼金的，一经发现，除了按原数额退还外，还要扣除监理单位1万～5万元/（人·次）违约金，并责令监理单位更换监理人员。

8）由于监理人员失职，造成质量、安全事故的，除了要求监理单位按合同约定赔偿经济损失外，还将追加扣除监理单位项目监理费用5%的违约金，并追究相关法律责任。

9）监理人员与承包人串通一气，弄虚作假，损害业主利益的，一经发现，除了要求监理单位按合同约定进行赔偿外，还扣除监理单位 2 万～10 万元/次违约金，并责令监理单位更换监理人员。

10）监理单位未执行有关安全文明施工管理制度的相关规定，对现场文明施工管理和监督不力，造成不良影响的，将扣除监理单位 1000～50000 元/次的违约金。

4. 管理责任追究

业主管理人员因不履行或不正确履行管理职责，给企业或项目造成损失的，对直接责任人员处于 1000～5000 元处罚。视情节轻重，将对责任者做出警示谈话、通报批评、调整工作岗位、责令辞职、解聘、除名等处理，同时追究相关负责人的连带领导责任。违反国家法律法规者，移交给国家司法机关处理。

2.5　重要设备、材料采购招标投标管理

2.5.1　重要设备、材料采购招标投标的依据

重要设备、材料采购招标投标的依据包括：

（1）《中华人民共和国建筑法》；

（2）《中华人民共和国招标投标法》；

（3）其他有关重要设备、材料采购招标投标的法律、法规、规章和政策规定。

2.5.2　重要设备、材料采购的招标方式

1. 公开招标

设备、材料采购的公开招标是指由招标人通过报刊、广播、电视等途径公开发布招标广告，在尽量大的范围内征集供应商。

设备、材料采购的公开招标在国际上又可分为国际竞争性招标和国内竞争性招标。我国政府和世界银行商定，凡工业项目采购额在 100 万美元以上的，均需采用国际竞争性招标。

2. 邀请招标

设备、材料采购的邀请招标是指由招标人向具备设备、材料制造或供应能力的单位直接发出投标邀请书，并且受邀参加投标的单位不得少于 3 家。这种方式也称为有限国际竞争性招标，是一种无需公开刊登广告而直接邀请供应商进行国际竞争性投标的采购方法。

3. 其他方式

（1）有时也可通过询价方式选定设备、材料供应商。一般是对比国内外几家供货商的报价后，选择其中一家签订供货合同，这种方式一般仅适用于现货采购价值较小的标准规格产品。

（2）在设备、材料采购时，有时也采用非竞争性采购方式，即直接订购方式。

2.5.3　重要设备、材料采购招标投标的条件

重要设备、材料采购招标投标的条件包括：

（1）市政工程项目报建手续已办妥；

（2）已领取建设工程规划许可证；

（3）有满足招标需要的技术资料或图纸；

（4）满足订货需要的资金已落实；

（5）法律、法规规定的其他条件已具备。

2.5.4 重要设备、材料采购招标文件的主要内容

一般来讲，重要设备、材料采购招标文件的主要内容包括：

（1）招标书。招标书包括招标单位名称、建设工程名称及简介、招标设备简要内容（设备主要参数、数量、要求交货期等）、投标截止日期和地点、开标日期和地点。

（2）投标须知。投标须知包括对招标文件的说明，对投标者和投标文件的基本要求，评标、定标的基本原则等内容。

（3）招标设备清单、技术要求及图纸。

（4）主要合同条款。主要合同条款包括价格及付款方式、交货条件、质量验收标准以及违约罚款等内容，条款要详细、严谨，防止事后发生纠纷。

（5）投标格式、投标设备数量及价目表格式。

（6）其他需要说明的事项。

2.5.5 重要设备、材料采购评标的主要方法

重要设备、材料采购评标中可采用综合评标价法、全寿命费用评标价法、最低投标价法或百分评定法等方法。

1. 综合评标价法

综合评标价法是指以设备投标价为基础，将评定各要素按预定的方法换算成相应的价格，在原投标价上增加或扣减该值而形成评标价格。评标价格最低的投标书为最优。

2. 全寿命费用评标价法

采购生产线、成套设备、车辆等运行期内各种后续费用（备件、油料及燃料、维修等）较高的货物时，可采用以设备全寿命费用为基础的评标价法。评标时应首先确定一个统一的设备评审寿命期，然后再根据各投标书的实际情况，在投标价上加上该年限运行期内所发生的各项费用，再减去寿命期末设备残值。计算各项费用和残值时，都应按招标文件中规定的贴现率折算成净现值。

3. 最低投标价法

采购技术规格简单的初级商品、原材料、半成品以及其他技术规格简单的货物，由于其性能质量相同或容易比较其质量级别，可把价格作为唯一尺度，将合同授予报价最低的投标者。

4. 百分评定法

百分评定法是按照预先确定的评分标准，分别对各设备投标书的报价和各种服务进行评审打分，得分最高者中标。一般评审打分的要素包括：投标价格、运输费、保险费和其他费用；投标书中所报的交货期限等。

【本章小结】

市政工程项目一般属于国家强制招标范围，应当遵循公开、公平和公正的原则，采取公开招标和邀请招标的方式，严格按照国家规定的招标投标流程择优选择承包商；市政工程项目招标投标依据其内容及条件的不同，又可细分为全过程工程咨询服务招标投标、工程勘察设计招标投标、工程施工招标投标、工程监理招标投标和工程材料设备招标投标等，其招标投标的原则、方式、流程以及招标投标文件内容均应符合国家的有关规定与要求。

【思考与练习题】

1. 市政工程项目招标投标的概念是什么?

2. 为什么要对市政工程项目进行强制招标投标?

3. 市政工程项目招标投标文件的主要内容有哪些?

4. 市政工程项目勘察设计、施工、监理以及重要设备和材料采购招标投标的依据是什么?

5. 市政工程项目勘察设计、施工、监理以及重要设备和材料采购招标投标的条件是什么?

6. 市政工程项目勘察设计、施工、监理以及重要设备和材料采购招标投标中评标的方法有哪些?

第3章 市政工程项目合同管理

【本章要点及学习目标】

1. 了解市政工程项目主要的合同关系。

2. 熟悉市政工程项目勘察设计合同、施工合同、监理合同以及重要设备和材料采购合同订立与履行过程中的管理措施。

3. 掌握市政工程项目勘察设计合同、施工合同、监理合同以及重要设备和材料采购合同的主要内容。

3.1 概　述

3.1.1 市政工程项目合同管理的重要性

市政工程项目合同是发包人支付工程价款和承包人进行工程建设的依据，是约束双方权利和义务的具有法律效力的文书。合同对双方的一般责任、施工组织设计及款项支付、材料设备供应、工程变更、竣工与结算、争议与违约、索赔等方面都作出了明确的规定。在市政工程项目管理工作中，所有的参与方都应做到"行必持合同，言必称合同"。因此，"谈好合同、订好合同"是履行好合同的前提，要把教训弥补在标书之中，把问题解决在合同之中，把隐患消除在萌芽之中。总之，加强合同管理是减少矛盾和问题的根本途径。市政工程项目合同管理的重要性主要体现在：

1. 合同管理是市政工程项目管理的核心

任何一个市政工程项目的实施，都是通过签订一系列的承发包合同来实现的。合同中明确了项目管理目标、项目管理依据、双方的最高行为准则以及相应的权利，发包方和承包方均可以据此要求合同双方当事人按合同要求开展项目管理工作，并运用合同手段控制和监督对方切实履行合同义务，以确保项目建设总体目标的实现。

2. 合同是承发包双方履行义务、享有权利的法律依据

依法订立的市政工程项目合同受法律的保护，合同中明确约定的各项权利和义务是承发包双方的最高行为准则，是双方履行义务、享有权利的法律基础。与项目管理的其他文件相比，合同对项目参与各方的约束力最强。

3. 合同是处理项目实施过程中各种争执和纠纷的法律依据

市政工程项目具有建设周期长、合同金额大、参建单位众多和项目之间接口复杂等特点。在合同履行过程中，业主与承包商之间、不同承包商之间、承包商与分包商之间以及业主与材料供应商之间不可避免地会产生各种争执和纠纷。处理这些争执和纠纷的主要尺度和依据应是承发包双方在合同中事先作出的各种约定和承诺，如合同的索赔与反索赔条款、不可抗力条款、合同价款调整、变更条款等。作为合同的一种特定类型，建设工程合同同样具有一经签订即具有法律效力的属性。所以，合同是处理建设项目实施过程中各种

争执和纠纷的法律依据。

3.1.2 市政工程项目的主要合同关系

市政工程项目是由人、机、料在一定约束条件下，经过技术过程而形成的，它的实施涉及众多的参建单位和监督管理部门。在一个工程项目的形成过程中，根据不同单位承担的职责、任务、职能的不同，可将涉及单位分为三类：工程项目的主要参建单位；工程项目建设的辅助参加单位；工程项目建设的审批监督管理部门。因此，市政工程项目的实施需要面临非常复杂的合同关系，实施有效的合同管理方能顺利完成项目建设。市政工程项目常见的合同类型有：

1. 勘察设计合同

勘察设计合同是委托方与承包方为完成特定的勘察设计任务，明确相互权利义务关系而订立的合同。建设单位称为委托方；勘察设计单位称为承包方。按照《中华人民共和国民法典》的规定，建设工程勘察设计合同属于建设工程合同的范畴，分为建设工程勘察合同和建设工程设计合同两种。

市政工程项目勘察合同是指根据市政工程项目的要求，查明、分析、评价市政工程项目建设场地的地质地理环境特征和岩土工程条件，编制建设工程勘察文件的协议。

市政工程项目设计合同是指根据市政工程项目的要求，对市政工程项目所需的技术、经济、资源、环境等条件进行综合分析、论证，编制建设工程设计文件的协议。

2. 施工合同

施工合同是发包人和承包人为完成商定的市政工程项目，明确相互权利、义务关系的合同。依照施工合同，承包人应完成一定的市政工程项目建设任务，发包人应提供必要的施工条件并支付相应的工程价款。

3. 监理合同

监理合同是指为了确保市政工程项目的建设质量，提高工程建设水平，充分发挥投资效益，发包方基于《中华人民共和国建筑法》《中华人民共和国民法典》等法律、法规中有关监理的规定，委托有监理资质的监理机构依据批准的市政工程项目建设文件、有关工程建设的法律、法规，对工程建设实施监督管理，明确相互权利、义务关系订立的合同。

4. 设备和材料采购合同

设备和材料采购合同是指为规范市政工程项目的设备和材料采购活动，保护国家利益、社会公共利益和采购活动当事人的合法权益，保证市政工程项目质量，提高投资效益，采购方和供应商为完成商定的设备和材料采购任务，明确相互权利、义务关系订立的合同。

5. 招标代理合同

招标代理合同是指依照《中华人民共和国民法典》《中华人民共和国招标投标法》及国家的有关法律、行政法规，遵循平等、自愿、公平和诚实信用的原则，建设单位就招标代理事项委托招标代理机构进行招标，明确相互权利、义务关系订立的合同。

6. 工程咨询合同

建设单位在市政工程项目的决策到项目收尾全过程的各个阶段，都有很多技术、造价、管理等方面的问题需要委托相关专业机构和部门进行论证和实施，为市政工程项目的顺利建设提供保障，因此，需要根据实际情况签订各类工程咨询合同。

7. 运输合同

运输合同是指市政工程项目建设过程中建设单位、施工单位等与运输单位签订的用以解决材料以及相关设备的运输问题而订立的合同。

8. 保险合同

保险合同是指建设单位、施工单位等根据市政工程项目风险管理的需求，为了化解市政工程项目风险而与保险公司签订的合同。

9. 担保合同

担保合同是由第三方（银行或担保公司）与建设单位签订的保证施工单位能够全面、正确地履行市政工程施工合同义务的副合同，如履约保函、投标保证金、支付保函等。

3.1.3　合同订立阶段的管理

市政工程项目合同的签订要经过要约和承诺两个阶段，一般都是通过招标投标的方式确定承包商。按照《中华人民共和国招标投标法》，合同应在中标通知书发出之日起 30 日内签订。但在双方签订合同法律文本之前，发包方和承包商应对招标投标文件和合同条款进行仔细审查、谈判，从以下几方面着手进行管理。

1. 合同审查

合同审查应从合同效力、完备性、公平性、应变性等方面入手。合同效力的审查主要审核招标内容和合同的合法性。合同完备性的审查主要从合同文件的完备性及合同条款的完备性两方面进行审查。合同公平性的审查主要从合同双方责任、权益及项目范围等方面进行审查。合同应变性的审查主要是指当合同条件、工程环境等发生变化时，合同应事先规定处理原则的措施等。合同审查完毕，对审查出的问题提出建议和对策，然后进行合同谈判。

2. 合同谈判

合同谈判可以解决招标文件及合同条款中的缺陷、漏洞，进一步明确合同双方的责、权、利。合同谈判前要做好充足的准备工作，明确谈判的目的，拟定谈判方案，通常谈判时针对以下主要内容开展：工程内容和范围的确认；有关技术要求、技术规范和施工方案；合同价格；价格调整的约定；合同款的支付方式；工期和维修期的约定等。应该注意的是，合同谈判结果一般以合同补遗的形式形成书面文件。

3. 合同签订

通过合同双方的谈判，对新形成的合同条款达成一致意见，即进入合同签订阶段。合同谈判后，要形成合同的最后文本，合同的最后文本内容要齐全，包括：合同协议书；工程量及价格单；合同条件；投标人须知；合同技术条件；中标通知书；双方代表留置的合同补遗；中标人投标时所递交的主要技术和商务文件；其他双方认为应该作为合同的部分文件。

3.1.4　合同履行过程中的管理

合同履行的过程同时也是市政工程项目实施的过程。发包人应该委派专人负责工程现场各合同的协调控制。发包人在合同履行过程中的管理工作主要有：

1. 编制合同实施计划，建立合同实施保证体系

合同实施计划包括合同实施总体安排、分包策划以及合同实施保证体系的建立等内容。合同实施计划是保证合同得以实施的重要手段。合同实施保证体系的建立首先根据工

程规模和复杂程度，设立专门的合同管理机构和人员；然后建立合同管理工作程序，对合同目标内的经常性管理工作建立管理制度，如工程验收和计量、支付的程序，工程变更、索赔和管理程序等；最后建立报告和行文制度，建立文档管理系统，对涉及合同方面的确认、变更、情况报告、处理、意见、指令等都应以书面形式建立文件往来，建立合同文档系统，保存工程实施过程中的有关事件和活动的一切资料和信息。

2. 做好合同交底，有效控制合同实施全过程

（1）进行合同分析和合同交底。

合同实施前，合同管理人员应做好合同分析和合同交底工作。

合同分析是为了明确合同文件的具体要求，理清合同文件的关系，明确合同文件存在的问题及风险等。合同分析主要分析以下内容：合同的法律地位；发包人的主要责任和权利；承包人的主要责任和权利；合同价格；工期和违约责任；验收、移交、保修；索赔程序和争议的解决。

合同分析完后，合同管理人员向各层次管理者作"合同交底"，把合同责任具体落实到各责任人和合同实施的具体工作上。通过合同交底，使相关人员清楚合同的主要内容、合同实施的主要风险和合同实施的责任分配等内容。

（2）建立合同管理信息系统，做好合同跟踪与合同诊断工作。

在项目实施过程中，全面收集并分析合同实施的信息，将合同实施情况与合同实施计划进行对比分析，找出其中的偏差，诊断合同执行差异的原因、责任及实施趋向，及时通报实施情况及存在问题，提出有关意见和建议，并采取相应措施。合同跟踪和诊断要建立合同实施的信息体系，确保有关信息的及时反馈。

（3）根据合同中的规定，做好合同变更及索赔管理工作。

（4）做好合同档案管理工作。

3.2　工程勘察设计合同管理

3.2.1　市政工程勘察设计合同的主要内容

一般来讲，市政工程勘察设计合同应包括的主要内容有：

（1）甲方委托乙方承担的工程勘察设计项目的名称、内容、规模与范围等。

（2）合同附件。乙方根据委托的勘察设计项目内容和主管部门的规定，分阶段地进行初步设计（方案设计）和施工图设计。在各个阶段具备设计条件时，双方签订阶段协议书，具体规定甲方应提交哪些勘察设计基础资料和提交的日期，乙方需交付哪些勘察设计文件资料和交付的日期。阶段协议书作为合同的附件存在。

（3）甲方应承担的有关责任。

（4）乙方应承担的有关责任。

（5）双方对勘察设计费用的约定。

（6）双方有关的违约责任。

（7）合同纠纷的解决方式。

通常，通过招标确定勘察设计单位的市政工程项目，其勘察设计合同还应包括招标文件及其附件（含招标过程中发布的答疑纪要、重要通知等）、投标文件、中标通知书等内

容。其中，招标文件及其附件（含招标过程中发布的答疑纪要、重要通知等）中有关勘察设计合同专用条款约定的内容都要在正式签订的合同中体现。

3.2.2 市政工程勘察合同管理

1. 市政工程勘察合同的订立

（1）发包人应提供的勘察依据文件和资料

发包人应提供的勘察依据文件和资料包括：工程的立项批准文件、用地手续（附红线范围）；中标通知书（或勘察任务委托书）、技术要求和工作范围的地形图、建筑总平面布置图；工程所需坐标与标高等资料；地下已有埋藏物等资料。

（2）勘察任务的工作内容

工程勘察合同要明确以下相关的工作内容：工程勘察任务内容（自然条件观测、地形图测绘、资源探测、岩土工程勘察、地震安全性评价、工程水文地质勘察、环境评价、模型试验等）；预计勘察工作量；勘察成果资料提交的份数等。

（3）合同工期

合同工期的相关内容具体包括：合同约定的勘察工作开始和终止的时间；工期天数。

（4）勘察费用

勘察费用的相关内容包括：预算金额；支付程序；分阶段支付进度款的条件、百分比。

（5）违约责任

违约责任的相关内容包括：承担违约责任的条件；违约金的计算方法。

（6）合同争议的最终解决方式

明确约定解决合同争议的最终方式是采用仲裁或诉讼。采用仲裁时，须注明仲裁委员会的名称。

2. 市政工程勘察合同履行管理

（1）发包人的责任

发包人的责任如下：

1）提供的图纸、资料不真实可靠，导致勘察人在工作过程中人身安全受到伤害或经济遭受损失的，由发包人承担民事责任；

2）发包人负责提供材料时，要保质保量；

3）勘察工作出现变更时，发包人要按照实际工作量支付勘察费；

4）发包人若要求提前完工，应按照提前的天数向勘察人支付加班费；

5）发包人应保护勘察人的投标书、勘察方案、报告书等资料。

（2）勘察人的责任

勘察人的责任如下：

1）勘察人按发包人要求在规定的时间内提交质量合格的勘察结果资料，并对勘察结果资料负责；

2）在勘察过程中，勘察人根据工程的岩土工程情况或工作现场地形地貌等条件，向发包人提出增减工作量或修改勘察工作的意见。

（3）勘察合同的工期

遇到以下情况时，可相应地顺延合同工期：

1）设计变更；

2）工作量变化；

3）不可抗力影响；

4）非勘察人原因造成停工、窝工。

（4）勘察费用

勘察费用按国家标准收费，最终按实际完成工作量结算。

（5）违约责任

1）发包人的违约责任：由于发包人原因终止合同时，不退还定金，已进行勘察工作的，工作量在 50％以内，支付 50％的勘察费。超过 50％，应支付全额勘察费。由于发包人原因延误工期时，工期可以顺延。

2）勘察人的违约责任：由于勘察人原因导致勘察成果资料不合格的，返工费用由勘察人承担，工期不得顺延；勘察人不履行合同时，应双倍返还定金。

3.2.3　市政工程设计合同管理

1. 市政工程设计合同的订立

（1）发包人应提供的文件和资料

发包人应提供的文件和资料包括设计依据文件和资料以及项目设计要求。

设计依据文件和资料包括：经批准的项目可行性研究报告或项目建议书、城市规划许可文件、工程勘察资料。

项目设计要求包括：工程的范围和规模；限额设计的要求；设计依据的标准；法律法规规定应满足的其他条件。

（2）设计任务的工作内容

工程设计合同要明确以下相关的工作内容：设计范围（设计规模，名称、层数和建筑面积）；建筑物的合理使用年限设计要求；委托的设计阶段和内容（方案设计、初步设计和施工图设计）；设计深度要求；设计人配合施工工作的要求等。

（3）合同工期

合同工期的相关内容包括：合同约定的设计工作开始和终止时间；总工期天数。

（4）设计费用

设计费用的相关内容包括：预算金额；支付程序；分阶段支付进度款的条件、百分比。

（5）发包人应为设计人提供的现场服务

发包人应为设计人提供的现场服务的相关内容包括施工现场的工作条件、生活条件和交通等。

（6）违约责任

违约责任的相关内容包括：承担违约责任的条件；违约金的计算方法。

（7）合同争议的最终解决方式

明确约定好解决合同争议的最终方式。

2. 市政工程设计合同履行管理

（1）发包人的责任

发包人的责任如下：

1）提供设计依据资料，如按时提供设计依据文件和基础资料，并对资料的正确性负责；

2）提供必要的现场工作条件，如涉及工作、生活、交通等方面的便利条件，以及必要的劳动保护装备等；

3）做好外部协调工作，如专家鉴定、规划验收、方案报批、施工图审查等；

4）做好其他相关工作，如合同约定之外的服务工作等；

5）保护设计人的知识产权，不得修改、复制和转让设计人交付的设计资料及文件；

6）遵循合理设计周期的规律，不应强迫设计人不合理地缩短设计周期的时间。

（2）设计人的责任

设计人的责任如下：

1）保证设计质量，要采用先进设计，确保通过设计审查；

2）完成各设计阶段的工作任务。完成初步设计（总体设计、方案设计）、技术设计（工艺流程设计、建筑物试验）、施工图设计（建筑、结构、设备等设计）等工作任务；

3）配合施工的义务，如进行设计交底；解决施工中出现的设计问题；进行工程验收；

4）保护发包人的知识产权。

（3）设计工作内容变更的原因

设计工作内容的变更按照发生原因的不同，一般涉及以下几个方面的原因：

1）设计人的工作失误引起的变更：在交付设计成果后，因设计人的工作失误设计审查部门重新提出了审查意见；

2）委托任务范围内的设计变更：因发包人的需要进行了修改；

3）委托其他设计单位完成的变更：这种变更须经原设计人书面同意；

4）发包人原因导致的重大设计变更：需返工时，应签订补充协议并增加支付设计费。

（4）违约责任

1）发包人的违约责任：发包人延误支付、因发包人原因要求解除合同的按合同约定执行；审批工作导致延误的，发包人承担风险；

2）设计人的违约责任：设计错误、设计人延误完成设计任务、因设计人原因要求解除合同的，按合同约定执行；

3）不可抗力事件的影响：双方协商解决。

【案例 3-1】

某单位对市政工程勘察、设计合同管理的有关规定如下。

众所周知，工程勘察成果是否能真实反映工程地质情况，将直接影响设计成果的合理性和经济性；设计在技术上是否可行、经济上是否合理、结构上是否安全可靠等更是直接影响工程质量的决定性因素。所以说工程勘察、设计成果的质量是决定工程质量好坏的关键。为了避免工程勘察、设计工作的缺陷给工程项目质量留下无法弥补的质量隐患，我们在合同中（招标时在招标文件中予以明确）规定了对勘察、设计单位的各项具体要求和管理措施。

1. 对勘察、设计单位的要求

（1）从事工程建设的地质勘察、测量、设计单位应当依法取得相应等级的资质证书，并在其资质等级许可的范围内承揽工程。

（2）地质勘察、测量、设计单位必须按照工程建设强制性标准组织开展地质勘察、测量、设计工作，并对其地质勘察、测量、设计的质量负责。

岩土工程师、测量工程师、注册建筑师、注册结构工程师等注册执业人员应当按照国家和行业的规定在相关勘察、测量、设计文件上签章，对勘察、测量、设计文件负责。

（3）勘察单位提供的地质、测量、水文等勘察成果必须真实、准确。

（4）设计单位应当根据勘察成果文件进行建设工程设计，设计文件应当符合国家规定的设计深度要求，注明工程合理使用年限。

（5）设计单位在设计文件中选用的建设材料、建筑构配件和设备，应当注明规格、型号、性能等技术指标，其质量要求必须符合国家规定的标准，但不得指定品牌。

（6）勘察、设计单位应当严格勘察成果、设计图纸的内部审查制度，确保勘察成果、设计图纸的质量，并就审查合格的施工图设计文件向施工单位作出详细的书面交底说明。

（7）设计单位应当参与建设工程质量事故分析，并针对质量事故，提出相应的技术处理方案。

2. 对勘察、设计单位的主要管理措施

（1）在施工期间，地质勘察、测量、设计代表在接到通知后，必须保证 4 小时内到达现场。否则，酌情对地质勘察、测量、设计单位进行口头警告或适当的经济处罚。

（2）因地质勘察、测量、设计成果资料不真实、弄虚造假，或质量不合格造成经济损失、重大经济损失或工程事故的，视情节进行如下处罚：

1）责令地质勘察、测量、设计单位必须对地质勘察、测量、设计资料及文件出现的遗漏或错误进行修改、补充或完善；

2）由于地质勘察、测量、设计人员错误造成工程质量事故损失或超出概算，地质勘察、测量、设计单位除了负责采取补救措施外，应免收直接受损失或超出概算部分的地质勘察、测量、设计服务费，并处以合同价 1% 以下罚款；

3）损失或超出概算严重的，根据损失的程度和地质勘察、测量、设计人员责任的大小向发包人支付赔偿金，赔偿金由双方在合同中商定，为实际损失的 20%～50%，直至取消合同；损失或超出概算不严重的，以地质勘察、测量、设计单位的服务费抵增加投资部分费用；

4）成果资料不真实、弄虚造假的，视其严重程度采取以下措施：

① 终止合同，并按规定赔偿发包人损失；

② 上报上级行政主管部门，取消其投标权；

③ 追究相关法律责任。

3.3　工程监理合同管理

3.3.1　市政工程监理合同的概念

1. 市政工程监理合同的概念

市政工程监理合同是指建设单位或业主与监理单位就委托的市政工程项目管理内容而签订的明确双方权利、义务关系的协议。监理合同有广义和狭义之分。狭义的合同是指合同文本，即合同协议书、合同标准条件及合同专用条件。广义的合同是指包括合同文本、中标人的监理投标书、中标通知书以及合同实施过程中双方签署的合同补充或修改文件等关于双方权利义务的承诺和约定。

2. 市政工程监理合同的特征

市政工程监理合同的特征包括：

（1）监理合同的当事人双方应当是具有民事权利和民事行为能力、取得法人资格的企事业单位。其他社会组织、个人在法律允许范围内也可以成为合同当事人。

（2）作为受托人必须是依法成立的具有法人资格的监理单位，并且所承担的工程监理业务应与单位资质相符合。

（3）监理合同的订立必须符合工程项目建设程序。

（4）委托监理合同的标的是服务。工程建设实施阶段所签订的其他合同，如勘察设计合同、施工合同等标的物是产生新的物质或信息成果，而监理合同的标的是服务，即监理工程师根据自己的知识、经验、技能受业主委托为其所签订的其他合同履行实施监督和管理。

3.3.2 市政工程监理合同的主要内容

一般来讲，监理合同应包括的主要内容有：

（1）合同内所涉及的词语定义和遵循的法规；

（2）监理人的义务；

（3）委托人的义务；

（4）监理人的权利；

（5）委托人的权利；

（6）监理人的责任；

（7）委托人的责任；

（8）合同生效、变更与终止的约定；

（9）监理报酬；

（10）争议的解决方式及其他条款。

3.3.3 市政工程监理合同的有效期

尽管双方签订《建设工程委托监理合同》中都会注明"本合同自×年×月×日开始实施，至×年×月×日完成"，但此期限仅指完成正常监理工作预定的时间，并不一定就是监理合同的有效期。

监理合同的有效期即监理人的责任期，不以约定的日历天数为准，而是用监理人是否完成了包括附加和额外工作的义务来判定。因此，通用条款规定监理合同的有效期为双方签订合同后，工程准备工作开始，到监理人向委托人办理竣工验收或工程移交手续，承包人和委托人已签订工程保修责任书，监理人收到监理报酬尾款，监理合同才终止。如果保修期还需监理人执行相应的监理工作，双方应在专用条款中另行约定。

3.3.4 市政工程监理合同管理

1. 市政工程监理合同订立管理

（1）明确双方的权利

1）委托人的权利

委托人的权利包括：

① 业主有选定工程设计单位和总承包单位及监理单位，并与其订立合同的决定权；

②　业主有对工程规模、设计标准、规划设计、生产工艺设计和设计使用功能要求的认定权以及对工程设计变更的审批权；

③　监理单位调换总监理工程师须经业主同意；

④　业主有权要求监理机构提交监理工作月度报告及监理业务范围内的专项报告；

⑤　业主有权要求监理单位更换不称职的监理人员，直到终止合同。

2）　监理人执行监理业务可行使的权利

监理人执行监理业务可行使的权利如下：

①　监理人有选择工程总设计单位和施工总承包单位的建议权，选择工程分包设计单位和施工分包单位的确定权与否定权；

②　监理人有对工程建设有关事项，包括工程规模、设计标准、规划设计、生产工艺设计和使用功能要求，向业主提出建议的建议权；

③　监理人可针对工程结构设计和其他专业设计中的技术问题，按照安全和优化的原则，自主向设计单位提出建议，并向业主提出书面报告；如果拟提出的建议会提高工程造价，或延长工期，应当事先取得业主的同意，发现工程设计不符合建筑工程质量标准或者合同约定的质量要求的，有权报告建设单位，由其要求设计单位改正；

④　监理人可针对工程施工组织设计和技术方案，按照保质量、保工期和降低成本的原则，自主向承包商提出建议，并向业主提出书面报告；如果拟提出的建议会提高工程造价，或延长工期，应当事先取得业主的同意，监理人具有协调组织工程建设有关协作单位的主持权，重要协调事项应当事先向业主报告；

⑤　报经业主同意后，监理人发布开工令、停工令、复工令；

⑥　监理人具有工程使用材料和施工质量的检验权，对于不符合设计要求及国家质量标准的材料、设备，有权通知承包商停止使用；不符合规范和质量标准的工序、分项分部工程和不安全的施工作业，有权通知承包商停工整改、返工，承包商取得监理机构复工令后才能复工，监理人发布停、复工令应当事先向业主报告，若在紧急情况下未能事先报告，应在 24 小时内向业主作出书面报告；

⑦　监理人具有工程施工进度的检查、监督权，以及工程实际竣工日期提前或超过工程承包合同规定的竣工期限的签认权；

⑧　监理人具有在工程承包合同约定的工程价格范围内工程款支付的审核和签认权，以及结算工程款的复核确认权与否定权，未经监理机构签字确认，业主不支付工程款；

⑨　在委托的工程范围内，委托人或承包人对对方的任何意见和要求（包括索赔要求），必须先向监理机构提出，由监理机构研究处置意见，再同双方协商确定；

⑩　当委托人和承包人发生争议时，监理机构应根据自己的职能，以独立的身份判断，公正地进行调解，当双方的争议由政府建设行政主管部门调节或仲裁结构仲裁时，应当提供作证的事实材料。

（2）　明确双方的义务

1）　委托人的义务

委托人的义务如下：

①　按合同约定，按时支付监理酬金；

②　负责工程建设的所有外部关系的协调，为监理工作提供外部条件；

③ 在双方约定的时间内免费向监理机构提供监理机构需要的与工程有关的工程资料；

④ 在约定的时间内针对监理单位书面提出要求作出决定的事宜作出书面决定；

⑤ 应当授权一名熟悉本工程情况、能迅速作出决定的常驻代表，负责与监理单位联系；

⑥ 应当授予监理单位监理权利，以及确定监理机构主要成员职能分工的权利，及时书面通知已选定的第三方，并在与第三方签订的合同中予以明确；

⑦ 业主应为监理机构提供如下协助：获取本工程使用的原材料、机械设备等生产厂家名录；提供与本工程有关的协作单位、配合单位的名录；

⑧ 免费向监理机构提供合同专用条件约定的设施，对监理单位自备的设施给予合理的经济补偿；

⑨ 未经监理单位书面同意，业主不得转让该合同约定的权利和义务。

2）监理人的义务

监理人的义务如下：

① 监理机构应向业主报送委派的总监理工程师及其监理机构主要成员名单、监理规划，完成监理合同专用条件中约定的工程监理范围内的监理业务；

② 监理机构在履行本合同的义务期间，应运用合理的技能，为业主提供与监理机构水平相适应的咨询意见，帮助业主实现预定目标，公正地维护各方的合法权益；

③ 监理机构使用的业主提供的设施和物品属于业主的财产，在监理任务完成或中止时，应将此类设施和剩余的物品库存清单提交给业主，并按合同约定的时间和方式移交此类设施和物品；

④ 在本合同期内或合同终止后，未征得有关方同意，不得泄露与本工程、本合同业务活动有关的保密资料；

⑤ 监理单位不得转让该合同约定的权利和义务；

⑥ 除业主书面同意外，监理单位及职员不应该接受监理合同约定以外的与监理工程项目有关的报酬。监理单位不能参与可能与合同规定的和业主的利益相冲突的任何活动；

⑦ 工程监理单位应当在其资质等级许可的监理范围内，承担工程监理业务；

⑧ 工程监理单位与被监理的工程承包单位以及建筑材料、建筑构配件和设备供应单位不得有隶属关系或者其他利害关系。

（3）明确双方的责任

1）委托人的责任

委托人的责任如下：

① 业主应当履行监理合同约定的义务，如有违反则应当承担违约责任，对给监理单位造成的经济损失进行赔偿；

② 若由于业主的原因使监理工作受到阻碍或延误，以致增加了工作量或持续时间，则监理单位应当将此情况与可能产生的影响及时通知业主。由此增加的工作量视为附加工作，完成监理业务的时间应当相应延长，并支付给监理单位额外的酬金；

③ 业主如果要求监理单位全部或部分暂停执行监理业务或终止监理合同，则应当在56天前通知监理单位；

④ 监理单位由于非自己的原因而暂停或终止执行监理业务，其善后工作以及恢复执

行监理业务的工作，应当视为额外工作，业主应当支付额外的酬金；

⑤ 如果业主在规定的支付期限内未支付监理酬金，应当向监理单位补偿应支付的酬金利息，利息额按银行贷款利息率乘以拖欠酬金自规定支付之日起至规定支付期限最后一日的时间计算。

2）监理人的责任

监理人的责任如下：

① 监理单位在责任期内，应当履行监理合同中约定的义务。如果监理单位过失造成了经济损失，监理单位应当承担相应的赔偿责任。工程监理单位与承包商串通，为承包单位谋取非法利益，给建设单位造成损失的，应当与承包单位共同承担连带赔偿责任；

② 监理单位如需另聘专家咨询或协助，在监理业务范围内其费用由监理单位承担，在监理业务范围以外，其费用由业主承担；

③ 监理单位向业主提出的赔偿要求不能成立时，监理单位应当补偿由于该索赔导致的业主的各种费用支出。因不可抗力导致监理合同不能全部或部分履行的，监理单位不承担责任。

（4）监理报酬

监理报酬由正常的监理报酬、附加工作和额外工作的报酬三部分组成。通常按照监理工程项目概预算的一定百分比计收。

（5）争议的解决方式及其他条款

1）争议的解决方式

争议的解决方式包括协商、调解、仲裁或诉讼。

2）其他条款

附加监理工作的酬金及增加监理工作时间的补偿酬金，双方另行约定。

2. 市政工程监理合同履行管理

（1）委托人的履行

委托人的履行内容包括：

1）严格按照监理合同规定履行应尽义务；

2）严格按照监理合同规定行使权利；

3）业主的档案管理。

（2）监理人的履行

监理人的履行内容包括：

1）确定项目总监理工程师，建立项目监理组织；

2）进一步熟悉情况，收集有关资料，为开展建设监理工作做准备；

3）制定工程项目监理规划；

4）制定各专业监理工作计划或实施细则；

5）根据制定的监理工作计划和运行制度，规范化地开展监理工作。

【案例 3-2】

某单位对市政工程监理合同管理的有关规定如下：

监理单位是项目实施过程中最主要的监督和控制者之一，监理单位受业主的委托，对业主单位的工程项目实施建设监理。那么如何加强对监理单位的管理，确保监理单位认真、负责地进行工作，确保监理活动处于受控状态，是业主现场代表的主要任务之一。因此，业主在监理招标投标之前，就应针对项目的实际需要拟定详细的监理管理办法，形成有效的合同文件，加强对监理的监督与管理，促进监理单位更好地履行合同，更好地为项目服务，为施工现场服务，防止损害建设单位利益的事情和对施工单位的"吃拿卡要"等不法行为的发生。

1. 管理原则

（1）坚持事前控制、以合同管理监理的原则。对监理工作的管理应重点抓好监理人员的到位情况以及监理人员履行监理合同和执行监理规范等情况。

（2）坚持树立监理管理权威，充分发挥监理工作主观能动性原则。对于施工现场发生的关于施工进度、质量、安全及文明施工等具体管理事务，由总监负责管理、协调和解决；对于监理工程师发出的工作指令不宜轻易修改和干涉。

2. 监理工作管理的方法和要求

（1）业主项目部应及时将与监理工作相关的合同文件送达项目监理机构，以确保合同在监理过程中得到有效执行。

（2）业主项目部应仔细审查监理规划、监理细则和旁站监理方案，重点核查监理机构对项目关键点、技术点和难点等的掌握情况和采取的针对性措施，并督促其对施工单位进行监理交底。

（3）对监理工程师提交的各项业务联系单应及时予以书面答复，各项业务联系单的处理应以不影响工程进展为原则。

（4）及时协调并有效解决监理、设计、检测及各承包单位之间发生的各种问题，督促总监定期召开工地例会。

（5）业主项目部应及时、认真地审核监理月报，了解和分析各种偏差以及存在问题，认真审核监理工程师提出的应对措施。

（6）对项目监理机构违反相关要求的，业主项目部应根据监理合同的相关约定，追究监理单位的违约责任。若情节严重，致使监理工作难以有效开展，严重影响工程进展的情况，项目部应书面提出处理意见，报业主单位研究处理。

（7）业主项目部负责及时按监理合同审核各期监理费的支付和办理监理费用的结算。

（8）业主项目部在第一次工地例会上应明确哪些关键部位和关键工序（如桩基验孔、路基弯沉、闭水试验等）的验收工作，监理机构必须通知业主代表参加。

（9）监理单位进场后，业主项目部应督促其完善各项规章制度及管理细则，及时提交工程单位、分部、分项的划分工作，并要求将划分情况报质量监督站审核。

（10）业主项目部应及时检查监理单位对招标投标文件、施工合同、施工图纸和相关技术规范等的掌握情况；不定时地检查监理工程师是否及时进行现场验收和巡查。特别在隐蔽工程、关键工序等施工时，必须抽查监理旁站情况。

（11）业主项目部应严格监督落实首件验收制度，要求工程中每一个分项的第一次验收均应由总监主持，重要分项应同时通知其他相关单位负责人参加，并形成验收意见指导后续施工。

（12）业主项目部应及时跟踪监理单位界定的主材料供应商资料和业绩情况，并提出遴选方案，但不能变相地指定供应商；督促监理单位做好安全生产、文明施工检查和整改反馈工作；督促监理单位加强过程内业管理和编制监理工作竣工文件。

3. 监理管理的主要合同措施

(1) 必备条款约定

在合同专用条款中设定如下条款并具体规定监理单位应承担的违约责任。

1) 项目监理机构的组织形式、人员设备及对总监的任命必须以书面形式通知业主项目部。监理项目印章必须通过监理公司发文启用，同时总监理工程师在该启用文上签名留底。

2) 监理单位必须在现场设置独立的项目办公和生活场所，以保证监理机构正常运转。

3) 总监及其代表、各专业监理工程师、档案管理等监理人员原则上不得更换。若需更换，须经项目部同意，其中更换总监须报公司分管领导审批。根据工程项目规模的不同，在监理合同的专用条款中必须规定更换监理人员扣除相应违约金条款。同时规定"若总监不称职，监理单位必须无条件更换，更换后的总监仍不能胜任的，有权解除委托监理合同"等条款。

4) 在监理招标或签订合同时，应对监理工作不到位或违反相关规定的情况，制定具体的处罚措施。例如，要对监理人员的廉洁情况、总监最少驻现场时间、各专业监理的配备情况、节假日监理上岗人员数量情况、旁站监理脱岗情况等作出规定。

5) 在工程开工前，监理单位应按照工程量清单和招标文件规定的计算原则和计量方法，复核工程量清单，并形成书面的审核意见。

6) 测量交桩后，监理单位必须及时提交交桩复核成果和原地面复测意见书，特别是电力设施、古建筑、古墓、古树、既有管渠标高与断面等的复核。

7) 监理工程师应对承包人提交的施工方案认真进行审核，提出审核意见并向业主项目部报备。

8) 监理机构必须对工程的所有取样、送检和试验进行100%见证，并建立完善的见证记录和试验台账。

9) 隐蔽工程的隐蔽过程及工序完成后，对于难以检查、存在问题难以返工或返工影响大的重点部位要实行旁站监理。

10) 监理单位必须组织辨析重大危险源；必须落实危险性较大工程安全专项方案的编制及专家论证工作。

11) 监理单位必须做好每月一次的安全生产和文明施工检查，并将检查结果反馈给项目部。

12) 为了防止资料的丢失，监理单位应加强内业管理，各种资料均应采用规范的格式，并进行分类编号登记，统一保管，建立健全的收发文制度。

13) 监理单位每月必须提交一次工程影像资料。其中，每个施工标段，每天不少于3张工程照片，每月不少于100张工程照片。

14) 监理单位应督促施工单位及时地完善竣工文件并保证竣工文件准确无误。

15) 对随意降低技术质量标准检查验收的，伪造原始资料、监理凭证的，未经检查就签字的，业务水平和综合素质明显不能胜任监理工作岗位的情况，专用条款中应规定相应的违约责任。

(2) 违约责任的一般约定

业主项目部对监理单位的违约行为，应追究其违约责任，形成书面通知书，送达监理公司。涉及扣除违约金的通知书应送业主单位财务部，并告知监理单位将违约金直接缴交至业主单位财务部。对于各种情况的具体违约金扣除数额，在招标文件中要予以列出，并在合同中予以明确。

1）变更总监理工程师，委托监理合同费用在100万元以下（含100万元）的，扣除5万元的违约金；委托监理合同费用为100万～200万元的，扣除10万元的违约金；委托监理合同费用在200万元以上的，扣除20万元的违约金。

2）变更总监代表，委托监理合同费用在100万元以下（含100万元）的，扣除2万元的违约金；委托监理合同费用为100万～200万元的，扣除5万元的违约金；委托监理合同费用在200万元以上的，扣除8万元的违约金。

3）变更专业监理工程师，扣除1万元/人的违约金。

4）总监、总监代表及专业监理工程师未保证工作时间，未经业主项目部批准擅自离岗的，发现一次给予警告处理，两次以上（含两次）扣除2000元/次的违约金。

5）监理人员未按委托监理合同履行监理职责，该审查的未审查，该检测的未检测，该记录的而未记录，该旁站的而未旁站的；随意降低验收标准，伪造原始资料、监理凭证的；工程计量方式方法不规范、出现超支、错支、漏支现象的，一经发现，每次扣除2000～50000元违约金。情节严重者，除了扣除违约金外，责令监理单位更换监理人员。

6）监理人员无理刁难承包人，经调查后情况属实的，给予警告处理。情节严重者，责令监理单位更换监理人员。

7）监理人员不得收受监理报酬以外的任何好处。无特殊情况，监理人员接受承包人的吃请的，发现一次扣除500～1000元/人违约金。监理人员收受承包人的礼品、礼金的，一经发现除了让监理单位按原数额退还外，还要扣除监理单位1万～5万元/（人·次）违约金，并责令监理单位更换监理人员。

8）由于监理人员失职，造成质量、安全事故的，除了让监理单位按合同约定赔偿经济损失外，还将追加扣除监理单位项目监理费用5%的违约金，并追究相关法律责任。

9）监理人员与承包人串通一气、弄虚作假，损害业主利益的，一经发现，除了让监理单位按合同约定进行赔偿外，还扣除监理单位2万～10万元/次的违约金，并责令监理单位更换监理人员。

10）监理单位未执行有关安全文明施工管理制度的相关规定，对现场文明施工管理和监督不力，造成不良影响的，将扣除监理单位1000～50000元/次的违约金。

11）违反国家法律法规者，移交国家司法机关处理。

3.4 工程施工合同管理

3.4.1 工程施工合同的主要内容

目前，我国施工合同的订立，都有可供甲乙双方参考的合同示范文本。合同示范文本主要针对当事人缺乏订立合同的经验和必要的法律常识，由有关部门和行业协会制定，目的在于指导合同当事人订立合同。合同示范文本列出了合同当事人的权利、义务，以便当事人在订立合同时参考，其作用是提醒当事人在订立合同时，更好地明确各自的权利义务，防止事后发生合同纠纷。

我国目前在工程建设领域的施工合同示范文本主要是住房和城乡建设部、国家工商行政管理总局联合颁发的《建设工程施工合同（示范文本）》。

一般来讲，施工合同应包括的主要内容有词语含义及合同条件，承包的内容，双方当事人的权利义务，合同履行期限，合同价款，工程质量与验收，合同的变更，风险、责任和保险，工程保修，对分包方的规定，索赔和争议的处理，以及违约责任。

1. 词语含义及合同条件

合同应对合同中常用的或容易引起歧义的词语进行解释，赋予它们明确的含义。对合同文件的组成、顺序、合同使用的标准，也应作出明确的规定。

2. 承包的内容

合同对承包的内容作出明确规定，具体的施工承包内容以当事人约定为准。

3. 双方当事人的权利义务

合同应对双方当事人的权利、义务作出明确的规定，这是合同的主要内容，规定应当详细、准确。发包人一般应当承担以下义务：按照约定向承包人支付工程款；为承包人提供施工现场条件；协助承包人完成有关许可、执照和批准的申请；如果发包人单方面要求终止合同，没有承包人的同意，在一定时期内不得重新开始实施该工程。承包人一般应当承担以下义务：完成满足发包人要求的工程以及相关的工作；提供履约保证；负责工程的协调与恰当实施；按照发包人的要求终止合同。

4. 合同履行期限

合同应当明确规定开工、交工的时间，同时也应对各阶段的工作期限作出明确规定。

5. 合同价款

合同应规定合同价款的计算方式、结算方式，以及价款的支付期限等。

6. 工程质量与验收

合同应当明确规定工程质量标准与要求，对工程质量的验收方法、验收时间及确认方式。工程质量验收的重点应当是按照规范规定的频率进行取样检测、试验、隐蔽工程验收及竣工验收，竣工验收通过后发包人可以接收工程。

7. 合同的变更

工程建设的特点决定了合同在履行中往往会出现一些事先没有估计到的情况。一般在合同期限内的任何时间，发包人代表可以通过发布或者要求承包人递交建议书的方式提出变更。如果承包人认为这种变更是有价值的，也可以随时向发包人代表提交此类建议书。发包人拥有批准权。

8. 风险、责任和保险

承包人应当保障和保护发包人、发包人代表以及雇员免遭由工程导致的一切索赔、损害和开支。对于应由发包人承担的风险，合同应作出明确的规定。对于保险的办理、保险事故的处理等，合同都应作出明确的规定。

9. 工程保修

合同应按国家的规定写明保修项目、内容、范围、期限及保修金额和支付办法。

10. 对分包方的规定

承包人应当编制足够详细的施工资料，编制并提交竣工图纸、操作和维修手册。承包人应对所有分包方遵守合同的全部规定负责，任何分包方、分包方的代理人或者雇员违约，则完全视为承包人自己违约，由承包人负全部责任。

11. 索赔和争议的处理

合同应明确规定索赔的程序和争议的处理方式。对争议的处理，一般应以仲裁作为最终的解决方式。

12. 违约责任

合同应明确双方的违约责任，包括发包人不按时支付合同款的责任、超越合同规定干预承包人工作的责任等，以及承包人不能按合同约定的期限和质量标准完成工作的责任等。

3.4.2　《建设工程施工合同》的组成及优先解释顺序

《建设工程施工合同（示范文本）》由《合同协议书》《通用合同条款》《专用合同条款》三部分组成。

1. 《合同协议书》

《合同协议书》的内容包括工程概况、合同工期、质量标准、签约合同价与合同价格形式、项目经理、合同文件构成、双方的承诺、词语含义、签订时间、签订地点、补充协议、合同生效的时间及合同份数等内容。

2. 《通用合同条款》

《通用合同条款》的内容包括一般约定、发包人、承包人、监理人、工程质量、安全文明施工与环境保护、工期和进度、材料与设备、试验与检验、变更、价格调整、合同价格、计量与支付、验收和工程试车、竣工结算、缺陷责任与保修、违约、不可抗力、保险、索赔、争议解决等内容。

3. 《专用合同条款》

《专用合同条款》与《通用合同条款》是相对应的，专用条款的条款号与通用条款一致，主要是对通用条款的具体细化、补充和修改。

组成合同的各项文件应能互相解释、互为说明。除专用合同条款另有约定外，解释合同文件的优先顺序如下：

（1）合同协议书；

（2）中标通知书（如果有）；

（3）投标函及其附录（如果有）；

（4）专用合同条款及其附件；

（5）通用合同条款；

（6）技术标准和要求；

（7）图纸；

（8）已标价工程量清单或预算书；

（9）其他合同文件。

上述各项合同文件还应包括合同当事人对该合同文件所作出的补充和修改。属于同一类内容的文件应以最新签署的为准。

在合同订立及履行过程中形成的与合同有关的文件均构成合同文件组成部分，并根据其性质确定优先解释顺序。

如果建设单位选定的优先次序与上述优先顺序不一致，则可以在专用条款中予以修改说明；如果建设单位决定不分文件的优先次序，亦可在专用条款中说明，并可将对出现的含糊或异议的解释和校正权赋予监理工程师，即监理工程师有权向承包单位发布指令，对这种含糊和异议加以解释和校正。

4. 合同文件的解释

对合同文件的解释，除了应遵循上述合同文件的优先次序以及主导语言原则和适用法律原则外，还应遵循国际上对工程承包合同文件进行解释的一些公认的原则，主要有如下几点：

（1）整体解释原则

根据合同的全部条款以及相关资料对合同进行解释，而不是咬文嚼字，受个别条款或文字的约束。

（2）目的解释原则

订立合同的双方当事人是为了达到某种预期的目的，实现预期的利益。对合同进行解释时，应充分考虑当事人订立合同的目的，通过解释，消除争议。

（3）诚实信用原则

各国法律都普遍认同诚实信用原则（简称诚信原则），它是解释合同文件的基本原则之一。诚信原则指合同双方当事人在签订和履行合同中都应是诚实可靠、恪守信用的。根据这一原则，法律推定当事人签订合同之前都认真阅读和理解了合同文件，都确认合同文件的内容是自己真实意思的表示，双方自愿遵守合同文件的所有规定。因此，遵循诚信原则对合同进行解释，即"在任何法系和环境下，合同都应按其表述的规定准确而正当地予以履行"。

（4）交易习惯及惯例原则

当合同发生争议时，若对合同内容的词语文字有不同理解，可根据交易习惯及惯例，对合同进行解释。

（5）反义居先原则

如果由于合同中有模棱两可、含糊不清之处，导致对合同的规定有两种不同的解释，则按不利于起草方的原则进行解释，也就是说与起草方相反的解释居于优先地位。

对于工程施工承包合同，建设单位总是合同文件的起草、编写方，所以当出现上述情况时，承包单位的理解与解释应处于优先地位，但是在实践中，合同文件的解释权通常属于监理工程师，监理工程师可以就合同中的某些问题作出解释并书面通知承包商，并将其视为"工程变更"来处理经济与工期补偿问题。

（6）明显证据优先原则

如果合同文件中对同一问题有不同规定，则除了遵照合同文件优先次序外，应服从如下原则，即具体规定优先于原则规定，直接规定优先于间接规定，细节的规定优先于笼统的规定。根据此原则形成的一些公认的国际惯例有：细部结构图纸优先于总安装图纸；图纸上数字标注的尺寸优先于其他方式（如用比例尺换算）标注的尺寸，数值的文字表达优先于阿拉伯数字表达；单价优先于总价；规范优先于图纸等。

（7）书写文字优先原则

书写条文优先于打字条文；批字条文优先于印刷条文。

《建设工程施工合同（示范文本）》具有较强的通用性，基本能适用于各类公用建筑、民用住宅、工业厂房、道路工程、交通设施及线路管道等的施工和设备安装。

3.4.3　《建设工程施工专业分包合同（示范文本)》的组成

《建设工程施工专业分包合同（示范文本)》由《协议书》《通用条款》《专用条款》三部分组成。

1.《协议书》

《协议书》内容包括：分包工程概况；分包工程名称；分包工程地点；分包工程承包范围；分包合同价款；工期、开工日期；竣工日期；合同工期总日历天数；工程质量标准；组成合同的文件等。

2.《通用条款》

《通用条款》内容有：词语定义及合同文件组成，包括词语定义，组成合同的文件及解释顺序，语言文字类型和适用的法律、行政法规及工程建设标准，图纸；双方一般权利和义务，包括承包人的工作和分包人的工作；工期；质量与安全，包括质量检查与验收、安全施工；合同价款与支付，包括合同价款及调整、工程量的确认和合同价款的支付；工程变更；竣工验收与结算；违约、索赔及争议；保障、保险及担保；其他。

3.《专用条款》

《专用条款》内容包括词语定义及合同文件组成；双方一般权利和义务；工期；质量与安全；合同价款与支付；工程变更；竣工验收与结算；违约、索赔及争议；保障、保险及担保；其他。

《专用条款》与《通用条款》是相对应的，《专用条款》的具体内容是承包人与分包人协商后的填写在合同文本中的具体要求，《建设工程施工专业分包合同（示范文本)》中《专用条款》的解释权优于《通用条款》的解释权。

3.4.4　《建设工程施工劳务分包合同》的主要内容

《建设工程施工劳务分包合同》的主要内容包括：劳务分包人资质情况；劳务分包工作对象及提供的劳务内容；分包工作期限；质量标准；合同文件及解释顺序，标准规范；总（分）包合同；图纸；项目经理；工程承包人义务；劳务分包人义务；安全施工与检查；安全防护；事故处理；保险；材料、设备供应；劳务报酬；工程量的确认；劳务报酬的中间支付；施工机具、周转材料供应；施工变更；施工验收；施工配合；劳务报酬最终支付；违约责任；索赔；争议；禁止转包或再分包；不可抗力；文物和地下障碍物；合同解除；合同终止；合同价数；补充条款；合同生效等。

3.4.5　市政工程项目施工合同管理

1. 市政工程项目施工合同的订立

发包人与承包人双方依照《中华人民共和国建筑法》《中华人民共和国民法典》及其他有关法律、行政法规，遵循平等、自愿、公平和诚实信用的原则，双方就建设工程施工事项协商一致，订立建设工程施工合同。

（1）合同内容

合同应对发包人提供的施工图设计文件、工程量清单及招标文件所明确的应由承包人完成的工程内容作出约定。

（2）质量标准

质量标准是指在符合施工法规、规范要求基础上应达到的招标文件确定的标准。

（3）合同价款

招标工程的合同价款由发包人和承包人依据中标通知书中的中标价格在协议书内约定。非招标工程的合同价款由发包人和承包人依据工程预算书在协议书内约定。发包人应支付承包人按照合同约定完成承包范围内全部工程并承担质量保修责任的款项。

（4）工期

工期是指承包人按照合同约定完成承包范围内全部工程所需的总日历天数（包括法定节假日）。

（5）图纸

图纸是指发包人提供或由承包人提供并经发包人批准，满足承包人施工需要的所有图纸（包括配套说明和有关资料）。

（6）施工场地

施工场地是指发包人提供的用于工程施工的场所以及发包人在图纸中具体指定的供施工使用的其他场所。

（7）书面形式

书面形式是指合同书、信件和数据电文（包括电报、电传、传真、电子数据交换和电子邮件）等可以有形地表现所载内容的形式。

（8）违约责任

违约责任是指合同一方不履行合同义务或履行合同义务不符合约定所应承担的责任。

（9）索赔

索赔是指在合同履行过程中，对于并非自己的过错而应由对方承担责任的情况造成的实际损失，向对方提出经济补偿和（或）工期顺延的要求。

（10）不可抗力

不可抗力是指不能预见、不能避免且不能克服的客观情况。

2.市政工程施工合同履行管理

（1）发包人责任

发包人的责任如下：

1）完成土地征用，青苗树木赔偿，房屋拆迁，清除地面、架空和地下障碍等工作，使施工场地具备施工条件，并在开工后继续负责解决以上事项的遗留问题；

2）将施工所需的水、电、电信路线从施工场地外部接至专用条款中约定的地点，并保证满足施工期间的需要；

3）开通施工场地与城乡公共道路，以及专用条款约定的施工场地内的主要道路，满足施工运输的需要，保证施工期间交通的畅通；

4）向承包人提供施工场地的工程地质和地下管线资料，对资料的真实准确性负责；

5）办理施工许可证及其他施工所需的证件、批件和临时用地、停水、停电、中断道路交通、爆破作业等的申报批准手续（证明承包人自身资质的证明件除外）；

6）确定水准点与坐标控制点，以书面形式交给承包人，进行现场交验；

7）组织承包人和设计单位进行图纸会审和设计交底；

8）协调处理施工场地周围地下管线和邻近建筑物、构筑物（包括文物保护建筑）、古树名木的保护工作，承担有关费用；

9）按照合同约定的期限和方式向承包人支付合同价款及其他应当支付的款项；

10）对于发包人应做的其他工作，双方在专用条款内约定。

发包人可以将以上部分工作委托给承包人办理，双方在专用条款内约定，其费用由发包人承担。发包人不按合同约定完成以上工作造成延误或给承包人造成损失的，发包人赔偿承包人有关损失，工期相应顺延。

（2）承包人的责任

承包人的责任如下：

1）根据发包人委托，在其设计资质等级和业务允许的范围内，完成施工图设计或与工程配套的设计，经工程师确认后使用，发包人承担由此发生的费用；

2）向工程师提供年、季、月工程进度计划及相应进度统计报表；

3）按工程需要，提供和维修供夜间施工使用的照明、围栏设施，并负责安全保卫；

4）按专用条款约定的数量和要求，向发包人提供在施工现场办公和生活的房屋及设施，发生的费用由发包人承担；

5）遵守政府有关部门对施工场地交通、施工噪声以及环境保护和安全生产等的管理规定，按规定办理有关手续，并以书面形式通知发包人，发包人承担由此发生的费用，因承包人责任产生的罚款除外；

6）已竣工工程未交付发包人之前，承包人按专用条款约定负责已完工程的成品保护工作，保护期间发生损坏，承包人自费予以修复。对于某些工程部位发包人要求承包人采取特殊措施保护并追加相应合同价款的，双方在专用条款内约定；

7）按专用条款约定做好施工场地地下管线和邻近建筑物、构筑物（包括文物保护建筑）、古树名木的保护工作；

8）保证施工场地清洁符合环境卫生管理的有关规定。交工前清理现场达到专用条款的要求，承担因自身原因违反有关规定造成的损失和罚款；

9）按照合同约定进行施工、竣工并在质量保修期内承担工程质量保修责任。

10）对于承包人应做的其他工作，双方在专用条款内约定。

承包人未能履行上述各项义务，造成发包人损失的，应赔偿发包人的损失。

（3）工程分包

工程分包，是指经合同约定或发包人认可，从工程总承包单位承包的工程中承包部分工程的行为。《中华人民共和国建筑法》第二十九条规定："建筑工程总承包单位可以将承包工程中的部分工程发包给具有相应资质条件的分包单位。但是，除总承包合同中约定的分包外，必须经建设单位认可。施工总承包的，建筑工程主体结构的施工必须由总承包单位自行完成"。

我国禁止分包工程再分包，《中华人民共和国建筑法》第二十九条规定"禁止分包单位将其承包的工程再分包"。

（4）合同的违约处理

违约责任是指合同当事人违反合同约定所应承担的民事责任。

1）发包人违约

当发生以下情况时发包人承担违约责任，赔偿因违约给承包人造成的经济损失，顺延延误工期。双方在专用条款内约定发包人赔偿承包人损失的计算方法或发包人应当支付违约金的数额或计算方法。

① 发包人不能按合同约定支付工程预付款；

② 发包人不能按合同约定支付工程进度款，导致施工无法进行；

③ 发包人无正当理由不能按合同约定支付工程竣工结算款；

④ 发包人不履行合同义务或不按合同约定履行义务的其他情况。

2）承包方违约

当发生以下情况时承包人承担违约责任，赔偿因其违约给发包人造成的损失。双方在专用条款内约定承包人赔偿发包人损失的计算方法或承包人应当支付违约金的数额或计算方法。

① 因承包人原因不能按照协议书约定的竣工日期或监理工程师同意顺延的工期竣工；

② 因承包人原因工程质量达不到协议书约定的质量标准；

③ 承包人不履行合同义务或不按合同约定履行义务的其他情况。

一方违约后，另一方要求违约方继续履行合同时，违约方在承担违约责任后仍应继续履行合同。

【案例 3-3】

某单位对市政工程施工合同管理的有关规定如下：

（1）施工合同文本的采用上，应尽可能采用新颁布的制式合同。

（2）在签订合同之前，应尽可能地对合同履行中可能发生的问题和易于引起纠纷的因素作出预测并在合同中予以约定（在施工招标文件中亦应体现），以便在合同履行过程中，出现此类情况时不产生纠纷。

（3）对施工单位的投标预算书以及施工组织设计进行仔细审查，如果没有及时发现和提出问题就相当于完全接受其报价及施工组织安排。而一份有经验的报价书总留有以后可以索赔的活口。比如在预算书中进行说明，不包括某些应该包括的费用，结算时再向业主索赔；把某些价格可能上涨的项目自定为暂估价，从而把风险转嫁给业主；很多投标单位通常还采用不平衡报价法，即投标时在不提高总报价的前提下，对不同分部、分项工程采用不平衡报价。

针对投标单位的不平衡报价，业主主要应注意以下几点：

1）对施工过程中会减少工程量的项目或者估计不会施工的某些部分，施工单位故意将其单价压低，在今后实施过程中工程量真的减少时，对其总报价的影响不会太大；

2）对图纸设计不明确、设计标准或详细做法不清楚的地方可能报价很低或干脆不报价，结算时再以图纸不明为理由进行索赔；

3）相反，施工过程中工程量可能会增加的项目，其报价可能较高，施工时工程量增加就可以给施工单位带来额外的收入；

4）对于很难计算准确工程量的项目，如土石方工程等，其报价也可能较高，这样做可以平衡投标总报价，又存在多获利的机会。

在签订合同之前要有重点地对这些地方加以审查，采取有理有据的补救措施并在合同补充条款中作出明确的责任规定。

（4）施工合同一经签字，就对合同双方都具有约束力，应严肃认真地履行合同。建设单位在履行合同要求应完成的工作的同时，还要以合同为依据督促施工单位及时、认真地履行合同。因此，建设单位应有专人负责合同履行并监督对方的履行情况。主要做好以下几方面工作：

1）组织建设单位各专业人员对合同主要条款进行讨论，促使各相关人员更深刻地理解招标文件及合同主要条款，从而在整个工程建设过程中能够更恰当地履行合同条款。

2）在签订合同后，应将主合同及其他各种分包合同的责任分解落实到建设单位相关人员身上，同时督促施工单位及分包单位充分地理解和重视各自的责任、义务，保证整体施工过程的协调一致性。

3）在工程建设期间，对合同中约定不明确的事项以及建设期间新增加工作量，应及时签订补充合同或协议，进一步明确双方的责任。同时，利用合同总工期及拨款进度等条款对工程整体进行有力的合同计划控制，确保工程建设按计划、有步骤地进行。

3.5 工程材料、设备采购合同管理

3.5.1 工程材料、设备采购合同概述

1. 工程材料、设备采购合同的概念

工程材料、设备采购合同，是指平等主体的自然人、法人和其他组织之间，为实现建设工程物资买卖，设立、变更和终止相互权利义务关系的协议。工程材料、设备采购合同属于买卖合同，具有买卖合同的一般特点：

（1）出卖人与买受人订立买卖合同，是以转移财产所有权为目的。

（2）买卖合同的买受人要取得财产所有权，必须支付相应的价款；出卖人转移财产所有权，必须以买受人支付价款为对价。

（3）买卖合同是双务、有偿合同。所谓双务有偿是指合同双方互负一定义务，出卖人应当保质、保量、按期交付合同订购的物资、设备，买受人应当按合同约定的条件接收货物并及时支付货款。

（4）买卖合同是诺成合同。除了法律有特殊规定的情况外，当事人之间意思表示一致，买卖合同即可成立，并不以实物的交付为合同成立的条件。

2. 工程材料、设备采购合同的特点

（1）工程材料、设备采购合同的当事人

工程材料、设备采购合同的买受人即采购人，可以是发包人，也可以是承包人。采购合同的出卖人即供货人，可以是生产厂家，也可以是从事物资流转业务的供应商。

（2）工程材料、设备采购合同的标的

工程材料、设备采购合同的标的品种繁多，供货条件差异较大。

（3）工程材料、设备采购合同的内容

工程材料、设备采购合同视标的的特点，合同涉及的条款繁简程度差异较大。建筑材料采购合同的条款一般限于物资交货阶段，主要涉及交接程序、检验方式和质量要求、合同价款的支付等。大型设备的采购，除了交货阶段的工作以外，往往还需包括设备生产阶段、设备安装调试阶段、设备试运行阶段、设备性能达标检验和保修等方面的条款约定。

（4）货物供应的时间

工程材料、设备采购合同与施工进度密切相关，出卖人必须严格按照合同约定的时间

交付订购的货物。

3.5.2　工程材料、设备采购合同的主要内容

一般情况下，工程材料、设备采购合同主要包括以下几个方面的内容：

（1）合同标的，包括产品的名称、品种、商标、型号、规格、等级、花色、生产厂家、订购数量、合同金额、供货时间及每次供应数量等。

（2）质量要求的技术标准、供货方对质量负责的条件和期限。

（3）交（提）货地点、方式。

（4）运输方式及到站、港和费用的负担责任。

（5）合理损耗及计算方法。

（6）包装标准、包装物的供应与回收。

（7）验收标准、方法及提出异议的期限。

（8）随机备品、配件工具数量及供应办法。

（9）结算方式及期限。

（10）如需提供担保，另立合同担保书作为合同附件。

（11）违约责任。

（12）解决合同争议的方法。

（13）其他约定事项。

3.5.3　工程材料、设备采购合同管理

1. 工程材料、设备采购合同的订立

（1）标的物的约定

1）物资名称：商品牌号、品种、规格、型号以及用途。

2）质量要求和技术标准。

约定质量标准的一般原则是：

① 按颁布的国家标准执行；

② 无国家标准而有部颁标准的产品，按部颁标准执行；

③ 没有国家标准和部颁标准作为依据时，可按企业标准执行；

④ 没有上述标准，或虽有上述某一标准但采购方有特殊要求时，按双方在合同中商定的技术条件、样品或补充的技术要求执行。

合同内必须写明执行的质量标准代号、编号和标准名称，明确各类材料的技术要求、试验项目、试验方法、试验频率等。采购成套产品时，合同内也需规定附件的质量要求。

3）产品的数量：合同内约定产品数量时，应写明订购产品的计量单位、供货数量、允许的合理磅差范围和计算方法。

（2）产品的交付

1）产品的交付方式

为了明确货物的运输责任，应在相应条款内写明所采用的交（提）货方式、交（接）货物的地点、接货单位（或接货人）的名称。

2）交货的期限

货物的交（提）货期限，它不仅关系到合同是否按期履行，还可能会出现货物意外丢失或损坏时的责任承担问题。

合同履行过程中，判定是否按期交货或提货，依照约定的交（提）货方式不同，可能有以下几种情况：

① 供货方送货到现场的交货日期，以采购方接收货物时在货单上签收的日期为准；

② 供货方负责代运货物，以发货时承运部门签发货单上的戳记日期为准；

③ 采购方自提产品，以供货方通知提货的日期为准。但在供货方的提货通知中，应给对方合理预留必要的途中时间。

3）产品的包装

产品的包装是保护材料在储运过程中免受损坏不可缺少的环节。对于可以多次使用的包装材料，或使用一次后还可以加工利用的包装物，双方应协商回收办法。该协议作为合同附件。包装物的回收办法可以采用以下两种：①押金回收，适用于专用的包装物，如电缆卷筒、集装箱、大中型木箱等；②折价回收，适用于可以再次利用的包装器材，如油漆桶、麻袋、玻璃瓶等。

（3）产品验收

采购合同内应对验收明确以下几方面问题：

1）验收依据

验收依据包括：

① 双方签订的采购合同；

② 供货方提供的发货单、计量单、装箱单及其他有关凭证；

③ 合同内约定的质量标准。应写明执行的标准代号、标准名称；

④ 产品合格证、检验单；

⑤ 图纸、样品或其他技术证明文件；

⑥ 双方当事人共同封存的样品。

2）验收内容

验收内容包括：

① 查明产品的名称、规格、型号、数量、质量是否与供应合同及其他技术文件相符；

② 设备的主机、配件是否齐全；

③ 包装是否完整、外表有无损坏；

④ 对需要化验的材料进行必要的物理化学检验；

⑤ 合同规定的其他需要检验事项。

3）验收方式

验收方式包括：

① 驻厂验收：即在制造时期，由采购方派人在供应的生产厂家进行材质检验；

② 提运验收：对于加工订制、市场采购和自提自运的物资，由提货人在提取产品时检验；

③ 接运验收：由接运人员对到达的物资进行检查，发现问题，并当场进行记录；

④ 入库验收：这是大量采用的正式的验收方式，由仓库管理人员负责数量和外观检验。

4）对产品提出异议的时间和办法

应明确以下内容：

① 合同内应具体写明采购方对不合格产品提出异议的时间和拒付货款的条件；

② 在采购方提出的书面异议中，应说明检验情况，出具检验证明，并对不符合规定的产品提出具体处理意见；

③ 凡因采购方使用、保管、保养不善原因导致的质量下降问题，供货方不承担责任；

④ 在接到采购方的书面异议通知后，供货方应在 10 天内（或合同商定的时间内）负责处理，否则即视为默认同意采购方提出的异议和处理意见。

（4）货款结算

产品的价格应在合同订立时明确确定，合同内应明确规定以下各项内容：

1）办理结算的时间和手续

合同内首先需明确是验单付款还是验货付款，然后再约定结算方式和结算时间。我国现行的结算方式分为现金结算和转账结算两种。

2）拒付货款条件

存在以下几种情况：

① 交付货物的数量少于合同约定，拒付少交部分的货款；

② 有权拒付质量不符合合同要求的部分货物的货款；

③ 供货方交付的货物多于合同规定的数量，且采购方不同意接收部分的货物，在承付期内可以拒付。

3）逾期付款的利息

合同内应规定采购方逾期付款应偿付违约金的计算办法。按照中国人民银行有关延期付款的规定，延期付款利率一般按每天万分之五计算。

（5）违约责任

1）承担违约责任的形式

当事人任何一方不能正确履行合同义务时，均应以违约金的形式承担违约赔偿责任。

2）供货方的违约责任

① 未能按合同约定交付货物，包括不能供货和不能按期供货两种情况。

不能供货：因供货方原因导致不能全部或部分交货，应按合同约定的违约金比例乘以不能交货部分货款计算违约金。

不能按期交货又分为逾期交货和提前交货两种情况。

逾期交货，指供货方逾期交货的情况，即不论合同内规定由他将货物送达指定地点交接，还是采购方去自提，均要按合同约定依据逾期交货部分货款总价计算违约金。对约定由采购方自提货物而不能按期交付时，若发生采购方的其他额外损失，这笔实际开支的费用也应由供货方承担。逾期交货时，如果采购方认为已不再需要，有权在接到发货协商通知后的规定时间内，通知供货方办理解除合同手续。但逾期不予答复视为同意供货方继续发货。

提前交货。对于约定由采购方自提货物的合同，采购方接到对方发出的提前提货通知后，可以根据自己的实际情况拒绝提前提货；对于供货方提前发运或交付的货物，采购方仍可按合同规定的时间付款，而且对多交货部分以及品种、型号、规格、质量等不符合合同规定的产品，在代为保管期内实际支出的保管、保养等费用由供货方承担。在代为保管期内，对于非采购方保管不善原因导致的损失，仍由供货方负责。

② 产品的质量缺陷。

交付货物的品种、型号、规格、质量不符合合同规定时，如果采购方同意利用，应当按质论价；当采购方不同意使用时，由供货方负责包换或包修。不能修理或调换的产品，按供货方不能交货对待。

③供货方的运输责任。

供货方的运输责任主要涉及包装责任和发运责任两个方面。凡因包装不符合规定而造成货物运输过程中的损坏或丢失，均由供货方负责赔偿。供货方如果将货物错发到接货地点或错发给接货人时，除了应负责运交至合同规定的到货地点或接货人外，还应承担对方因此多支付的一切实际费用和逾期交货的违约金。供货方应按合同约定的路线和运输工具发运货物，如果未经对方同意私自变更运输工具或路线，要承担由此增加的费用。

3）采购方的违约责任

① 不按合同约定接收货物。

合同签订以后或在合同履行过程中，若采购方要求中途退货，应向供货方支付按退货部分货款总额计算的违约金。对于实行供货方送货或代运的物资，采购方违反合同规定拒绝接货，要承担由此造成的货物损失和运输部门的罚款。合同约定为自提的产品，采购方不能按期提货的，除了支付按逾期提货部分货款总额计算的延期付款的违约金之外，还应承担逾期提货时间内供货方实际发生的代为保管、保养费用。

② 逾期付款。

采购方逾期付款的，应按照合同内约定的计算办法，支付逾期付款利息。

③延误提供包装物。

采购方未能按约定时间和要求给供货方提供包装物而导致供货方不能按期发运的，除了应顺延交货日期外，还应比照延期付款的规定支付相应的违约金。如果不能提供的话，按中途退货处理。

④货物交接地点错误的责任。

由于采购方在合同内错填到货地点或接货人，或未在合同约定的时限内及时将变更的到货地点或接货人通知对方，导致在供货方送货或代运过程中不能顺利地交接货物的，由采购方承担责任。

2. 工程材料、设备采购合同的履行

合同依法成立，即具有法律约束力。一切与合同有关的部门、人员都必须本着"重合同、守信誉"的原则，严格执行合同所规定的义务，确保合同实际履行或全面履行。合同履行完毕的标准，应以合同条款或法律规定为准。没有合同条款或法律规定的，一般应以物资交清、工程竣工并验收合格、价款结清、完成工程决算、无遗留交涉手续为准。

【案例 3-4】

某单位对市政工程材料、设备采购合同管理的有关规定如下：

1. 采购合同的主要内容包括：

（1）合同标的和合同价格；

（2）交货方式和交货地点；

（3）供货清单；

（4）付款方式与条件、最终结算；

（5）质量要求和技术标准；

（6）安装调试、技术服务、人员培训及技术资料；

（7）验收和交付；

（8）质量保证；

（9）知识产权；

（10）违约责任；

（11）违约终止合同；

（12）不可抗力；

（13）合同纠纷处理方式；

（14）其他约定；

（15）补充条款。

2. 采购合同中必须明确的几个主要事项包括：

（1）质量责任

无论采用何种交接方式，采购方均应在合同规定的由供货方对质量负责的条件和期限内，对交付产品进行验收和试验。

某些必须安装运转后才能发现内在质量缺陷的设备，应在合同内规定缺陷责任期或保修期。

1）在此期限内，凡检测不合格的物资或设备，均由供货方负责。

2）如果采购方在规定时间内未提出质量异议，或因其使用、保管、保养不善而造成质量下降，供货方不再负责。

（2）质量要求和技术标准

产品质量应满足规定用途的特性指标，因此合同内必须约定产品应达到的质量标准。约定质量标准的一般原则是：

1）按颁布的国家标准执行；

2）无国家标准而有部颁标准的产品，按部颁标准执行；

3）没有国家标准和部颁标准作为依据时，可按企业标准执行；

4）没有上述标准，或虽有上述某一标准但采购方有特殊要求时，按双方在合同中商定的技术条件、样品或补充的技术要求执行。

（3）验收方法

合同内应具体写明检验的内容和手段，以及检测应达到的质量标准。对于抽样检查的产品，还应约定抽检的比例和取样的方法，以及双方共同认可的检测单位。质量验收的方法可以采用：

1）经验鉴别法：即通过目测、手触或用常用的检测工具测量后，判定质量是否符合要求。

2）物理试验：根据产品性能检验的目的，可以进行拉伸试验、压缩试验、冲击试验、金相试验及硬度试验等。

3）化学试验：即抽出一部分样品进行定性分析或定量分析的化学试验，以确定其内在质量。

（4）对产品提出异议的时间和办法

合同内应具体写明采购方对不合格产品提出异议的时间和拒付货款的条件。

1）采购方提出的书面异议，应说明检验情况，出具检验证明，并对不符合规定的产品提出具体处理意见。

①凡因采购方使用、保管、保养不善原因导致的质量下降问题，供货方不承担责任。

②在接到采购方的书面异议通知后，供货方应在10天内（或合同商定的时间内）负责处理，否则即视为默认采购方提出的异议和处理意见。

2）如果当事人双方对产品的质量检测、试验结果发生争议，应按有关规定，请相关管理部门的质量监督检验机构进行仲裁检验。

3.6　工程变更与索赔管理

3.6.1　工程变更

施工环境、业主要求、工程设计、法律法规等的变化使市政工程项目的实际情况与项目招标时的情况相比发生了一些变化，如工程量变化、工作内容变化等，这些变化称为工程变更。工程变更是对合同双方权利、义务的部分修改，工程变更可分为设计变更和其他变更两大类。工程变更后，应该严格按照合同中规定的工程变更程序进行变更。

【案例3-5】

某单位对市政工程变更管理的有关规定如下：

1. 变更条件

工程变更的条件包括：

（1）原设计认定的环境条件与实际差距较大，工程量和质与原设计图纸不符，需要重新依实确认的；

（2）原招标投标文件预定数量要求依实计量的量和认定的质；

（3）技术方面或管理安排等设计变更引起的量与质的变化，需要重新确认量的；

（4）施工方式、方法、方案的调整引起的造价变化，需要重新确认的；

（5）因索赔产生的需要核定的计量、签证；

（6）其他需要计量、签证的项目内容。

上述条件应符合招标投标文件和施工合同规定的可以计量和签证的相关要求。

2. 变更程序

（1）设计变更。一般由提出人办理申请建议，按级报请批准。通常，子项设计变更由施工单位提出，经总监审核后报业主代表、业主项目经理和业主项目总工程师核签、部门总工程师审批后，由项目总工程师与设计代表磋商确定后下达设计变更通知书或图纸，但所有设计变更通知书或图纸必须经业主部门总工程师审核确认后方可下发，否则不予计量。对于变更值超过10万元的较大设计变更，由公司分管领导或总工程师主持，应请质监部门、审核人员及项目造价师参加，施工单位应编制变更造价预算，经总监理师审核报甲方批准。分项工程量正常由施工单位测算计量或编报预算，经监理审核或复测，由甲方认定，项目的设计变更预算应报财政审核批准。对于变更值超过20万元的重大设计变更，应向公司主要领导报告后办理变更手续。

（2）依实计量的项目变更。应由施工单位实测实量、编报计量，经监理单位复测或监测审查，甲方确认。清运土头、换土、土质变化材料变换、新增加工程内容等，应办理洽商单或出具相关协调会纪要。工程联系单或工程洽商单须给出工程变更估计工程量，由施工项目经理签字，报现场监理和总监理师核实并签署监理意见，最后报业主核签。

3. 变更要求

（1）工程签证由施工、设计、监理、业主等有关人员签署，确认者可直接署名，有不同意见的可加注说明，持反对意见者可拒绝签字，一切签证依据规范和程序的要求办理。替签或擅自涂改工程内容及数量的，或缺欠必备单位相关人员签字的签证，均为无效签证，不得作为结算依据。

（2）施工、监理、业主等项目部有关人员必须熟悉招标文件（含答疑）、工程量清单及说明、投标文件、施工合同、施工图等相关文件，把握哪些属于工程签证的范围，哪些已包含在合同价中，不属于工程签证范围，不得重复计量、签证。

（3）工程变更引起的增加工程量及造价的签证，由施工项目经理签字，报现场监理核签（两名），经总监核准报业主签批，须附三方（施工、监理、业主）签字的原始量测记录。工程量变更的联系单和计量签证若增加造价在 5 万元以下，由业主代表、业主项目经理及工程部经理签署；在 5 万元以上须经业主分管领导签署；超过 10 万元的签证，应由分管领导或公司总工程师组织设计、财政审核所人员、造价人员及相关人员现场踏勘，并以设计变更形式完成变更图后，方可作为结算的依据。

（4）一切工程变更的量测工作应当在施工单位提交计量签证后的 24 小时内由现场量测复核人员完成，并在原始记录上签字，且在完成量测工作后 5 日内办理完成计量签证手续，对签证有异议或有特殊原因者应在当周协调例会上提出或向业主项目部提出，逾期无效。任何签证不得留至工程结算时请求补签。

（5）工程开工后至竣工完毕期间，即原始地面复核完毕、现场移交给施工单位后至竣工验收移交给业主前，产生的土头、垃圾一律不予签证，且施工单位应无条件地及时清运出场地，如因此而发生投诉将进行经济处罚。

（6）变更计量与支付：在项目实施过程中，总变更量在 10 万元以内的，中间不支付，在决算后支付；总变更量为 10 万～30 万元的，若施工单位不要求中间计量与支付，可不补充合同，在决算后支付；总变更量超过 30 万元的，应完善补充合同后方能进行中间支付和办理决算。

3.6.2　索赔的概念及起因

1. 索赔的概念

索赔是指当事人在合同实施过程中，根据法律、合同规定及惯例，对非自己过错，而应由合同对方承担责任的情况造成的、实际发生了的损失，向对方提出给予补偿或进行赔偿的要求。索赔既可以是承包商向建设单位索赔，也可以是建设单位向承包商索赔，但因建设单位在向承包商的索赔中处于主动地位，建设单位可以直接从应付给承包商的工程款中扣抵，也可以从保留金中扣款以补偿损失。因此，承包商向建设单位索赔才是索赔管理的重点。索赔与变更不同，变更是建设单位或者监理工程师提出变更要求后，主动与承包商协商确定一个补偿额付给承包商，而索赔则是承包商根据法律和合同的规定，对认为他有权得到的权益主动向建设单位提出要求。

2. 索赔的原因

在市政工程项目实施过程中，引起索赔的原因很多，主要有以下几种：

（1）当事人违约：当事人未按照合同约定履行自己的义务。

（2）合同缺陷：合同文件规定不严谨、条文不全，出现矛盾、错误或者遗漏。

（3）合同变更：例如，设计变更、施工方法变更、追加或取消某些工作、工程师下达变更指令等。

（4）不可抗力因素：包括自然事件和社会事件，如恶劣气候条件、地震、洪水、法律法规的变更、战争、罢工等。

（5）设计图纸或工程量清单中出现错误：这种错误包括设计图纸与工程量清单不符；现场条件与图纸要求相差较大；纯粹工程量错误等。这些错误若引起承包商施工费用增加或工期延长，则承包商极有可能提出索赔。

（6）计划不周或不适当的指令：承包商按施工合同规定的计划和规范施工，对任何因计划不周而影响工程质量的问题不承担责任，因弥补这种质量问题而导致的工期延误和费用增加应由业主承担。业主和监理工程师不适当的指令引发的工期拖延和费用的增加也应由业主承担。

（7）拖欠支付工程款引起的索赔。

（8）业主方供应材料及设备不能按时提交或质量不合格而引起的索赔。

（9）指定分包商违约引起的索赔。

3.6.3 索赔的分类

1. 按索赔的目的划分

按索赔的目的可分为工期索赔和费用索赔。

工期索赔是指由于非承包人原因而导致施工进度延误，要求批准顺延合同工期的索赔。

费用索赔的目的是要求经济补偿，调整合同价格。

2. 按索赔事件的性质划分

按索赔事件的性质可分为工程延误索赔、工程变更索赔、合同终止索赔、工程加速索赔、意外风险和不可预见因素索赔以及其他索赔。

工程延误索赔是指由于发包人未能按合同规定提供施工条件，或因发包人指令工程暂停或不可抗力因素等造成工期拖延，承包人对此提出的索赔。

工程变更索赔是指由于发包人或监理工程师指令，增加或减少工程量，或增加附加工程、修改设计、变更工程顺序等，造成工期延长和费用增加，承包人对此提出的索赔。

合同终止索赔是指由于发包人或承包人违约等造成合同非正常终止，无责任的受害方就其蒙受的经济损失而向对方提出的索赔。

工程加速索赔是指由于发包人或工程师指令，承包人加快施工进度、缩短工期，引起承包人人、财、物的额外消耗而提出的索赔。

意外风险和不可预见因素索赔是指在工程实施过程中，因人力不可抗拒的自然灾害、特殊风险以及一个有经验的承包人通常不能合理预见的不利施工条件或外界障碍，如地下水、地质断层、溶洞、地下障碍物等引起的索赔。

其他索赔是指因货币贬值，汇率变化，物价、工资上涨，以及政策法令变化等原因引起的索赔。

3. 按索赔的合同依据划分

按索赔的合同依据可分为合同内索赔和合同外索赔。

合同内索赔是指承包人根据合同中明确的合同条款提出索赔要求，要求经济补偿，或者虽然合同条款中没有专门的文字叙述，但根据该合同的某些条款的含义，推论出承包人有索赔权，有权得到相应的经济补偿。

合同外索赔是指索赔事件的性质超出合同范围，在合同中找不出具体的依据，一般根据适用于合同关系的法律解决索赔问题。

4. 按索赔的处理方式划分

按索赔的处理方式可分为单项索赔和总索赔。

单项索赔是针对某一干扰事件提出的。索赔的处理是在合同实施过程中，干扰事件发生时，或发生后立即进行。单项索赔由合同管理人员处理，并在合同规定的索赔有效期内向发包人提交索赔意向书和索赔报告。

总索赔，又叫一揽子索赔或综合索赔。这是在国际工程中经常采用的索赔处理和解决方法。一般在工程竣工前，承包人将工程施工过程中未解决的单项索赔集中起来，提出一份总索赔报告。合同双方在工程支付前或支付后进行最终谈判，以一揽子方案解决索赔问题。

总索赔通常适用于以下几种情况：

（1）总索赔报告中包括的每个单项索赔相互联系，互相影响，不易单项编报；

（2）索赔事件接连发生，承包商来不及逐个及时编报；

（3）承包商同业主之间存在比较融洽的信任关系；

（4）业主不同意单项索赔，要求承包商采用总索赔的方式。

3.6.4　索赔的依据

1. 合同文件

合同文件是索赔的最主要依据，包括合同协议书，中标通知书，投标书及其附件，本合同专用条款，通用条款，标准、规范及有关技术文件，图纸，工程量清单，以及工程报价单或预算书等。

2. 订立合同所依据的法律法规

索赔的依据还包括订立合同时所依据的法律法规。

3. 其他相关依据

其他依据通常有：招标文件、合同文件及附件，其他的各种签约（备忘录及修正案等），承包人和发包人认可的工程实施计划，各种工程图纸（包括图纸修改指令），技术规范等；来往信件，如各种认可信、通知、对承包人问题的答复信等；各种会谈纪要；进度计划和实际进度记录；施工现场的工程文件；工程照片；气候报告；工程中的各种检查验收报告和各种技术鉴定报告；工地的交接记录（应注明交接日期，场地凭证情况，水、电、路情况），土质和各种资料交接记录；建筑材料和设备的采购、订货、运输、进场及使用方面的记录、凭证和报表等；市场行情资料，包括市场价格、官方的物价指数、工资指数、中央银行的外汇比率等公开材料；各种会计核算资料；国家法律、法令、政策文件等。

3.6.5 索赔的程序

索赔程序是指从索赔事件产生到最终处理全过程所包括的工作内容和工作步骤。具体工程的索赔程序应根据双方签订的合同确定。一般索赔程序如下（参照FIDIC合同条款规定）：

1. 提出索赔意向

当发生索赔事件时，在索赔事件发生28天内以书面形式提出索赔意向通知。若承包商未在上述28天内发出索赔通知，工程师有权拒绝承包商的索赔要求。

2. 提交索赔报告及有关材料

在索赔意向通知书发出28天内，向工程师提交延长工期和（或）补偿经济损失的索赔报告及有关资料。FIDIC合同条款规定在索赔事件发生后42天内，承包商应向工程师递交一份详细的索赔报告。

3. 工程师答复

工程师在收到承包商递交的索赔报告及有关资料后的28天内给予答复，或要求承包商进一步补充索赔理由和证据，若工程师在28天内未答复或未对承包商作进一步要求，视为对该项索赔已经认可。FIDIC合同条款中规定工程师在收到索赔报告或对过去索赔的任何进一步证明资料后的42天内，给予答复。

4. 持续索赔

当索赔事件持续进行时，承包商阶段性地向工程师表达索赔意向，在索赔事件结束后的28天内，向工程师提供索赔的相关资料和最终索赔报告，工程师应在28天内给予答复，逾期未答复的，视为该项索赔成立。

3.6.6 索赔报告的编写

索赔报告全面反映了合同一方当事人对一个或若干索赔事件的所有要求和主张，对方当事人通过审核、分析和评价索赔报告来作出认可、要求修改、反驳甚至拒绝的回答，索赔报告是双方进行索赔谈判、调解、仲裁、诉讼的基础。因此，索赔报告的内容及编制对索赔的解决有重大影响，当事人必须认真编写索赔报告。

索赔报告的具体内容，根据索赔事件的性质和特点不同而有所不同，一般情况下，完整的索赔报告至少包括以下四个部分。

1. 总论

一般包括以下内容：序言；索赔事件概述；具体索赔要求；索赔报告编写及审核人员名单。

文中首先应概要地论述索赔事件的发生日期、过程及具体索赔要求。在总论部分最后，附上索赔报告编写组主要人员及审核人员的名单，注明有关人员的职称、职务及工作经验，以表示该索赔报告具有严肃性和权威性。总论部分的阐述要简明扼要，说明问题。

2. 依据部分

本部分主要是说明自己具有的索赔特权，这是索赔能否成立的关键。依据的部分内容主要来自该工程项目的合同文件，并参照了有关法律规定。该部分中施工单位应引用合同中的具体条款，说明自己理应获得经济补偿或工期延长补偿。

依据部分的篇幅可能很大，其具体内容根据各个索赔事件的特点不同而不同。一般来说，依据部分应包括以下内容：索赔事件的发生情况；已递交索赔意向书的情况；索赔事件的处理过程；索赔要求的合同根据；所附的证据资料。

在写法结构上，按照索赔事件发生、发展、处理和最终解决的过程编写，并明确全文引用有关的合同条款，使建设单位和监理工程师能全面地、清楚地了解索赔事件的始末，并充分认识该项索赔的合理性和合法性。

3. 计算部分

索赔计算的目的，是通过具体的计算方法和计算过程，说明自己应获得的经济补偿的款额或延长时间。如果说依据部分的任务是解决索赔能否成立的问题，那么计算部分的任务就是决定应得到多少索赔款额和工期补偿。前者是定性的，后者是定量的。

在款额计算部分，必须阐明下列问题：索赔款的要求总额；各单项索赔款的金额，如额外开支的人工费、材料费、管理费和利润；指明各项开支的计算依据及证据资料。至于采用哪一种计价法，应根据索赔事件的特点及自己所掌握的证据资料等因素来确定。其次，应注意每项开支款的合理性，并指出相应的证据资料的名称及编号。切忌采用笼统的计价方法和列举不实的开支款额。

4. 证据部分

证据部分包括该索赔事件所涉及的一切证据资料，以及对这些证据的说明，证据是索赔报告的重要组成部分，没有翔实可靠的证据，索赔是不能成功的。在引用证据时，要注意该证据是否有效或可信。为此，对于重要的证据资料最好附文字证明或确认件。

3.6.7　工程索赔中可索赔的费用

在工程索赔中，可索赔的费用主要包括以下几方面：

(1) 人工费。

人工费是增加工作内容的人工费、停工损失费和工作效率降低的损失费等的和。其中增加工作内容的人工费应按照计日工费计算，而停工损失费和工作效率降低的损失费按窝工费计算，窝工费的标准双方应在合同中约定。

(2) 设备费。

设备费计算可采用机械台班费、机械折旧费、设备租赁费等几种形式。当工作内容增加引起设备费索赔时，设备费的标准按照机械台班费计算。因窝工引起设备费索赔的，当施工机械属于施工企业自有时，按照机械折旧费计算索赔费用；当施工机械是施工企业从外部租赁时，索赔费用按照设备租赁费计算。

(3) 材料费。

(4) 保函手续费。

工程延期时，保函手续费相应增加，反之，取消部分工程，且发包人与承包人达成提前竣工协议时，承包人的保函金额相应折减，则计入合同价内的保函手续费也应扣减。

(5) 贷款利息。

(6) 保险费。

(7) 管理费。

(8) 利润。

以上费用通常按照实际损失的费用进行计算。

【案例 3-6】

某单位对市政工程索赔管理的有关规定如下：

1．索赔的预防

（1）在编制合同时，最大限度地使合同条款完善，词句严谨，减少甚至避免因合同约定不明确或没有约定相关内容而导致发生纠纷或索赔。

（2）按照合同约定及时提出索赔或给予对方答复，避免发生因已过索赔期限或答复期而无法主张合法权益的情况发生。

（3）在合同履行过程中，通过协调、沟通、协商等手段减少甚至避免纠纷或索赔的发生。

（4）遇到有可能引起纠纷或索赔的问题，及时、全面地做好书面记录，保存好相关资料，使合同相关方有据可查，减少甚至避免纠纷、索赔的发生。

2．索赔的处理

（1）在合同履行过程中，积极、及时地收集整理、保存有关合同履行的书面签证、往来信函、文书、会议纪要、备忘录、电报等资料，以便在发生纠纷、索赔时能积极地主张权利，合法合理且证据充分地保护自己的利益。

（2）接到对方索赔后，严格审核对方提出的索赔要求，认真研究并及时处理、答疑、举证，争取以协商方式解决索赔问题。同时应根据法律法规及合同约定及时提出抗辩，必要时提出反索赔。

（3）对合同履行过程中出现的对方违约的情况或违反合同规定的干扰事件，应及时查明原因，通过取证，按照合同约定及时、合理、准确地向对方提交索赔报告；同时，应按照法律及合同约定及时采取有效措施，以防止事态扩大，避免更大损失。

（4）选择适宜的纠纷处理方式。对于合同履行过程中出现的纠纷，建议采取组织召开专题讨论会、加强现场协调等措施，使得相关方相互沟通、增进了解，争取通过各方的友好协商使纠纷得以解决，必要时将解决结果以合同补充协议书的形式进行落实，如采取诉讼、仲裁等方式易造成工程停工，对各方均有不利影响，应慎重考虑后实施。

3．及时清理拖欠的工程款，避免产生不必要的索赔

拖欠工程款是全国建设工程管理中的"老大难"问题，市政工程也不例外，解决不好容易引起设计、监理、施工单位和业主之间的矛盾，严重影响工程的进展和业主的形象。下面对拖欠工程款的原因进行分析，并提出解决问题的对策。

（1）产生拖欠的原因

就市政工程而言，工程款拖欠主要是工程变更引起的，造成变更及其对应工程款拖欠的原因是多方面的。从工程上讲，一是施工条件的原因，如在施工中实际遇到的现场条件和招标文件中描述的现场条件有本质差异；二是设计方的原因；三是功能变化方面的原因；四是施工工艺、工法方面的原因；五是承包商施工水平、技术方面的原因。从责任上讲，有业主的，也有承包商自身的，有设计的，也有监理的。从某种意义上说，变更、更新、支付滞后是特定条件下大型、复杂工程建设过程中的普遍问题，是正常、合理的现象。对此，要正确理解，要有一个全面、客观的认识，否则容易激发不应有的问题和矛盾，给工程带来不良影响。正因为导致欠款的原因是复杂的，是多方面的，要解决这些问题，同样需要各方的共同努力。

（2）清理欠款的基本原则

1）尊重合同。合同是工程各方办理所有事情的依据，更是清理欠款的依据。能不能

变，怎么变，都要根据合同，根据所订条款来定。

2）依据图纸。图纸是基础，必须要搞清楚设计是怎样的，设计变更是否得到批准，工程量更新是否得到确认，实际是否和图纸相符。

3）实事求是。并不是说合同要一成不变，对于工程变更、更新的，只要是合理的、正常的，该变就要变，该改就要改，该给就要给。但是不该给的绝不能给，否则就是对纳税人利益的侵犯。

4）分清责任。所有变更都要事先分清责任，谁是谁非要说清楚。不能都由业主承担责任，更不能全由业主买单。

5）合理分担。在责任界定清楚之后，以责论处、合情合理，谁的责任谁承担。例如，由于设计失误引起的变更要罚设计，因承包商原因引起的变更要承包商自己承担。

6）分类分项。对于已经完工的项目，要加快处理，不能久拖不决，否则越拖越难、越拖越乱、越拖越繁。对于没有分歧已达成共识的要先处理。分类分项，由易到难，先轻后重，逐步解决。对于有些拿不准的、专题的、项目重大的问题，可先提出清理原则，在确定不同项目的不同清理原则之后，再进行额度的核定。

市政工程是政府工程，政府才是真正的业主，代建单位所有的工作必须在政府监控下进行，发生合同变更最终也不是代建单位说了算，不但要经过严密监管，还要经过政府审计部门的严格审计，工程款才能支付出去。在处理工程款的过程中，要以合同为依据、以图纸为基础、以事实为准绳、以项目为标准，这是处理工程款问题的基本原则。

（3）清理欠款对承包商的要求

承包商必须高度重视清理欠款工作，密切配合业主做好以下工作：

1）端正态度。市政工程的承包商一般都是国有企业，业主也是国有企业。国有企业作为人民利益的代表，在工程款这一问题上，双方的立场、态度都要端正，实事求是，公平合理，既要对企业负责，也要对国家、对人民负责。承包商不能要不义之财，业主不能慷国家之慨。正确的立场和态度是解决问题的前提条件。

2）遵守规定。要认真学好业主的有关文件，掌握验工计价、清单更新、工程变更的办事程序以及业主在这些方面的管理规定，少走弯路、少浪费时间。

3）积极配合。在实际中，承包商一方面意见很大，另一方面又不认真去办，不积极配合，不抓紧办；也有承包商一方面着急去办，但另一方面不知道怎么去办。只有承包商积极配合，按要求去办，才能尽快解决问题。

4）注意几个具体问题。一是要根据申报要求，补齐手续、资料，这是源头，依据是什么、图纸是什么、文件是什么、责任如何划分等，都要先有个说法，是否符合有关规定、政策，所申报的价格是否合理，变更的手续是否齐全等，都要讲清楚。二是不要重复申报。有的承包商，一个项目重复报、反复报，或者报了变更，又报更新，连环申报，这是不允许的。三是不要虚报。无中生有、自立项目等弄虚作假行为的后果是严重的。四是不要化整为零。有的大变更整体报通不过，就化大为小，化整为零，多个项目报。五是不要小题大报，把小的报成大的。六是不要多头报。现在一些项目的变更、更新，有的报工程部，有的报合同部，有的来回报。上述的种种思想和行为都是不正确的，都会导致工程款支付没有速度、没有效率。因此，必须要清楚地认识到：该变的变，不该变的不能变；该要的要，不该要的不能要；对于该拿的钱要拿，但对于不该拿的就不能拿。应严格按照规定程序上报。

5）不要拖欠材料款和工资。清理欠款工作不仅是清理业主欠施工承包商的款，而且也要清理承包商欠材料商的款，清理承包商欠工人的工资。在实际中，有些标段欠材料款很多，拖着材料款不付，形成三角甚至多头债务关系。但这并不是因为业主未付承包商的钱，而是有的承包商将资金投到其他项目上，投到别的地方，造成市政项目资金紧张。每个单位都要换位思考，不能该给不给、有钱不付、恶性循环。同时承包商不能拖欠工人工资，要保障工人的合法收益，保护弱势群体的正常收入，不能出现因为拖欠、克扣工人工资引起的劳务纠纷。

（4）清理欠款对业主的要求

清理欠款工作是一项原则性、政策性都很强的工作，也是一项庞大而又复杂细致的工作，不可能一蹴而就，需要做大量的、复杂的、艰苦的、细致的工作才能解决。要求业主各部门按照责任，按照有关文件要求，分头抓好这项工作。

1）按照分工负责的原则，各司其职。业主要明确清理欠款工作的责任人、责任单位、责任分工。总工室负责审核技术方案的合理性，把住技术关；工程部负责收集材料、跟踪项目处理，并完成有关验工手续，催促承包商补充完善已经通过技术评审的项目资料，把住资料初审、验工关；造价部抓紧对量、价的审核，把住经济关；财务部保证及时支付，有关部门密切配合，把住支付关；总工办统筹协调，解决重大、疑难问题，确保所有变更和更新"技术先进，技术合理"。各部门要落实此项工作的分管人员，规定时间，分工负责。

2）务必加快清理速度，提高工作效率。对于清理欠款，尤其是年关将近的时候，要特事特办、急事急办。根据不同的工作项目，采取同步申报、联审、集中审批等方式来办理这些事情。各部门要加强清理欠款工作的领导力度，加快清理欠款工作的速度，缩短审批时间，提高办事效率，提高审批质量。

3）坚持原则、严格审批、把好投资控制关。各部门必须按清理欠款原则、程序和规定进行审批，保证清理欠款的公平性、合理性，保证经得起政府的审计，经得起历史的检验。坚持"原则要循、规矩要守、程序要走、手续要全、资料要齐"方针，认真、细致、严格、科学地对所报材料进行审查、审批。在加快速度的同时，努力把好投资控制这一关。

4）对于由于拖欠而影响工程进展的标段，可以采取借款方式解决承包商的燃眉之急。但要按比例、按数额、按规则办理，不能冒支、超支。承包商提出借款时，要看其工程完成到什么程度、已经支付到什么程度、拖欠是什么原因造成的、合不合乎借款的条件等。另外，所借之款要专款专用，发挥应有的效益和作用。

5）认真听取意见，努力改进工作。业主各部门要认真消化各承包商提出的好意见、好建议，审视部门在拖欠问题上的缺点和不足之处，改进工作方法，提高办事效率，修改不当的规章制度，争取在以后的工作中，不再出现类似问题。

6）尽快签订有关项目的补充合同。对于一些应签而未签的补充合同，对于正当原因带来的变更的补充合同，业主（合同部、工程部、造价部等）要尽快完成补充合同的签订工作。

7）对承包商提出的变更、更新工程款支付额度百分比的限制、材料款的扣除等问题，业主有关部门要认真研究，采取合理、公平的方法处理。

（5）清理欠款对设计、监理的要求

设计是变更的源头，或科学合理，或损失浪费，或错误隐患，都是举足轻重。设计方面，要站对立场、坚持原则、尊重科学、全力配合、认真负责。要认真审核由于设计原因造成的变更，要对已经通过设计技术评审的变更资料进行快审、快签。特别是设计代表不在时，要妥善解决人员的缺位问题。监理方面，要认真履行职责，加大投资控制力度，把好投资控制关，积极协助业主做好工程款拖欠的清理工作。

清理工程欠款的最终方式不是一年又一年、一次又一次地进行集中清理，而是要按照程序正常清理，按规定办理，使整个变更、更新及支付工作走上正常轨道。市政工程的工程价款结算主要采用按月结算方式，即每月终按其实际完成的分部分项工程结算工程价款，这就要求及时对施工完毕的工程逐一清点，及时提出资料交监理、业主审查签证。

【本章小结】

市政工程项目主要的合同关系有勘察设计合同、施工合同、监理合同、设备和材料采购合同、招标代理合同、工程咨询合同、运输合同、保险合同、担保合同等；工程勘察设计合同的主要内容包括工程项目名称、内容、规模、范围、甲乙双方应承担的有关责任、双方对勘察设计费用的约定、双方有关的违约责任及合同纠纷的解决方式等内容；工程监理合同的主要内容包括监理人的权利与义务、委托人的权利与义务、合同生效、变更与终止、监理报酬、争议的解决及其他等内容；工程施工合同的主要内容包括承包的内容、双方当事人的权利与义务、合同履行期限、合同价款、工程质量与验收、合同的变更、风险、责任和保险、工程保修、对分包方的规定、索赔和争议的处理及违约责任等内容；工程材料、设备采购合同的主要内容包括产品的名称、品种、商标、型号、规格、等级、花色、生产厂家、订购数量、合同金额、供货时间及每次供应数量、质量要求的技术标准、供货方对质量负责的条件和期限、交（提）货地点、方式、运输方式，以及到站、港和费用的负担责任，合理损耗及计算方法，包装标准，包装物的供应与回收，验收标准，方法及提出异议的期限，随机备品，配件工具数量及供应办法，结算方式及期限，违约责任，解决合同争议的方法等内容。合同管理工作的重点是加强合同订立和履行这两个环节中的管理工作。

由于市政工程项目受施工环境、业主、设计、法律法规的变化等的影响，项目的实际情况会发生变化，从而产生工程变更和引起索赔。索赔的依据主要包括合同、标准、规范及有关技术文件、图纸、工程量清单、来往信件等；索赔的一般程序为提出索赔意向、提交索赔报告及有关材料、工程师答复和持续索赔等步骤；索赔的费用主要包括人工费、设备费、材料费、保函手续费、贷款利息、保险费、管理费和利润等。

【思考与练习题】

1. 市政工程项目主要的合同关系有哪些？
2. 市政工程勘察设计合同的主要内容有哪些？
3. 市政工程监理合同的主要内容有哪些？
4. 市政工程施工合同的主要内容有哪些？
5. 市政工程重要设备和材料采购合同的主要内容有哪些？
6. 为什么会发生工程变更？如何确认？
7. 工程索赔的概念及依据是什么？
8. 如何确定工程索赔费用？

第4章 市政工程项目进度管理

【本章要点及学习目标】

1. 了解市政工程项目进度管理的内容。

2. 熟悉市政工程项目决策阶段、准备阶段、实施阶段、收尾阶段影响进度的主要因素。

3. 掌握市政工程项目决策阶段、准备阶段、实施阶段、收尾阶段控制工程进度的主要措施。

4.1 概 述

4.1.1 进度管理的基本概念

1. 进度管理的含义

工程项目进度管理是指项目管理者围绕目标工期编制计划，付诸实施，且在此过程中经常检查计划的实际执行情况，分析进度偏差原因，并在此基础上不断调整、修改计划直至工程竣工交付使用；通过对进度影响因素控制及各种关系协调，综合运用各种可行方法、措施，将项目的实际工期控制在事先确定的目标工期范围之内。在兼顾安全、成本、质量控制目标的同时，努力缩短建设工期。本章介绍的进度管理不是局限于项目施工过程进度管理，而是从项目全过程管理的角度，介绍项目决策阶段、准备阶段、实施阶段和收尾阶段的进度管理。

2. 进度管理的程序

进度管理的程序如下：

（1）制订进度计划；

（2）进度计划交底，落实责任；

（3）实施进度计划，跟踪检查，对存在的问题分析原因并纠正偏差，必要时对进度计划进行调整；

（4）编制进度报告，报送有关管理部门。

4.1.2 进度计划的编制

1. 进度计划的类型

工程项目进度计划通常有下列几类：

（1）整个项目的总进度计划；

（2）分阶段进度计划；

（3）子项目进度计划和单体进度计划；

（4）年（季）度计划。

各类进度计划应包括下列内容：

（1）编制说明；

（2）进度计划表；

（3）资源需要量及供应平衡表。

2. 进度计划的编制程序

一般来讲，工程项目进度计划的编制应遵循以下程序：

（1）确定进度计划的目标、性质和使用者；

（2）进行工作分解；

（3）收集编制依据；

（4）确定工作的起止时间及节点时间；

（5）处理各工作之间的搭接关系；

（6）编制进度表并确定关键线路图；

（7）编制进度说明书；

（8）编制资源需要量及供应平衡表；

（9）报有关部门批准。

3. 进度计划的表示方法

（1）横道图表示法

横道图也称为甘特图，是美国人甘特在 20 世纪 20 年代提出的。由于其形象、直观，且易于编制和理解，因而长期以来被广泛应用于建设工程进度管理中。

横道图计划的优点是较易编制、简单、明了、直观、易懂。因为有时间坐标，横道图中各项工作的施工起止时间、作业时间、工作进度、总工期以及流水作业的情况等都表示得清楚明确、一目了然。对人力和其他资源的计算也便于据图叠加。

横道图计划的缺点主要是不能全面地反映出各工作相互之间的关系和影响，不便进行各种时间计算，不能客观地突出工作的重点（影响工期的关键工作），也不能从图中看出计划中的潜力所在，这些缺点的存在，对改进和加强工程管理工作是不利的。

（2）网络图表示法

网络图计划则是以箭线和节点组成的网状图形来表示工程实施的进度。网络图计划的优点是把实施过程中的相关工作组成了一个有机的整体，因而能全面明确地反映出各工作之间的相互制约和相互依赖关系。它可以进行各种时间计算，能在工作繁多、错综复杂的计划中找出影响工程进度的关键工作，便于管理人员集中精力抓施工中的主要矛盾，确保按期竣工，避免盲目抢工。通过利用网络图计划中反映出来的各项工作的机动时间，可以更好地运用和调配人力与设备，节约人力、物力，达到降低成本的目的；在计划的执行过程中，当某一工作因故提前或拖后时，能从计划中预见到它对其他工作及总工期的影响程度，便于及早采取措施以充分利用有利的条件或有效地消除不利的因素。此外，它还可以利用现代化的计算工具——计算机，对复杂的计划进行绘图、计算、检查、调整与优化。

网络图计划的缺点是从图上很难清晰地看出流水作业的情况，也难以根据一般网络图算出人力及其他资源需要量的变化情况。

网络图计划的最大特点在于它能够提供工程管理所需的多种信息，有利于加强工程管理。所以，网络图计划技术已不仅是一种编制计划的方法，还是一种科学的工程管理方法。它有助于管理人员合理地组织生产，使他们做到心中有数，知道管理的重点应放在何处，怎样缩短工期，在哪里挖掘潜力，如何降低成本。

4. 进度计划的实施

进度计划的实施就是工程建设活动的开展，就是用工程进度计划指导项目各项建设活动的落实和完成。为了保证进度计划的实施，并且尽量按照编制的计划时间逐步进行，保证各进度目标的实现，在进度计划实施的过程中应进行如下工作：

（1）跟踪计划的实施，当发现进度计划执行受到干扰时，应采取调整措施。

（2）在计划图上记录实际进度，并跟踪记载每个实施过程的开始日期和完成日期，记录每个建设环节发生的实际情况以及干扰因素的排除情况等。

（3）执行工程项目合同中对进度、开工及延期开工、暂停施工、工期延误、工程竣工的承诺。

（4）跟踪工程量，总产值，以及耗用的人工、材料和机械台班等数量的形象进度，进行统计与分析，编制统计报表。

（5）落实进度控制措施应具体到执行人、目标、任务、检查方法和考核办法。

（6）处理进度索赔。

同时为了顺利实施进度计划，还应具体做好如下几项工作：

（1）编制月（旬）作业计划

工程项目管理规划中编制的进度计划，是按整个项目（或单位工程）编制的，带有一定的控制性，但还不能满足施工作业的要求。实际作业时是按月（旬）作业计划和施工任务书执行的，故应进行认真编制。

月（旬）作业计划除了依据施工进度计划编制外，还应依据现场情况及月（旬）的具体要求编制。月（旬）作业计划以贯彻施工进度计划、明确当期任务及满足作业要求为前提。在月（旬）计划中要明确本月（旬）应完成的任务，所需要的各种资源量，以及提高劳动生产效率和节约的措施。

（2）签发任务书

任务书既是一份计划文件，也是一份核算文件，又是原始记录。它把实施计划下达到具体部门进行责任承包，并将计划执行与技术管理、质量管理、成本核算、原始记录、资源管理等融为一体，是计划与作业的连接纽带。

（3）做好进度记录

在市政工程项目实施过程中，如实记载每一项工作的开始日期、工作进程和结束日期，可为计划实施的检查、分析、调整、总结提供原始资料。要求跟踪记录、如实记录，并借助图表形成记录文件。

（4）做好调度工作

调度工作主要对进度控制起协调作用。协调实施中出现的各种矛盾，克服薄弱环节，实现动态平衡。调度工作的内容包括：检查作业计划执行中的问题，找出原因，并采取措施；督促供应单位按进度要求供应资源；控制施工现场临时设施的使用；按计划进行作业条件准备；传达决策人员的决策意图；发布调度令等。要求调度工作做得及时、灵活、准确、果断。

4.1.3 进度计划的检查

进度检查与进度计划的执行是融合在一起的。计划检查是计划执行信息的主要来源，是进度调整和分析的依据，是进度控制的关键步骤。市政工程项目进度计划的检查工作包括以下方面：

1. 跟踪检查实际进度

这是项目进度控制的关键措施，其目的是收集实际进度的有关数据。

跟踪检查的时间间隔与工程项目的类型、规模、施工条件和对进度执行要求程度有关。通常可以确定每月、半月、旬或周进行一次。若在工程项目实施过程中遇到极端天气、资源供应不足等不利因素的严重影响，检查的时间间隔可临时缩短，甚至每日都进行检查或派人驻现场监督。一般采用编制进度报表或定期召开进度工作汇报会的方式来检查和收集资料。为了保证汇报资料的准确性，进度控制人员要经常到现场查看项目的实际进度情况，从而保证经常、定期地准确掌握项目的实际进度。

2. 整理统计检查数据

对收集到的市政工程项目的实际进度数据，进行必要的整理，按计划控制的工作项目进行统计，形成与计划进度具有可比性的数据、相同的量纲和形象进度。一般可以按实物工程量、工作量和劳动消耗量以及它们的累计百分比整理和统计实际检查的数据，以便与相应的计划完成量相对比。

3. 对比实际进度与计划进度

对收集的资料进行整理和统计后，形成与计划进度具有可比性的数据，基于数据将工程项目实际进度与计划进度进行比较。通常用的比较方法有：横道图比较法、S 形曲线比较法、"香蕉"型曲线比较法、前锋线比较法和列表比较法等。通过比较可得出实际进度与计划进度相一致、超前或拖后三种结论。

4. 进度检查结果的处理

基于市政工程项目进度检查的结果，按照检查报告制度，编制进度控制报告，向有关主管人员和部门报告。

进度控制报告是指把进度检查比较的结果、有关市政工程项目进度现状和发展趋势的分析结果，以书面形成的报告提供给有关主管人员和部门。

进度控制报告由计划负责人或进度管理人员与其他项目管理人员协作编写。报告时间一般与进度检查时间相协调，也可按月、旬、周等间隔时间编写上报。

进度控制报告的内容主要包括：项目实施概况、管理概况、进度概要；项目实施进度、形象进度及简要说明；材料、物资、构配件供应进度；劳务记录及预测；日历计划；业主单位和施工单位的变更指令等。

4.1.4　进度计划检查的方法

项目进度比较分析与计划调整是项目进度控制的主要环节，其中项目进度比较分析是计划调整的基础。常用的比较方法有以下几种。

1. 横道图比较法

横道图比较法是将在项目进展中通过观测、检查搜集到的信息，进行整理后，直接用横道线并列标于原计划的横道线上，然后进行直观比较的方法。

2. 前锋线比较法

前锋线比较法是按照项目实际进度绘制前锋线，根据前锋线与工作箭线交点的位置判断项目实际进度与计划进度的偏差，以分析判断项目相关工作的进度状况和项目整体进度状况的方法。

　　根据实际进度前锋线与计划进度前锋线的比较分析可以判断项目进度状况对项目的影响。关键工作提前或拖后将会使项目工期提前或拖后；非关键工作的影响，应根据总时差的大小加以分析判断。一般来说，非关键工作的提前不会造成项目工期的提前；非关键工作如果拖后，且拖后的量在其总时差范围之内，则不会影响总工期；但若非关键工作拖后的量超出总时差的范围，则会对总工期产生影响，若单独考虑该工作的影响，其超出总时差的数值就是工期拖延量。需要注意的是，在某个检查日期，往往并不是一项工作的提前或拖后，而是多项工作均未按计划进行，这时则应考虑其相互作用。

　　3. S 形曲线比较法

　　S 形曲线比较法是以横坐标表示进度时间，纵坐标表示累计完成任务量，绘制出一条按计划时间累计完成任务量的曲线，将项目实际检查时间完成的任务量与计划进度 S 形曲线中的任务量进行比较的一种方法。

　　S 形曲线比较法与横道图比较法一样，是在图上直观地比较工程项目实际进度与计划进度。一般情况下，计划进度控制人员会在计划实施前绘制 S 形曲线。在项目实施过程中，按规定时间将检查的实际完成情况，与计划 S 形曲线绘制在同一张图上，然后进行比较，从而得到实际进度与计划进度之间的偏差。

　　4. "香蕉"形曲线比较法

　　"香蕉"形曲线是两条 S 形曲线组合而成的闭合曲线。它根据网络计划中的最早和最迟两种开始和完成时间分别绘制出相应的 S 形曲线，前者称为 ES 曲线，后者称为 LS 曲线。在项目实施过程中，根据每次检查各项工作实际完成的任务量，计算出不同时间实际完成任务量的百分比，并在 "香蕉"形曲线的平面内绘出实际进度曲线，即可进行实际进度与计划进度的比较。

　　5. 列表比较法

　　在计划执行过程中，记录检查时刻正在进行的工作名称、已耗费的时间及还需要的时间，然后列表计算有关参数，根据计划时间参数判断实际进度与计划进度之间的偏差，这种方法就称为列表比较法。

4.2　项目决策阶段的进度管理

4.2.1　决策阶段影响项目进度的主要因素

　　1. 决策速度

　　市政工程项目通常是由公共财政筹资建设的公益性项目，决策过程涉及众多的社会因素。因此，在决策阶段，应对项目建设的必要性和可行性进行充分论证，尤其应对建设方案进行充分的利弊分析与优化比选，以便于最快作出科学的决策。

　　2. 前期各项审批流程的衔接程度

　　项目决策阶段的审批通常包括项目建议书、方案和选址、环境影响评价、水土保持论证、防洪论证、海洋环境影响评价、海域使用论证、用地预审办理和立项审批等审批流程。某些环节的审批如方案、环境影响评价、用地预审等审批又是立项审批的必要条件，因此，在策划某一阶段的审批时应充分考虑该阶段审批需要完成的前置审批条件，各审批环节间应紧密衔接。统筹安排能并行审批的流程，互不影响的审批环节同步审批，节约整个决策阶段的审批时间。

3. 用地性质

按照国家及省市有关规定，不同性质的土地，其审批部门、程序及审批所需时间不尽相同，因此，不同的用地性质对项目的进度将有不同的影响。

4.2.2　决策阶段进度管理的主要措施

决策阶段的进度管理主要是指对项目生成至立项批复为止的所有前期工作所进行的进度控制，以及决策对项目后续工作进度影响的控制。其主要通过合理节约各项前期手续时间，预判、规避可能影响工期的各项不利因素来最终实现项目预定的进度目标。

1. 合理节约各项前期审批手续办理的时间

（1）项目建议书

项目建议书是市政工程项目决策的开始，是开展前期准备工作的依据，一般情况下，从项目建议书编制到发展和改革委员会正式批复需要 20～30 天。如果项目特别紧急，可以由市委员会、市人民政府研究决定后由发展和改革委员会直接批复开展前期工作的函来替代项目建议书，如果采用开展前期工作函的形式，可以将本阶段工作周期压缩至 5 个工作日内。同时带投资批复的项目建议书可作为项目报建和设计招标的依据。

（2）方案报批和选址

项目建议书批复后标志着项目正式进入前期工作阶段，在建议书批复后要让设计单位及时编制方案设计文件。方案确定后应及时要求设计单位根据项目方案完成项目选址范围的界定，方案设计周期由项目的规模、复杂程度等因素决定，简单项目可在一周内完成，复杂项目的方案编制、论证、优化过程可能需要几个月的时间。在项目方案设计过程中或初步设计成果提交后，建设单位应及时与发展改革部门、自然资源部门进行沟通汇报，确保项目投资规模、建设方案与政府决策、城市规划保持一致；了解项目选址用地的性质，摸清项目选址范围内城市规划用地、农用地、林地、用海等可能影响今后用地红线办理的主要因素；在方案设计过程中应召集测量、设计单位对项目沿线进行踏勘，对项目沿线的建筑、文物、古木、庙宇、水系及管线进行详细调研，根据调查结果与规划部门进行沟通协调，尽可能地避开以上可能影响项目进展的各个因素；在提交方案设计成果后，组织公司核心技术人员对设计方案进行评审，分析研究设计方案的可行性、安全性、经济合理性，避免方案批复后出现需进行重大调整或投资规模突破等不利情况。完成以上工作后及时向规划部门申报方案和选址审批，一般情况下规划部门在 7 个工作日内可完成方案和选址审批，同时要求设计单位对设计方案、投资估算进行优化、细化，做好工程可行性研究报告编制的准备工作。

（3）环境影响评价

在方案批复后，业主应及时委托环境影响评价单位编制环境影响评价报告书或环境影响评价报告表，环境影响评价编制因涉及环境监测、环境影响评价公示等程序，一般项目环境影响评价编制需要 20～30 个工作日，对于对环境影响较大的项目，编制时间需要约 50 天甚至更长时间，环境影响评价编制完成后报生态环境局审批。

（4）水土保持论证、防洪论证

一般情况下，项目土方工程量超过 5 万 m^3 的项目需要进行水土保持论证及审批，水土保持论证编制、报批需约 1 个月时间。同时，若项目涉及防洪排涝问题，应委托具备相关资质的单位编制防洪论证，编制完成后及时报水利局审批。

（5）海洋环境影响评价、海域使用论证审批

在方案批复后，若项目涉及用海需要，应及时委托具备相关资质的单位编制海洋环境影响评价、海域使用论证报告，一般项目海洋环境影响评价、海域使用论证报告的编制周期约为 1 个月，若涉及海洋生物保护区，还需要专项观测，编制时间会更长，正常项目报市一级海洋与渔业局审批，但吹填造地等用海面积较大的项目需上报省海洋与渔业厅或生态环境部审批。

（6）用地预审办理

在规划部门选址批复后，应及时委托自然资源局信息中心对项目用地性质进行勘界定界，并出具项目勘界定界报告，根据勘界定界报告内容向自然资源部门申请用地预审批复。

（7）立项报批

在完成方案、选址、环境影响评价、水土保持论证、防洪论证、海洋环境影响评价、海域使用论证、用地预审等立项必备条件审批后，应及时向发展和改革委员会申请立项审批。方案批复后应及时要求设计单位开始编制工程可行性研究报告、投资估算，编制过程与各项前置条件审批同步进行，确保工程可行性研究报告编制在各项前置条件审批完成前基本可以完成，争取与立项前置审批同步完成工程可行性研究报告编制。由于工程可行性研究报告批复后项目建设内容、投资规模已基本确定，因此，在设计单位提交工程可行性研究报告的初步设计成果后，建设单位应组织公司核心技术人员、造价人员对项目的可行性、安全性、经济合理性及投资估算的编制情况等进行全面审核，避免出现项目方案出现重大变更或估算错漏等问题。工程可行性研究报告文件报送发展和改革委员会后，由发展和改革委员会委托评审、咨询机构对工程可行性研究报告进行评审，同时对项目投资估算进行审核。

2. 预判、规避可能影响工期的不利因素

（1）规避项目用地性质对项目进展的影响

正常情况下主要有城市建设用地、农用地、基本农田、林地和海域等几种性质用地。在进行前期方案选址时，应尽可能地在城市建设用地范围内选址，如果项目选址区域全部为城市建设用地，则可以向市自然资源部门直接办理用地红线手续，节约办理"农用地转为建设用地"的周期，自然资源部门红线批复一般可在 15 个工作日内完成；如果项目建设占用林地，需要先到林业局办理林地使用审批手续，林地工程可行性研究编制及审批一般需要 2 个月时间，完成林地审批后方可向自然资源部门申请"农用地转为建设用地"审批，自然资源部门"农用地转为建设用地"审批也需要 2～3 个月时间。因此，全部为城市建设用地的项目与用地性质为林地、农用地项目相比，取得用地红线可节约 4 个月时间。

（2）规避征地拆迁对项目进展的影响

征地拆迁尤其是拆迁工作往往是决定项目能否如期完工的最重要的因素，且其对项目周期的影响难以预测，城市建设开发过程中的断头路、烂尾工程通常都是受征地拆迁影响而形成的。因此，在项目决策阶段的方案、工程可行性研究报告评审过程中应充分考虑征地拆迁因素，尽可能地避开大量拆迁。

（3）规避文物、庙宇、宗祠及古木等因素对项目进展的影响

文物和古木往往受文物保护相关规定保护，庙宇和宗祠的拆迁是城市化改造过程中经

常遇到的难题，会涉及村民的信仰，导致村民存在观念上的抵触，涉及的对象往往是整个村庄，拆迁工作难度比一般项目更大。因此，在进行项目线位选址时应尽可能地避开文物、庙宇、宗祠及古木等。

（4）预判管线迁改对项目进度的影响

随着城市的不断发展，早期的建设项目在项目规模、使用标准等方面将无法满足城市发展的需要，市政工程的改造在所难免。市政项目尤其是改造项目往往涉及大量的管线迁改，因此在项目决策阶段应及时召集各家管线权属单位进行研究协调，同时要求测量、设计单位对项目现场进行充分踏勘、调查，尽可能地选择市政管线迁改较小的方案。

（5）充分考虑项目实施过程中可能增加的工程费用、措施费对进度的影响

市政工程项目通常由公共财政投资建设，项目概算审批后投资规模已基本确定，如果出现工程费用、措施费增加的情况，需要向发展和改革委员会申请增加投资。此项工作难度大、时间长，往往会对项目的进度造成较大影响，因此，市政工程的估算与概算的编制应充分考虑各种不利因素对工程造价的影响。

4.3　项目准备阶段的进度管理

4.3.1　准备阶段影响项目进度的主要因素

1. 具备开工条件的各项审批

本阶段核心的审批内容主要为用地审批、概算审批和建设工程规划许可证办理，建设单位应协调设计单位提前汇报、及时沟通，避免由于沟通不及时而影响审批进度。

2. 招标时间

相关的法律、法规对招标公告周期都有严格的规定，同时招标主管部门需要对招标文件设置的条款进行审核、监督，因此招标文件编制完成后应及时与招标主管部门沟通，合理缩短审批时间提前发布招标公告，节省招标公告的时间。

3. 前期参建单位实力

建设单位、勘测单位、设计单位等前期参建单位的实力对本阶段项目进度也会产生较大影响，尤其是设计单位的实力起着决定性的作用，优秀的设计单位可以缩短本阶段的工作周期，同时保证设计成果的质量，为实施阶段的进度控制奠定良好的基础。

4. 管线迁改的进度

随着城市的不断发展，对现有市政工程进行改造已在所难免，往往会涉及大量的管线迁改。管线迁改又需要一定的时间，因此，它对项目的建设进度将产生一定的影响。在项目方案编制、初步设计阶段应要求勘察、设计单位对项目相关的地下管线进行详细勘察，合理分配各种管线的地下空间资源。设计好初步迁改方案后应召集各管线单位召开协调会议，听取各管线单位的意见，主体设计单位对管线的综合设计进行修改、优化后，提交至各管线单位进行专业施工图设计。

4.3.2　准备阶段进度管理的主要措施

项目准备阶段进度管理是指项目决策完成后至项目现场开工建设前这一阶段的进度管理，该阶段的主要工作内容包括：设计、测量、地勘单位招标，用地规划许可证办理，林地使用报批，矿产压覆、地质灾害评估办理，"农用地转为建设用地"及用地红线办理，

地质勘察，初步设计及审查，概算报批，施工图设计及施工图审查，以及建设工程规划许可证办理、征地拆迁预公告等。该阶段进度管理的主要措施分为做好各项审批手续办理进度管理和各参建单位工作进度管理两大部分。

1. 各项审批手续办理进度管理

（1）用地规划许可证办理。在立项批复后，建设单位即可根据已批复的选址、用地预审材料向规划部门申请办理用地规划许可证（蓝线）。用地规划许可证的办理是项目办理用地红线的依据，同时可根据蓝线由征地拆迁部门发布征地预公告，提前介入征地前期准备工作，争取项目完成招标的同时能提供施工场地。

（2）林地使用报批。在项目工程可行性研究报告上报后，建设单位应提前委托具备资质的单位，利用立项批复的时间编制林地工程可行性研究报告，立项批复后即可向省林业局申请林地使用报批。林地使用批复是办理"农用地转为建设用地"的必要条件，林地使用批复的时间较长，如不及时办理，将耽搁用地红线办理的时间，最终影响项目按计划的时间节点开工。

（3）"农用地转为建设用地"及红线办理。林地使用审批及前期的海洋使用论证、用地预审、用地蓝线划定是"农用地转为建设用地"审批的必要前置条件，在林地使用审批和海域使用审批过程中，建设单位应同步开展以下准备工作：一是取得被征用单位盖章确认的相关文件；二是完成矿产压覆评估；三是进行地质灾害危险性评估。待林地审批完成后，建设单位应及时配合市自然资源主管部门将农用地转为建设用地所需材料上报省自然资源厅，正式进入农用地转用建设用地审批程序，正常情况下审批需要约2个月时间，农用地转为建设用地审批完成后，建设单位即可向市级自然资源主管部门申请办理用地红线划定手续，至此，项目用地手续全部办理完成。

（4）建设工程规划许可证办理。项目在完成施工图审查、各专业管线施工图设计及用地红线划定等前期工作后，建设单位应及时向城乡规划主管部门申请办理建设工程规划许可证，建设工程规划许可证是项目进入正式施工阶段的法定要件，是中标手续、开工手续和质量监督手续办理的依据。因此，建设单位在发布施工招标公告前应及时办理建设工程规划许可证。

（5）施工许可证办理。根据《中华人民共和国建筑法》规定，建设单位在项目开工前，必须向建设行政主管部门申请办理施工许可证。具体办理流程如下：业主单位在完成监理单位招标和施工单位招标后，应整理以下已取得的审批文件及相关材料：建设项目用地批准文件（含用地红线图）、建设工程规划许可证、中标通知书、施工图设计文件审查合格书和经备案的建设工程施工合同等法定文件，建设单位在项目正式开工前，持上述材料向建设主管部门申请办理施工许可证。至此，项目所有前期手续全部办理完成。

2. 各参建单位工作进度管理

（1）勘测设计招标工作。在工程可行性研究批复后，建设单位应及时开展设计招标准备工作，尽早确定设计单位。在工程可行性研究报告资料上报发展改革部门后，建设单位应利用工程可行性研究报告审批周期（约15个工作日），同步开展设计招标文件的编制工作。在招标文件的编写过程中，应针对设计成果的质量、提交时限等关键指标设置相应的奖惩条款，以确保设计单位能够按时提交高质量的设计成果。在项目立项批复后，建设单位应及时发布招标公告，设计招标全过程通常需要40～50天。为了强化项目设计质量的总体控制，建议采用设计、测量、勘察工程总承包的模式进行招标，该模式既可以减少分开招标造成的时间损耗，同时中标单位对设计、测量、勘察负总责任，能有效避免设计成果质量出现问题时各单位间互相推卸责任。

另外，尽早确定设计单位对项目准备阶段的进度控制起着决定性的作用，建议项目建议书批复后建设单位应立即开展设计、测量、勘察单位的招标准备工作，在项目立项报批前完成设计招标，在工程可行性研究审批过程中，中标的设计单位可及时介入了解项目情况，开展本阶段的初步设计准备工作，工程可行性研究批复后及时启动初步设计编制工作。

（2）初步设计及概算编制工作。建设单位应提前委托地质勘察单位进场开展初步勘察工作，通过获取准确的地质勘察数据，为工程可行性研究、初步设计、概算的编制提供可靠的依据；在工程可行性研究审批过程中，设计单位应及时介入项目前期工作，全面了解项目情况，收集相关资料，并开展初步设计准备工作；初步设计完成后，建设单位应组织公司内部专业技术人员，对初步设计的合理性、现场可操作性、经济可控性进行全面评审；根据工程可行性研究批复的投资规模和工程内容，建设单位应审核设计单位编制的投资概算的合理性，充分预判工程实施过程中可能产生的费用增加风险，适当留有余地，设计单位根据评审的结果重新调整，优化初步设计文件和投资概算。

（3）初步设计评审及概算报批。在初步设计文件调整、优化完成后，建设单位应及时向建设行业主管部门提报初步设计评审申请，由行业主管部门组织专家进行技术论证，设计单位根据专家、职能部门审查意见再次修改、优化初步设计文件和调整投资概算；初步设计编制及技术论证、优化工作通常可在工程可行性研究获批后的较短时间内完成，待初步设计文件完成最终修改优化，并相应调整投资概算后，建设单位可正式向发展改革部门申请概算批复。

（4）施工图设计及审查。在投资概算上报发展改革部门后，设计单位应同步开展施工图设计工作，一般市政道路工程项目可在概算批复后 15～30 天内完成施工图设计，对于规模较大或技术特别复杂的项目，施工图设计需要 2 个月甚至更长时间。施工图设计完成后，设计单位应及时整理设计计算书等相关技术资料，并向具有相关资质的施工图审查机构报送施工图审查，审查周期约为 15 个工作日。

（5）监理招标。在概算批复后，建设单位可根据概算投资规模进行监理招标，正常情况下，施工图审查工作可与监理招标工作同步推进，确保在施工图审查完成时同步完成监理单位招标工作。

（6）施工招标文件和工程量清单编制。在施工图审查阶段，建设单位应同步开展招标文件编制工作，同时委托招标代理单位编制工程量清单，在施工图审查完成前，基本完成招标文件、清单编制工作；工程量清单编制完成后，建设单位应及时地向财政评审中心提报招标控制价审核申请，审核工作周期为 5 天。建设单位应根据项目工期紧迫情况，在招标文件中对施工工期设置合理、合法的奖惩条款，对工期违约索赔作出明确规定。

（7）施工招标、定标、开工手续办理。在施工招标文件编制完成后，建设单位应及时发布招标公告并组织施工单位招标，开标后建设单位应督促中标的施工单位配合业主及时办理中标通知书、开工备案等手续，要求施工单位及时完成低价风险金、履约保函、预付款保函等开工前的各项手续办理。

（8）技术交底。在施工单位确定后，建设单位应及时组织设计、监理、施工、勘察、测量、质量监督机构等召开技术交底会议，对施工过程的难点、风险、注意要点等进行全面交底；组织测量单位进行测量控制点移交，完成施工放样；要求施工单位根据项目现场实际情况及合同工期，编制合理、详细、可控的进度计划，明确关键线路和主要控制节点时间。

4.4 项目实施阶段的进度管理

4.4.1 实施阶段影响项目进度的主要因素

由于市政工程项目具有涉及面广、工程结构与工艺技术相对复杂、建设周期长及参建单位多等特点，工程项目实施阶段的进度将受到许多因素的影响，要想有效地控制工程进度，就必须全面、细致地对影响进度的有利因素和不利因素进行分析和预测。一般来讲，在项目实施阶段，影响市政工程项目进度的主要因素有：

1. 勘察设计质量

设计是工程的灵魂，如果设计存在缺陷或错误，设计方案与现场情况不符，设计图纸供应不及时、不配套或出现重大差错等，项目实施阶段的进度均会受到重大影响，严重的甚至会造成返工或停工。例如，勘察资料不准确，特别是地质资料错误或遗漏，会引起的不可预料的技术障碍，导致工程量增加和投资超出预算。

2. 自然环境

自然环境因素包括恶劣天气、地震、暴雨、洪水，以及不良地质、地下障碍物的影响等。

3. 社会环境

项目能否顺利实施与项目所处的人文社会环境密切相关。例如，项目所在地的村镇等基层组织的配合程度对项目征地拆迁工作的推进起着关键性的作用；当地的民风、民俗和宗教信仰等也对项目实施进度具有重要影响，当工程建设与当地民俗文化产生冲突时，即便项目本身具有科学性和合法性，仍会受到当地村民的强烈抵触。在民风较为强势的地方，经常会遭遇工程分包不合理、地材供应中强制交易等行为。

4. 承包商实力及重视程度

如果承包商对项目特点及施工条件评估不准确，制定的施工计划脱离实际，将导致工程进度严重延误；如果承包商采用的技术措施不当，将导致施工过程中发生技术事故；如果承包商管理过程中出现失误，例如施工组织不合理，劳动力和施工机械投入不足、调配不当，施工平面图布置不合理等，将会使施工进度受阻；如果承包商缺乏基本的风险意识，盲目施工，可能会导致施工被迫中断；如果承包商信誉等级较差，出现窝工、转包、违法分包和以包代管等不良行为甚至是违法行为等，将会严重影响工程质量和进度。

5. 业主因素

业主因素包括：业主变更使用要求；业主供应材料、设备交付延迟；业主未按合同约定及时向施工单位或供应商支付款项等。

6. 组织管理因素

组织管理因素包括：行政审批流程出现延误；计划安排不周密，导致窝工、停工；指挥协调不当，导致各参建单位配合失调，进而影响工程进度。

7. 材料设备因素

材料设备因素包括：材料、构配件、施工机具及设备等在供应环节出现差错，品种、规格、质量、数量、供货时间不能满足工程的需要等。

8. 资金因素

资金因素包括：业主资金短缺或不能及时到位；施工单位存在资金挪用、拖欠材料款和民工工资等现象。

9. 征地拆迁因素

由于市政项目通常为线性工程，征地拆迁涉及的单位众多，用地性质及需要拆迁的各种建筑物性质及权属复杂，因此，征地拆迁是影响项目实施阶段进度的最重要因素。征地拆迁不到位常导致工程项目停工数月甚至数年，严重时甚至可能导致项目无法按既定规划和设计方案实施。

4.4.2　实施阶段进度管理的主要措施

1. 组织措施

实施阶段进度管理的组织措施主要包括：

(1) 建立进度控制目标体系，明确组织机构中进度控制人员及其职责分工。

(2) 建立进度计划审核制度和进度计划实施中的检查分析制度，如某项目在工程开工之初，有两家施工单位因进场机械、资源等不满足工程施工需要，经检查分析后，及时采取了切分施工任务的组织措施，其中一家施工单位被切分了 5 联桥梁工程，另一家施工单位被切分了 3 联桥梁工程，被切分部分工程由有保障的施工单位实施，最终保证了工程的顺利进行。

(3) 建立进度报告制度及信息沟通网络。

(4) 建立进度协调会议制度。

(5) 建立图纸审查、工程变更和设计变更管理制度。

2. 技术措施

实施阶段进度管理的技术措施主要包括：

(1) 审查承包商提交的进度计划。①尽量采取先进的施工方案、施工工艺和施工方法。例如，钻孔桩施工采用泥浆分离器，可有效提高出碴速度，加快钻孔进度。部分箱梁采用预制架设工艺，可有效提高箱梁施工速度。②优化施工组织设计，采取平行施工组织。例如，现浇预应力箱梁支架一次性投入，可充分提高箱梁现浇速度。

(2) 编制指导监理人员实施进度控制的工作细则。

(3) 采用网络计划技术，对工程进度实施动态控制。

3. 合同措施

实施阶段进度管理的合同措施主要包括：

(1) 加强合同管理，协调合同工期与进度计划之间的关系，确保进度目标的实现。

(2) 严格控制合同变更。

(3) 加强风险管理，在合同中充分考虑风险因素及其对进度的影响。

4. 经济措施

实施阶段进度管理的经济措施主要包括：

(1) 及时办理工程预付款及进度款支付手续。

（2）约定奖惩措施，如工期提前的竣工奖励、完成计划的奖励、计划拖后的处罚措施等。

（3）加强索赔管理，公正地处理索赔事项。

5. 信息管理措施

实施阶段进度管理的信息措施主要包括：建立进度信息收集和报告制度，通过计划进度与实际进度的动态对比分析，为项目管理决策提供科学的依据。例如，对工程进度进行动态跟踪，及时向业主提交进度分析报告，并向承包人上级主管部门通报，督促承包人及时采取相应措施。现场各级监理人员应积极配合承包单位的施工活动，及时审查各类报告文件和报表，严格履行工序验收与工程验收职责。业主方应按合同要求及时提供施工场地和图纸，积极协调外部关系，优化施工环境，为工程顺利实施创造有利条件。监理工程师和业主应协同做好各承包单位之间的施工配合协调工作，加强信息沟通与共享，确保施工信息传递的及时与准确性。

【案例 4-1】

某市快速路工程的建设是市委员会和市政府依据当地特有的地理环境、人口密度、经济总量等特点破解城市交通困难的一项重大成果。该工程仅用了不到一年的时间，完成包括高架桥、高架站、地面站、枢纽站、售检票系统、智能系统、景观工程等工程建设任务，充分体现了工程进度管理的成效，下面就该项目实施过程中一些对项目快速推进起关键作用的方法作简单介绍。

1. 科学、高效的协调机制

管理和协调是项目施工过程中工作的核心内容，科学的管理模式和协调机制是项目快速推进的重要保障，如果协调渠道不顺畅往往会导致不必要的工期耽搁。快速路项目采用了建设工程指挥部管理模式（图 4-1），通过指挥部领导下的多部门集中联合办公模式（图 4-2），形成强大合力，实现专业化、科学化、快速化的决策、审批机制，快速推进了项目的建设。

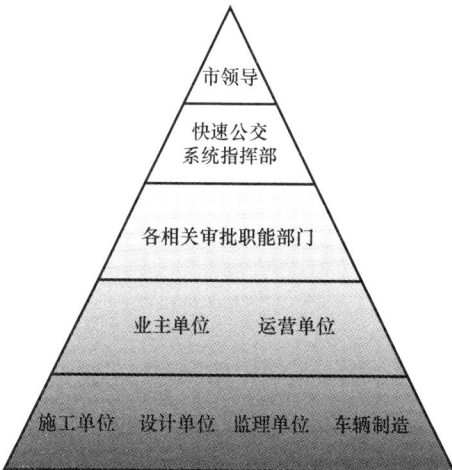

图 4-1 工程指挥部管理模式

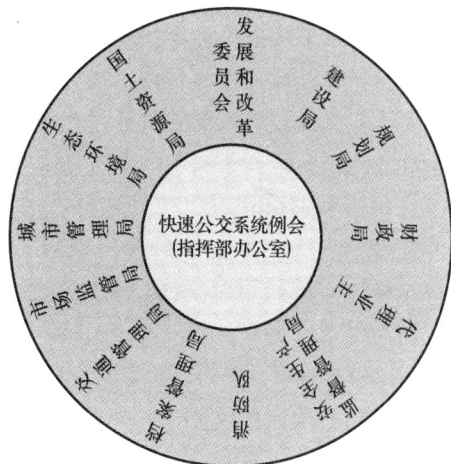

图 4-2 联合办公模式

2. 创新的管理理念

在建设过程中要求所有的参建单位群策群力、团结一致、动态调控，根据市委员会、市政府既定目标工期制定工期计划。在实施过程中逐日跟踪、逐一落实，除了要确保关键节点按计划执行外，力争关键节点尽量比计划提前完成，为后期不可预见的不利因素留有余地。各参建单位同舟共济、同心同德，采取坚决有力的措施，认真解决工程中存在的各种复杂矛盾和问题，彻底扫除工程障碍，确保项目按既定工期目标建成通车。总体的项目管理经验如下：

（1）提高各参建单位对工期计划重要性的认识。由市领导亲自挂帅成立建设指挥部，做好宣传员工作，提高各参建单位对工程的重要性、紧迫性、风险性的认识，进一步增强责任意识、风险意识及忧患意识。

（2）加大实施过程的资源投入。项目无法按计划工期推进，往往存在投入不足现象，即人力、物力、财力和管理、技术等投入不到位。因此，在项目实施过程中要充分集中人力、物力、财力、精力，要做到资金投入到位、人员素质数量到位、物质保障到位、工程管理到位、技术攻关到位。

（3）鼓励、监督施工单位全力以赴地按计划完成各阶段的施工任务。在工程项目的实施阶段，施工单位是具体的执行单位，其余参建单位起管理、协同和辅助作用，不管各参建单位各自的工作做得多好，最终工程都需要通过施工单位的执行来实现。作为业主单位应根据工期计划加强对施工单位执行计划情况的跟踪和监督，实行"一日一跟踪、一周一检查"的办法。及时跟踪、巡查、督促，及时发现问题、解决问题，特别是对一些重要的、难点的、关键的问题，及时地协调解决好，做到"问题不过夜，工作在现场"。

（4）加强实施过程中对施工单位的管理和监督。管理和监督是业主在项目施工过程中的重要任务，严格的管理模式和监督机制是项目快速推进的重要保障。因此，要加强业主项目团队职业道德和廉政管理方面的建设，做到各管理人员敢于管理、严格管理、主动管理。

（5）根据工期计划制定相应的考核和奖罚措施。由于该项目工期特别紧张，在项目开工前针对重要的工期节点制定了三个主要措施：制定奖罚措施，要有奖有罚、奖罚均衡，在同一项目不同标段间形成积极的竞争，对于提前或按期完成工程任务的标段给予规定的奖励，对未按期完成施工任务的标段按规定进行处罚，各种奖罚在重要会议上统一执行，打破奖罚不明的管理弊端；制定考核措施，实行"一日一跟踪、一周一检查"的考核办法，一切奖罚依据考核结果执行；制定调控措施，严格执行优胜劣汰制度，根据考核结果进行调控，对无法按计划完成任务的班子或单位进行适当处罚，必要时进行淘汰和调整。

（6）加强业主项目团队的教育和建设，提高业主从业人员的职业道德和认识水平。管理人员要深入一线，本着一切为一线服务、一切为工程服务的指导思想，为一线排忧解难，切实解决一线的困难和问题。

（7）加强质量和安全文明施工管理。"质量、安全、进度、投资"是工程管理的四大核心内容，四大要素之间是辩证统一的关系，加强质量和安全管理有时会导致进度放慢或投资增加，但从项目的全局考虑，质量和安全管理又是进度和投资的重要保障，质量安全出问题，工程就会"欲速则不达"，如果出现安全事故或质量事故，就会造成返工，导致工程进度严重耽搁、投资增加。因此，加强质量和安全管理，不但不会影响工期，反而是工程按计划完成的有力保障。

（8）明确责任、落实到位。要把每个问题和任务分解到岗、到人、到位，各司其职、各管其事，要形成层层负责、人人具体负责的机制，从狠抓落实开始，提高工程管理能力和执行能力。

3. 创新的施工工艺

由于该项目横贯市中心，针对该工程场地狭小、交通组织难、工期紧、安全文明要求高和各种管线迁改等一系列困难，项目部在充分论证后，果断采用了混凝土桥梁节段预制拼装施工工艺、先简支后连续的施工工法，以及钢结构桥梁大节段全断面拼装等技术，这些施工工艺的创新有力地保证了工程进度，实现了计划的工期目标。

（1）因地制宜，多种施工工法科学组合。例如梁体施工工艺，在郊区进行现浇，在城市中心区进行预制拼装，在主要交叉口采用钢结构。

（2）研发了预制节段拼装工艺。专门研发了 TPX35/600 下行式节段拼装架桥机，下行式架桥机是国内首创，整体技术水平国内领先。预制节段拼装采用长短线匹配法、先简支后连续施工工艺等技术。

（3）钢结构焊接控制专项研究。为了保证钢结构的焊接质量与结构线形满足设计精度，进行了钢箱梁焊接残余应力、变形控制、桥面铺装等的理论及试验专项研究，形成了钢箱梁分段工厂制造、现场全断面焊接拼装的成套焊接变形控制体系及钢箱梁阶段制造工艺。

4.5 项目收尾阶段的进度管理

4.5.1 收尾阶段影响项目进度的主要因素

1. 验收移交进度

项目建设单位、施工单位与项目接收管理单位所处的立场不同，建设单位主要考虑工程项目是否按照立项批复内容、设计图纸内容完成到位，以及工程项目质量是否符合要求，而接收单位则更侧重于项目的使用性能与管理实用性，因此，在移交过程中，接收单位往往与建设单位的要求不同，如果沟通不及时，会影响项目的验收移交进度。

2. 档案归档备案进度

各参建单位往往存在"重现场施工、轻档案管理"的倾向，导致项目已具备竣工验收条件，但工程档案和内业资料却未能达到城市建设档案馆或档案主管部门的相关要求，进而影响项目的整体竣工验收及结算。特别是对于省级重点工程项目，其档案必须要经档案主管部门验收后才能完成归档。

3. 附属子项目验收结算进度

工程项目合同体系涵盖前期设计、环境评估、地质勘察及后期管线迁改、试验检测等一系列合同，通常单个项目从开工至竣工结算往往需要签订数十份合同，复杂项目合同数量可达上百个，其中，设计、监理、施工等主要合同项结算工作通常能够及时完成，但管线迁改设计、监理等合同金额较小的子项容易被忽略，导致项目无法竣工和决算。

4.5.2 收尾阶段进度管理的主要措施

1. 组织措施

建立由建设单位项目经理负总责任，施工单位项目经理、总监对项目结算负责的制度，及时跟踪各分项工程的验收移交和结算。

2. 合同措施

工程进度款的支付进度是管理和监督相关单位竣工和结算工作的关键因素，各分项内容在招标过程中应明确内业资料归档和备案的相关要求，并在项目合同签订时严格按照招标文件内容执行。

3. 经济措施

在进度款支付过程中，应坚持"先严后松"原则，并将内业档案资料的验收情况作为支付进度款的重要依据，严格控制施工过程进度款的支付比例，明确规定内业资料归档在工程尾款支付中的所占比例，通过资金控制，督促、激励施工单位尽快完成内业资料归档、竣工验收及结算工作。

4.5.3　收尾阶段进度管理总结的编写

建设单位应在工程进度计划完成后及时进行总结，为后续进度控制提供有价值的反馈信息。

1. 总结时应依据的资料

总结时应依据的资料包括：

（1）进度计划；

（2）进度计划执行的实际记录；

（3）进度计划检查结果；

（4）进度计划的调整资料。

2. 进度控制总结应包括的内容

进度控制总结应包括以下内容：

（1）合同工期目标及计划工期目标完成情况；

（2）进度控制经验；

（3）进度控制中存在的问题及原因分析；

（4）科学的进度计划方法的应用情况；

（5）进度控制的改进意见。

【本章小结】

进度管理是项目实现进度目标和提前发挥投资效益的重要途径之一。进行进度管理的一般程序为制定进度计划、进度计划交底、实施进度计划、编制进度报告并报送有关管理部门；工程项目进度计划一般包括整个项目的总进度计划、分阶段进度计划、子项目进度计划和单体进度计划以及年（季、月、旬）度计划等；进度计划的表示方法一般包括横道图和网络图表示法；进度计划检查的方法一般有横道图比较法、前锋线比较法、S形曲线比较法、"香蕉"形曲线比较法、列表比较法。

决策阶段影响项目进度的主要因素有决策速度、前期各项审批流程衔接程度以及用地性质等；进度管理主要的措施有合理节约各项前期审批手续办理的时间、预判和规避可能影响工期的各项因素等。准备阶段影响项目进度的主要因素有各项审批事项的进度、招标时间、前期参建单位实力以及管线迁改的进度等；进度管理的主要措施是做好各项审批手续办理进度管理以及各参建单位工作的进度管理。实施阶段影响项目进度的主要因素有勘察设计质量、自然环境、社会环境、承包商实力及重视程度、业主因素、组织管理因素、材料设备因素、资金因素、征地拆迁因素；进度管理的主要措施包括组织措施、技术措施、合同措施、经济措施和信息管理措施。收尾阶段影响项目进度的主要因素有验收移交进度、档案归档备案进度以及附属子项目验收结算进度等；进度管理的主要措施包括组织措施、合同措施和经济措施等。

【思考与练习题】

1. 市政工程项目进度计划编制的方法有哪些?
2. 市政工程项目决策阶段影响进度的主要因素有哪些?
3. 市政工程项目准备阶段影响进度的主要因素有哪些?
4. 市政工程项目实施阶段影响进度的主要因素有哪些?
5. 市政工程项目收尾阶段影响进度的主要因素有哪些?
6. 市政工程项目决策阶段进度管理的主要措施有哪些?
7. 市政工程项目准备阶段进度管理的主要措施有哪些?
8. 市政工程项目实施阶段进度管理的主要措施有哪些?
9. 市政工程项目收尾阶段进度管理的主要措施有哪些?
10. 市政工程项目进度计划检查与调整的信息化手段有哪些?

第5章 市政工程项目质量管理

【本章要点及学习目标】

1. 了解市政工程项目质量管理的含义与质量管理体系的建立。

2. 熟悉市政工程项目决策阶段、准备阶段、实施阶段、收尾阶段质量管理的内容。

3. 掌握市政工程项目决策阶段、准备阶段、实施阶段、收尾阶段质量管理的主要措施。

5.1 概　　述

5.1.1 工程项目质量的含义

市政工程项目质量直接关系到人民群众的生命财产安全及社会公共利益，直接影响政府在人民群众心目中的形象。百年大计，质量第一。质量控制是工程建设的永恒主题。消除质量隐患，提高质量水平，达到质量标准，创优质工程、精品工程、民心工程，是市政工程项目的历史责任和第一要务。要从根本上加强质量管理，提高质量水平，就必须严格遵照 ISO 9000 标准，监督健全承包商的工程质量管理体系、制造商的产品质量管理体系、供应商的产品采购供应质量控制体系、监理单位的质量控制体系、业主的质量监督体系以及设计单位的设计质量保障体系，通过系统化、标准化、程序化和科学化的质量管理手段，确保每一项工作都有章可循、责任到人、检验到位、有据可查，形成"处处有人抓、事事有人管"的管理氛围和科学有效的管理机制。

1. 质量的含义

《质量管理体系 基础和术语》GB/T 19000—2016 对质量的定义是：客体的一组固有特性满足要求的程度。其可从以下几方面去理解：

（1）质量的客体是指可感知或可想象到的任何事物。不仅指产品，质量也可以是某项活动或过程的工作质量，还可以是质量管理体系运行的质量。

（2）质量的关注点是一组固有的特性，而不是赋予的特性。对产品来说，例如水泥的化学成分、细度、凝结时间、强度是固有特性，而价格和交货期是赋予特性；对过程来说，固有特性是过程将输入转化为输出的能力；对质量管理体系来说，固有特性是实现质量方针和质量目标的能力。

（3）满足要求就是应满足明示的、隐含的和必须履行的需求和期望。其中，"明示要求"，一般指在合同环境中，用户明确提出的需求或要求，通常是通过合同、标准、规范、图纸、技术文件等所作出的明文规定，由供方保证实现；"隐含要求"，一般指非合同环境中，用户未提出或未明确提出要求，而由生产企业通过市场调研进行识别或探明的要求或需要。

（4）顾客和其他相关方对产品、过程或体系的质量要求是动态的、发展的和相对的。

2. 工程项目质量的含义

工程项目质量是指通过工程建设过程所形成的工程符合有关设计要求、规范、标准、法规的程度和满足业主要求的程度。建设工程项目质量的内涵包括建设项目本身的质量、使用价值的质量和工作质量三个方面。

建设工程项目是一种涉及面广、建设周期长、影响因素多的建筑产品。建设工程项目自身具备的固定性、作业露天性和管理复杂性等特点，决定了工程项目质量具有难以控制的特点，主要表现为：

（1）影响质量的因素多

决策、设计、施工和竣工验收等各个环节涉及的各种因素都将影响到工程质量，如人、机械、设备、材料、测量器具和环境等。

（2）容易产生质量波动

由于工程多以露天作业为主，受气候和地质的影响较大，无稳定的生产设备和生产环境，具有产品固定、人员流动的生产特点，与有固定的自动生产线和流水线的一般工业产品生产相比，工程项目更容易产生质量波动。

（3）容易产生系统因素变异

施工方法不当、未按操作规程作业、机械设备故障、材料使用错误、设计计算失误等原因都会引起系统因素变异。

（4）容易产生第二判断错误

在工程项目建设过程中，由于各道工序需要交接，且某些隐蔽工程部位的后道工序会覆盖前道工序的成果，若不及时对工序交接进行检查，往往会由于后道工序的覆盖，将前道工序的不合格误认为合格，即容易产生第二判断错误。

（5）质量检查时不能解体、拆卸

由于工程项目具有位置固定和结构复杂的建设特点，建成后的产品无法通过拆卸的方式检查其内部质量。

5.1.2 工程项目质量的特点

1. 复杂性

工程项目质量的复杂性主要体现在引发质量问题的因素多而复杂，从而增加了对工程质量问题的性质、危害进行分析和判断以及处理质量问题的复杂性。工程项目具有单件性的特点，产品固定而生产流动；产品多样且结构各异；露天作业自然条件复杂多变；多工种、多专业交叉施工相互干扰大；工艺要求不同，施工方法各异等。因此，影响工程质量的因素繁多，造成质量事故的原因错综复杂，即使同一性质的质量问题，原因有时也截然不同。例如，路面开裂这一质量事故，其产生的原因可能包括：设计计算有误；结构构造不良；地基不均匀沉降；受温度应力、地震力、膨胀力、冻胀力的作用；施工质量低劣、偷工减料或材质不良等。因此，在处理工程项目的质量问题时必须深入现场进行调查研究，针对质量问题的特征进行具体分析。

2. 严重性

工程项目质量问题轻者影响施工顺利进行，导致工期拖延或费用增加，重者会给工程留下安全隐患，影响安全使用甚至不能使用，更严重的是引起建筑物倒塌，造成人民生命和财产的巨大损失。例如，2023年发生的湖南长沙"4·29"特别重大居民自建房倒塌事故，造成 54 人死亡、9 人受伤。因此，对工程质量问题必须重视，务必及时妥善处理不留后患。

3. 可变性

许多工程质量问题若不及时处理，就会随着时间的推移而不断发展变化。例如，有些细微裂缝随着时间变化有可能导致构件断裂甚至结构物倒塌等重大事故。因此，对于工程质量问题，必须及时采取有效的措施，以防止问题进一步恶化，避免造成更大的安全隐患和经济损失。

4. 多发性

有些工程质量问题经常发生就成了工程质量通病。例如，路基压实易出现弹簧土，混凝土浇筑易出现蜂窝、麻面，钢筋保护层厚度不足等。因此，对于工程项目中的质量通病，应深入分析原因，总结经验，采取积极的预防措施，避免出现质量通病。

5.1.3　工程项目出现质量问题的原因

工程项目质量的特点决定了在工程项目实施的过程中经常出现质量问题，一般来讲，导致工程项目质量问题的原因主要有：

1. 违背基本建设程序

未经可行性论证就拍板定案；没有搞清工程地质、水文地质就仓促开工；无证设计，无图施工；任意修改设计，不按图纸施工；工程竣工不进行试车运转、不经验收就交付使用等，都可能导致工程项目质量出现问题。

2. 工程地质勘察不明

未认真进行地质勘察，提供的地质资料、数据有误；在进行地质勘察时，钻孔间距过大，不能全面地反映地基的实际情况；地质勘察钻孔深度不够，没有查清地层构造；地质勘察报告不详细、不准确等，都可能导致工程项目质量出现问题。

3. 未加固处理好地基

对软弱土、冲填土、杂填土等不良地基未进行加固处理或处理不当等，都可能导致工程质量出现问题。

4. 设计计算问题

设计考虑不周，结构构造不合理，计算简图不正确、计算荷载取值过小，内力分析有误，沉降缝及伸缩缝设置不当等，都可能导致工程项目质量出现问题。

5. 建筑材料及制品不合格

钢筋物理力学性能不符合标准，水泥受潮、过期、结块、安定性不良，砂石级配不合理、有害物含量过多，混凝土配合比不准，外加剂性能、掺量不符合要求，预制构件断面尺寸不准，支承锚固长度不足，未建立可靠预应力值，钢筋漏放、错位、板面开裂，使用的电器和设施无生产许可证、合格证书和生产厂家等，都可能导致工程项目质量出现问题。

6. 工程管理问题

不熟悉图纸，盲目施工，图纸未经会审，仓促开工；未经业主、监理及设计人员同意，擅自修改设计；不按有关施工验收规范施工，不按有关操作规程施工；缺乏基本结构知识，施工蛮干；施工管理紊乱，施工方案考虑不周，施工顺序错误，技术组织措施不当，技术交底不清，违章作业；不重视质量检查和验收工作等，都可能导致工程项目质量出现问题。

7. 自然条件影响

温度、湿度、日照、雷电、供水及大风、暴雨等极端天气都会对工程质量产生影响。

8. 建筑结构使用问题

不经校核、验算，就在原有构筑物上任意增加设施，如在城市桥梁中任意增加过桥污水、给水等其他荷载；使用荷载超过原设计的允许荷载，如大量超限车辆通行；任意开槽、打洞、削弱承重结构的截面等使用不当方面的问题，都可能导致工程项目质量出现问题。

5.1.4　工程项目质量管理的含义

1. 质量管理的含义

《质量管理体系 基础和术语》GB/T 19000—2016 对质量管理的定义是：关于质量的管理。亦即在质量方面指挥和控制组织的协调活动。质量管理的首要任务是制定质量方针和质量目标，核心是建立有效的质量管理体系，通过具体的质量策划、质量保证、质量控制和质量改进，确保质量方针和质量目标实施和实现的过程。

由此可见，质量管理是项目组织围绕着使项目产出物能满足不断更新的质量要求，而开展的策划、组织、计划、实施、检查和监督、审核等所有管理活动的总和。

2. 工程项目质量管理的含义

工程项目质量管理是指为确保建设工程项目的质量特性满足要求而进行的计划、组织、协调和控制等活动。建设工程项目质量管理应满足发包人、承包人和其他相关方的要求，以及建设工程技术标准和产品的质量要求。

建设工程项目质量管理应按下列程序实施：

（1）进行质量策划，确定质量目标；

（2）编制质量计划；

（3）实施质量计划；

（4）总结项目质量管理工作，提出持续改进的要求。

3. 工程项目质量管理的原则

（1）坚持质量第一原则

工程质量不仅关系到工程的适应性和建设项目投资效果，而且关系到人民群众出行安全及生命财产的安全。所以，在进行投资、进度、质量三大目标控制时，应坚持"百年大计，质量第一"的原则，在工程建设中自始至终把"质量第一"作为对工程质量控制的基本原则。

（2）坚持以人为本的原则

人是工程建设的决策者、组织者、管理者和操作者。在工程建设中，各单位、各部门、各岗位人员的工作质量水平和配备程度，都直接或间接地影响着工程质量。在工程质量控制过程中，要以人为核心，重点控制人的素质和人的行为，充分发挥人的积极性和创造性，以人的工作质量保证工程质量。

（3）坚持预防为主的原则

工程质量控制应该是积极主动的，应对影响工程质量的各种因素加以控制，而不能是消极被动的，等出现质量问题后再进行处理。要重点做好工程质量的事前控制和事中控制，以预防为主，加强过程和中间产品的质量检查和控制。

（4）坚持符合质量标准的原则

质量标准是评价产品质量的主要尺度，工程质量是否符合合同规定的质量标准要求，应通过质量检验并和质量标准对照，符合质量标准要求的工程才是合格工程，不符合质量标准要求的工程就是不合格工程，必须进行返工处理。

5.1.5 工程项目质量管理体系的建立与运行

质量管理体系是指导和控制工程项目质量的组织体系。质量管理体系内容主要包括组织结构、程序过程和资源。一个组织的质量管理体系主要是为了满足该组织内部管理的需要而设计的。

质量管理体系建立及运行的具体操作步骤为：

（1）确定业主（顾客）需求和期望。明确市政工程项目的业主（顾客）群，掌握业主（顾客）的需求、期望及其程度和水平；

（2）制定质量方针和目标。围绕业主（顾客）和其他相关方的需求和期望，制定市政工程项目的质量方针，并在此框架下，建立市政工程项目可量化的质量标准，为市政工程项目的未来制订远景规划；

（3）根据市政工程项目的质量目标，明确施工及管理过程中各环节的职责分工；

（4）针对市政工程项目设计、施工过程中实现质量目标的有效性，制定相应的控制方法。控制方法应根据施工对象和质量标准确定，包括控制依据、程序和手段等；

（5）通过实施已确定的市政工程项目控制方法，评估施工过程质量控制的有效性；

（6）确定防止不合格现象发生并消除产生原因的措施；

（7）寻找提高市政工程项目质量管理有效性和效率的机会；

（8）确定并优先采用那些能提供最佳质量控制效果的改进方法；

（9）为实施已确定的改进方法，对施工过程中的资源进行规划；

（10）实施质量管理改进计划；

（11）明确监控的对象、方法、程序和效果，对改进结果进行监控；

（12）明确合适的评价方法，对照预期效果，评价实际结果；

（13）对改进活动进行评审，以确定适宜的后续措施，并制定对后续措施的监控计划。

5.1.6 工程项目质量管理的过程

1. 按工程项目构成层次控制工程质量

工程项目按构成层次一般可分为单项工程、单位工程和分部分项工程。各组成部分之间的关系具有一定的施工先后顺序和逻辑关系。而工程项目的建设又是通过一道道工序来完成的，所以，市政工程项目的质量管理是从工序质量到分项工程质量、分部工程质量、单位工程质量和单项工程质量的一个系统的控制过程。

2. 按工程实体形成过程中物质形态转化的阶段控制工程质量

由于工程项目施工本质上是一项物质生产活动，因此，质量控制也是一个系统化过程，涵盖以下三个阶段：投入物质资源的质量控制；施工及安装生产过程的质量控制；工程产出品质量的控制与验收。

3. 按工程项目实体质量形成过程控制工程质量

根据工程项目实体质量形成的过程，质量管理可分为事前控制、事中控制、事后控制三个阶段。

5.2 项目决策阶段的质量管理

5.2.1 决策阶段质量管理的主要内容

投资决策阶段是工程项目管理的初始环节，主要任务是通过可行性研究分析与论证，决定项目是否投资建设，并确定项目的质量目标与水平。决策阶段质量控制的好坏直接关系到工程项目功能和使用价值是否能够满足要求与实际需求。因此，决策阶段是影响工程项目质量的关键阶段，也是质量控制的关键阶段。

项目决策主要依据技术方案的论证结果以及方案的可行性，通过技术专家的讨论与评审，决定项目实施与否。决策者都会根据工程本身的特点和资金情况，选择"最适用"而非"最优"的方案，以"合理性"原则代替"最优化"原则。因此，该阶段质量管理工作的主要目标是提高工程可行性研究报告的编制深度，为项目的科学决策提供充分、准确的依据。质量管理的主要内容涵盖工程可行性研究报告提交前的所有相关工作质量及阶段性成果质量等，具体包括：

1. 控制好项目建议书的编制质量

在编制项目建议书前，业主单位应全面收集拟建项目的相关信息，如项目的规模、建设意义、周边自然情况等。此外，还需整理与项目有关的气象、水文、地质、规划、交通、航道、土地使用、新技术应用、新材料使用等方面的资料等。业主单位应委托有资质的设计或咨询单位编制建议书，并在设计任务书中明确列示相关情况及具体要求。

2. 控制好规划、用地情况调查报告的编制质量

在规划选址及用地预审报批工作中，应充分与规划部门进行沟通，充分了解选址范围内及周边区域的规划情况。通过用地预审报批工作，一方面需开展土地勘界，详细了解用地范围内的用地类别与转用情况，另一方面，需掌握用地范围内的地表附着物情况、地形地貌等相关信息。

3. 控制好水土保持及环境影响评价报告的编制质量

业主单位要选择有资质的水土保持及环境影响评价单位，开展报告编制工作。业主单位必须提供尽可能详细的工程方案及周边环境资料，以确保水土保持及环境影响评价单位作出准确、客观的评估，从而为项目的实施提供科学合理的建议。

4. 控制好地质勘察与测量报告的编制质量

业主单位要选择具备资质的单位开展地质勘察与测量。质量管理的重点包括：确保勘孔深度及间距符合设计要求，地质勘察数据真实可靠；测量成果与实际地形一致，严禁引用年代久远的测量数据。同时，应对地质勘察外业开展验孔核查，测量图应与实地情况进行对比核实，并可采用近期卫星图对一些重要地貌进行校核。此外，对于村庄、古建筑及名木古树等重要附着物，要作为测量重点，以确保设计阶段在规划许可范围内进行合理避让。

5. 控制好工程可行性研究报告的编制质量

可行性研究报告的编制是决策阶段质量管理的重点。首先，应选择具备相应资质的设计单位开展报告的编制工作，并对主要设计人员的专业能力进行考察与优选；对工程可行性研究所需的设计资料进行全面、细致地调查，如果调查不深入、资料不完整或存在遗漏，将导致方案制定的片面性和不合理性，这种情况在工程设计中屡见不鲜。因此，设计

单位应深入现场进行实地踏勘，进一步了解周边道路情况，将可利用的现有道路纳入工程的利用范围，这对节约工程投资、优化设计方案都是非常有利的。

做好质量管理工作就是要提高可行性研究报告深度和投资决策的准确性与科学性，注重可行性研究报告中多方案的比较与论证。要注重考察可行性研究报告是否符合项目建议书或业主的要求，是否符合国民经济长远发展规划和国家经济建设的方针政策，是否具有可靠的自然、经济、社会环境等基础资料和数据，以及内容是否达到了要求的编制深度。

5.2.2　决策阶段质量管理的主要措施

1. 技术措施

决策阶段的技术措施主要指通过业主单位内审制度与政府外审制度对各项成果进行技术审查，这是决策阶段质量管理的最重要手段。内审会议主要由业主单位总工程师组织，项目负责人、技术负责人、工程造价人员、现场负责人及其他相关人员等共同参与，对工程可行性研究报告进行审查，必要时邀请技术专家对设计成果进行审查，以保证成果质量。对于一些特殊项目，对水土保持方案、环境影响评价等专题成果亦可进行内部评审。外审会议主要由各行政审批部门组织，邀请技术专家及相关单位人员进行联合评审，并逐一落实各项评审意见。

2. 组织措施

工程项目进入项目建议书编制阶段后，应成立专门的项目组，由一名项目总工程师担任项目前期负责人，指派技术总工程师、造价人员、现场人员等作为项目组成员；同时，要求各参建单位（如地质勘察、水土保持、环境影响评价、设计等单位）成立相应的项目组，确定项目负责人，并报业主单位审核确认。从组织措施方面保证有序地开展各项工作，提高工作质量。

3. 经济措施

经济措施主要是针对地质勘察、测量、设计等成果的质量情况设立奖罚措施，以提高各项工作及成果质量。如发现漏勘、漏测现象，除了进行罚款外，还要求赔偿相应损失（若有）。若发现设计文件有代签字现象等，并影响了设计成果质量，应对设计单位及相关设计人员给予一定的经济处罚。

4. 合同措施

合同措施主要是通过合同条款对项目决策阶段的水土保持方案编制单位、环境影响评价单位、地质勘察单位、设计单位等进行约束，确保各参与单位按合同约定投入技术力量，提交高质量的成果。同时，通过合同措施筛选信誉良好、履约能力强的单位参与项目，杜绝信誉差、履约能力不足的单位进入本项目。

5.3　项目准备阶段的质量管理

5.3.1　准备阶段质量管理的主要内容

准备阶段的工程设计质量是决定工程质量好坏的关键。设计在技术上是否可行、经济上是否合理、结构上是否安全可靠等，是影响工程质量的决定性因素，没有高质量的设计，就没有高质量的工程。设计上的缺陷会使工程项目质量先天不足，留下无法弥补的质量隐患。

据不完全统计，40％我国发生的工程质量事故，是由于设计原因引起的（施工方面原因占29％，其他原因占31％），设计不合理引起的结构垮塌等质量事故占总事故比例非常大，而且设计造成的质量问题往往是恶性的，所以说设计的质量对保证工程质量、保障国家财产和人民生命安全、提高工程效益起着决定性的作用，低劣的设计必定给工程质量埋下隐患，且导致严重浪费，因此，准备阶段质量管理的重点应放在加强工程设计上，努力把好设计质量关，努力预先判断和规避工程实施中可能产生的各种风险。

准备阶段质量管理的工作目标是形成完整、详细的施工图，并做好工程实施前的各项准备工作。质量管理的主要内容包括地质勘察与测量报告的质量控制、初步设计成果质量控制、施工图设计成果质量控制、工程招标投标工作质量控制和材料设备采购质量控制等，具体如下：

1. 控制好地质勘察与测量报告的质量

在工程地质勘察进入详细勘察阶段，质量管理的重点包括：确保勘孔深度及间距符合设计要求，地质勘察数据真实可靠；测量成果与实际地形一致，严禁引用年代久远的测量数据。同时，应对地质勘察外业严格开展验孔核查，甚至采用现场监督方式；测量图除达到施工图设计要求外，对于古树、古庙及现有雨污水管沟标高、走向等重要地形、地貌信息，必须要在测量图上有所表示，实地对重要地形、地貌信息进行核实。

2. 控制好初步设计成果的质量

初步设计成果质量控制主要是审查设计单位提交的初步设计成果是否满足规范要求的设计深度。设计必须以业主方的建设思想、项目建设要求为宗旨，在满足技术规范、规程要求的前提下制定技术方案，并对工程在实施过程中可能产生的各种影响因素以及技术、经济、环境、效益等认真细致地进行分析评价，提出项目论证意见。

在初步设计阶段，设计单位必须在技术方案方面多下功夫，将最经济、最合理、最适用的方案推荐给建设单位。专家在初步设计评审时一般最注重的并不是工程造价，而是方案设计的合理性和适用性。

3. 控制好施工图设计成果的质量

施工图设计成果质量控制主要是审查施工图设计深度是否满足规范要求，所选用的材料是否经济、合理，设计深度是否能直接指导施工等。

4. 控制好重要材料与设备采购的质量

材料与设备采购质量控制主要是对施工图中提出的重要材料及设备的等级进行严格审查，确保选用的材料与设备符合本项目的特点与功能要求，保证工程后期质量。

5. 控制好招标投标工作质量

招标投标工作质量控制主要是择优选择能保证工程质量的设计单位、施工单位、监理单位、材料设备供应单位等主要工程参建单位。该项工作质量管理的重点是招标文件的编制，招标文件的编制以项目组为主，首先要充分了解本项目的特点及关键点，由项目负责人组织技术负责人、造价人员等相关人员召开招标文件审查会，充分讨论招标文件款中的各项内容，重点对资质设定、专用条款中涉及质量目标、约定工期、付款方式、奖罚措施及其他重要约定等进行审查，并确保这些条款充分结合了本项目的特点。

5.3.2 准备阶段质量管理的主要措施

1. 技术措施

技术措施主要是通过业主单位内审制与政府外审制度对各项成果进行技术审查，它是准备阶段质量管理最重要的手段。内审会议主要由业主单位总工程师组织，项目负责人、技术负责人、工程造价人员、现场负责人及其他相关人员等共同参与，对初步设计及概算进行审查，必要时邀请技术专家对设计成果进行审查，以保证设计成果的质量与工程造价的准确性。外审会议主要由建设、水利或交通等行政审批部门组织，邀请业内技术专家及相关单位人员进行联合评审，业主应要求各相关单位对各项评审意见逐一予以落实。

2. 组织措施

业主方项目组仍沿用项目决策阶段的项目组，但业主负责人应由技术负责人转换为工程管理负责人，为项目的组织实施做好准备。各参建单位（如地质勘察单位、设计单位等）均应成立项目组，确定项目负责人，并报业主单位审核确认。从组织措施方面，保证有序地开展项目各项工作，提高工作质量。

3. 经济措施

经济措施主要是针对地质勘察、测量、设计等成果质量情况设立奖罚措施，以提高各项工作及成果的质量。若发现漏勘、漏测现象，除了进行罚款外，还要求赔偿相应损失（若有）。若发现设计文件有代签字现象等，并影响了设计成果质量，应对设计单位给予罚款，并要求设计单位对被代签的设计人员（即确定的原有设计人员）进行经济处罚。

4. 合同措施

合同措施主要是严格按招标投标相关规定，通过公开招标竞争的方式，优选地质勘察及设计单位等，并通过合同谈判等方式对相关事项进行详细约定，尤其是要在合同中明确约定应投入的技术力量，确保项目设计人员素质与水平达标。

5.4　项目实施阶段的质量管理

5.4.1　实施阶段质量管理的特点

在工程实施过程中，应以结构工程和关键工序为重点，抓好影响质量的每一个环节，始终要求施工单位、监理单位严格"方案报审，工序报验，复杂、关键、危险方案专家论证"制度，每道工序都实行"施工单位质量自检，监理单位进行复检，第三方或业主抽检"等制度，永远绷紧工程质量安全这根弦。

市政工程项目本身具有位置固定、生产流动，施工方法不一、结构类型不一，露天作业、受气候条件影响大，生产整体性强、建设周期长，涉及单位多、质量要求不一、协作难度大等特点，在实施阶段要意识到市政工程项目的质量比一般工业产品质量更难以控制。

1. 影响质量因素多且容易发生质量变异

在项目实施过程中，施工工艺、材料质量、技术措施、设计质量等都会对工程项目的质量产生直接影响。而且，项目施工不像工业产品一样有完善的检测技术和规范化的生产工艺，在施工过程中影响工程质量的各种因素变化都会使质量产生波动甚至产生质量变异，因此必须在施工过程中严格质量控制。

2. 质量具有不可逆转性与隐蔽性

市政工程项目的质量由设计质量、施工质量以及建筑材料质量等构成，市政工程项目一旦建成，其质量不可改变。因此在施工之前和施工中要严把质量关。工程项目建成后即使发现质量有问题也不可能像工业产品那样实行"包换"或"退款"。同时，在施工过程中，一些施工工序的分项、分部工程可能会被其他工序的施工所覆盖，导致无法通过拆卸或解体的方式来检查内在的质量，因此，隐蔽工程质量控制必须在隐蔽之前进行。

3. 质量受项目投资、进度的制约因素多

在市政工程项目实施中，必须正确处理质量、投资、进度三者之间的关系。一般是在保证质量和工期的前提下，通过加强管理达到降低成本从而节约投资的目的。

5.4.2 实施阶段质量检查的方法

市政工程项目质量检查的方法主要有目测法、实测法和试验法三种。

1. 目测法

目测法的手段可归纳为"看、摸、敲、照"四个字。"看"就是指外观目测，要对照有关质量验收标准进行观察；"摸"就是指手感检查，通过手摸加以鉴定；"敲"就是敲击检查，通过声音进行判断；"照"就是采用镜子反射或灯光照射的方法进行检查。

2. 实测法

通过实测数据与施工规范及质量标准所规定的允许偏差对照来判断质量是否合格。实测法的手段可归纳为"靠、吊、量、套"。"靠"是指用直尺、塞尺检查地面、桥面、墙面等的平整度；"吊"是指用托线板以线坠吊线检查垂直度；"量"是指用测量工具和计量仪表等检查断面尺寸、轴线、标高、湿度、温度等的偏差；"套"是指以方尺套方，辅以塞尺检查等。

3. 试验法

试验法指通过试验手段对质量进行判断的检查方法。例如，对桩基或地基进行静载试验，确定其承载力；对钢结构进行稳定性试验，确定是否产生失稳现象；对钢筋对焊接头进行拉力试验，检验焊接的质量等。

5.4.3 实施阶段质量管理的内容与措施

在项目实施阶段，影响市政工程项目质量的因素主要包括人、材料、机械、方法和环境五大方面，对这五大因素进行控制是保证工程项目质量的关键。

1. 控制好人员的素质

人是生产过程的活动主体，人的总体素质和个体能力决定着一切质量活动的成果。因此，既要把人作为质量控制对象，又要把人作为其他质量活动的控制动力。主要管理措施如下：

（1）选配专业技术水平高、管理能力强的项目经理（或总监）及管理班子。主要通过招标投标对人员的专业资质和从业经历等要素进行约定来保证投标主要人员的业务水平，另外可通过听取相关人员的意见、亲自考察等方式，在项目实施过程中要求中标企业更换人员。

（2）严格检查从业的技术工人（或专业监理）是否持证上岗，并核查相关人员的技术等级及证件是否真实有效。

（3）制定完善的奖罚制度。奖罚制度要保证"能力强的奖励、能力低或懒惰的惩罚"。

2. 控制好建筑材料的质量

建筑材料包括施工中所需要的各种原材料、成品、半成品、构配件等。材料质量是工程质量形成的物质基础，所以，加强材料的质量控制是提高工程质量的重要保证。主要管理措施如下：

（1）把好材料采购关。对于工程所需的大宗材料，在施工准备阶段，应组织人员对主要材料的质量、价格以及生产厂家的资质和信誉等进行全面考察。

（2）必须结合本项目的特点，综合考虑材料的性能、质量标准、适用范围及对施工工艺的要求等因素，认真地选择与使用材料。

（3）做好材料的试验与检验。选择技术力量强的试验检测单位开展材料的试验与检测工作。

（4）加强进场材料的管理。例如，钢筋、水泥等主要材料进场后要合理堆放，做好防雨、防潮、防腐蚀、防污染等工作。

3. 控制好机械设备的质量

机械设备的产品性能、质量优劣都会影响设备的选型、组合方式及使用功能的质量。因此，应结合工程项目的特点对机械设备进行合理优化与选择。主要管理措施如下：

（1）严格审查主要施工设备的投入数量、规格、型号、机械性能等是否满足施工需要。

（2）严格审查进场设备的合格证明材料及生产厂家信息等，确保投入的设备为合格产品。

4. 控制好施工方案的质量

施工方法包括工艺方法、操作方法和施工方案等。在工程施工过程中，施工方案是否合理，施工工艺是否先进，施工操作是否正确，都将对工程质量产生重大影响。大力推进新技术、新工艺、新方法的使用，不断提高工艺技术水平，是保证工程质量稳定提高的重要因素。主要管理措施如下：

（1）严格审查施工组织设计的深度是否满足施工要求，是否通过审查等。

（2）对主要分项、关键部位及难度较大的项目，如新结构、采用新工艺、大跨度、高大结构等，应开展专项施工组织设计与论证。

（3）积极推广新材料、新工艺的应用，对于已经过科学鉴定的研究成果或有成功应用案例的新材料、新工艺，应在项目中大胆应用，以提高工程质量。

5. 控制好工程环境的质量

工程环境主要包括工程技术环境、工程管理环境和劳动作业环境等。

（1）工程技术环境的控制。工程技术环境包括工程地质、水文地质、气象等。在工程施工前需要对工程技术环境进行调查研究。在工程地质方面，要摸清建设地区的地质构造和土壤情况；在水文地质方面，要摸清建设地区全年不同季节的地下水位变化、流向及水的化学成分，以及附近河流和洪水情况等；在气象方面，要了解建设地区的气温、风速、风向、降雨量、冬雨季月份等。

（2）工程管理环境的控制。工程管理环境包括质量管理体系、环境管理体系、安全管理体系、财务管理体系等。建立各个管理体系并保证它们正常运行，从而保证项目各项活动正常、有序地进行，这也是提高工程质量的必要条件。

（3）劳动作业环境的控制。劳动作业环境包括劳动组织、劳动工具、劳动保护与安全施工等。劳动组织的基础是分工和协作，分工得当既有利于提高工人的熟练程度，又便于劳动力的组织与运用。协作最基本的问题是配套，即各工种和不同等级工人之间互相匹配，从而避免出现停工、窝工，以获得最高的劳动生产率。劳动工具的数量、质量、种类选择应便于操作和使用。劳动保护与安全施工，是指在施工过程中，为了改善劳动条件，保证员工的生产安全，保护劳动者的健康而采取的一些管理活动，这些活动有利于激发员工的积极性。

【案例 5-1】

某单位市政工程项目质量管理的主要经验与做法如下：

市政工程建设是一场庞大的、复杂的、多专业、多工种、多单位、多地域协同作战的"战场"，为了进一步增强各个参战单位的质量意识，加强质量管理，全面提高工程质量和产品质量，确保工程土建和设备全部达到国家验收标准，力争把市政工程项目建成精品工程，某单位采取了很多措施。该单位多年的主要做法与经验为：

1. 增强质量意识，规范质量行为

在工程质量系统的人、机械、材料、方法、环境五大要素中，人是第一要素。只有真正增强每一个参建人员的质量意识，严格执行质量标准，规范人的行为，才能提高工程质量。每个参建企业只有保证工程的质量，才能维护企业的信誉，赢得企业的荣誉，创造企业的效益。工程质量对于参建企业来说，就是生命，就是效益。

2. 贯彻质量条例，明确质量责任

(1) 明确责任、分清职责。根据国务院《建设工程质量管理条例》的规定，施工单位对建设工程的施工质量负责，履行质量保修义务，是直接责任人；监理单位代表建设单位对施工质量实施监理，对工程实施全面的监督管理，对工程行使质量控制的"四控两管一协调"职责，是第二责任人。业主对建设工程质量实行终身责任制。产品制造商是产品质量的直接责任人，对产品质量负责；设备监理对产品的生产承担监督、管理的责任，是第二责任人。设计单位对设计负责，是设计的直接负责人；设计审图机构、设计总承包单位对设计实行审查、管理、监督，是设计的第二责任人；勘察单位要对自己的勘察质量负责，供应商要对产品供应质量负责，也是质量的直接责任人；监理对其实行管理、监督、验收、检验，是第二责任人。市政工程发生任何重大工程质量事故，都要追究事故责任单位、直接主管人员甚至单位负责人的法律责任。

(2) 坚持质量终身责任制。《建设工程质量管理条例》规定，建设、勘察、设计、施工、监理、材料供应等单位要按各自的质量职责对承担的工程质量负终身责任，同时也规定有关人员要对其工作质量负终身责任；建设、勘察、设计、施工、工程监理等单位的工作人员因调动工作、退休等原因离开该单位后，被发现在该单位工作期间违反国家有关建设工程质量管理规定，造成重大工程质量事故的，仍应当依法追究法律责任。

(3) 坚持总承包单位负总责。不准转包、挂靠、违法分包；对特殊工程允许分包的也要加强管理。只要发生质量事故，均需总承包单位负总责。

3. 执行 ISO 9000 标准，健全质量保证体系

要想从根本上加强质量管理，提高质量水平，就必须严格遵照 ISO 9000 标准，建立健全业主的质量监督体系、承包商的工程质量管理体系、制造商的产品质量管理体系、供应商的产品采购供应质量体系、监理单位的质量控制体系、设计单位的设计质量保障体系，使质量管理工作系统化、标准化、程序化和科学化，形成"处处有人抓、事事有人管"的局面和科学有效的制约机制，做到"四个凡事"（凡事有章可循、凡事有人负责、凡事有人检验、凡事有据可查）。

督促各个参建单位建立健全质量保证体系，这是搞好工程质量和企业管理的根本保证。同时要紧密结合工程实际不断深化、细化，形成具体、详细的质量控制文件，并真正地进行贯彻、落实。承包商要积极开展质量管理活动，紧密结合如隧道工程中沉降、渗

漏、裂缝等质量难点问题，开展技术攻关活动，解决技术难题。建设单位将此作为考核承包商和开展评比活动的指标，对质量管理活动及其成果进行推广和表彰奖励。

4. 强化质量管理，增强质量保障

（1）落实业主对设计、施工、监理、供应等单位的管理权限，加强对各方的综合协调与监管。对于不履行合同、不能达到合同规定要求的项目经理和监理、设计、设计审图不称职的人员，业主应立即根据合同要求进行调整、撤换；对存在质量隐患、质量问题，不认真进行整改或整改后仍达不到质量标准的工程，按照责任归属，业主根据合同规定暂停支付施工、设计或监理、设计审图的服务费，并扣除质量不合格部分的服务费，有权追索符合国家规定的补偿。业主要充分发挥监理的作用，对于监理严格管理、执法必严、违法必究的行为，业主坚决支持，做监理的坚强后盾。同时，要加强对监理行为的监督，对监理不作为，甚至失职的，或者乱作为，以签字权谋取私利的，业主要严肃处理。

（2）落实合同中监理对承包商的管理权限。监理要加强对承包商的行为管理，加大处罚力度，做到"六个不能容忍"：一是对于使用假冒材料或不合格材料的，不能宽容，要立即退换；二是对于违章作业、野蛮施工的，不能宽容，要坚决制止；三是对于不按施工图纸、施工规范施工，达不到质量标准的，不能宽容，要坚决整改；四是对于发现质量隐患隐瞒不报的，不能宽容，要给予警告；五是对于出现质量问题，不认真整改的，不能宽容，不签字、不验收、不支付，对于质量问题严重的，应签发停工令；六是对于重要岗位不持证上岗的，不能宽容。对于个别不称职、不尽职的人员，督促承包商进行撤换。同时，要加强技术指导。作为监理，与设计单位一样，都有责任帮助承包商加强技术管理，指导承包商正确地进行施工。

监理人员要提高自身素质。要管好别人，先要管好自己；要提高别人，先要提高自己。各监理人员首先要提高自身认识，提高自身素质，加强自身建设。一要保证在工作中按照监理细则实施和落实；二要建立监理质量保证体系，建立每个专业、每个项目的质量控制体系，切实做到全方位、全过程的质量控制；三要保持监理人员稳定和素质达标，进一步提高职业道德，坚持职业准则，不枉法律、不徇私情、一丝不苟、精益求精，保持中间立场，敢抓敢管、会抓会管，以抓好质量控制，带动各项监理工作。

（3）加强对工程全过程的质量管理和控制。坚决执行工程质量监理细则，以及工程质量分级控制、重点工序报验检查、工地巡视、重点工序旁站等监理制度，特别是预应力工程、暗挖、注浆旋喷、防水等的施工必须坚持旁站监理，做好隐蔽工程的质量验收工作。做到质量控制"六个严"，即严格规范、严明责任、严肃纪律、严加监管、严控过程、严治隐患。

（4）坚决把住建筑材料的使用关。建筑材料质量管理是质量管理的源头，建筑材料的优劣直接影响工程质量的好坏。为此，业主应制定一套建筑材料管理的测评体系和抽检办法。承包商、供应商和监理单位也应该制定完善的材料质量管理规章制度和管理机制。指派专人具体负责材料质量管理工作，严格规范材料的采购行为和货源渠道，材料进入现场必须具有材料出厂检验证书、合格证书等完好的文件材料，建立材料台账。所有进场的材料要加强管理，认真做好防雨、防潮、防腐蚀、防污染工作。监理工程师对材料进场要严格把关，坚持见证送检，监督抽检，坚决把假冒伪劣、不合格产品隔绝在工地之外，对于质量情况不稳定的建筑材料要记录在案，并追究相关人员的责任。

（5）强化工程测量、监控测量管理。坚持对测量工作进行旁站式监理和三级复核，做好施工检测和环境监测，及时分析和反馈信息，指导设计和施工。

（6）狠抓设计质量和设备质量。设计是龙头，从某种意义上说，设计质量和设备质量比施工质量更重要。要进一步提高设计及产品的质量，提升现场服务水平，加强生产的监管，提升技术问题的解决效率。做好设计接口管理、设计变更、设计服务工作。对于可能大量出现的设计接口问题，要提前采取控制措施，防止出现"差、错、漏、碰"等问题。市政工程设计变更问题一般比较突出，设计单位要严格控制设计变更，正确处理好设计变更，把好设计变更这一关。

5. 抓住质量关键，解决质量难题

例如市政工程中的隧道工程，在施工过程中，主要有六大技术难题和质量问题严重影响和威胁工程质量：一是有害裂缝问题；二是暗挖工艺问题；三是地面沉降问题；四是防水工程问题；五是桩基托换问题；六是重叠隧道问题。针对主要技术难题，各个参建单位要群策群力，开展技术攻关，努力解决问题。监理单位要组成工程技术攻关领导小组，会同设计单位、施工单位、业主和社会专家等，开展技术攻关活动，找出解决的办法和措施，消除工程障碍，保证工程顺利进行和工程质量水平满足相关要求。

6. 禁止转包挂靠，加强分包管理

各级政府建设行政主管部门三令五申禁止工程转包、挂靠，工程施工合同也明确规定不准转包、挂靠，但部分承包商仍把工程违规转包、违法分包给无资质或低资质的队伍，甚至是社会上的闲散人员。工程层层转包，以包代管，只包不管，将带来诸多的质量安全问题和劳资纠纷。

有转包、挂靠行为的，必须立刻纠正；对允许分包的项目，如爆破、防水等专业工程，要加强监管；对只包不管、以包代管的，要整改；严禁私招滥雇，不准使用社会闲散人员，工人在上岗前必须经过教育培训，取得上岗证。承包商要认真履行合同约定条款，否则要承担一切后果。

7. 提高操作层面技能，夯实质量安全基础

操作层面的质量意识和技术水平直接影响工程质量水平的高低。因此，应要求承包商重视对一线工人的教育与管理，多开展技能培训。同时，项目领导人员要爱护一线工人，善待工人，保护工人的合法权益，关心他们的生产和生活，不能拖欠工人工资，克扣工人奖金。对于工伤，要提供及时、合理且必要的治疗。只有把一线工人带好，才能把队伍带好，把质量安全管好，把工程建设管好。

8. 强化质量标准控制，严格质量责任追究

质量管理的宗旨是工程及产品质量全面达标，必须按照标准去监督、检查和验收。各项工程不经验收不得进入下道工序，不得投入使用。

（1）严格质量不合格和质量事故的责任追究。业主严格按照合同的要求对承包商下达修补指令，对不合格工程进行修补，直到验收合格为止，而且保留业主就因修补产生的直接或间接的经济损失向承包商进行索赔的权利，甚至追究相关责任人的法律责任。

（2）加大质量隐患、质量问题的处罚力度。开展工程质量日常监督检查、隐患专项排查整治和季度大检查，将检查结果进行通报。对于质量隐患和质量问题，应按合同约定进行处罚。对于问题严重、态度恶劣、整改不力的承包商，业主应提请市建设行政主管部门依照法律、法规对资质、投标资格等进行相应限制，暂停甚至取消在市内的投标资格，直

至清除出建筑市场。

（3）实行质量一票否决制。各种劳动竞赛和年终评比均以相关质量活动的绩效为前提，应将工程质量作为衡量一个队伍好坏的重要的、最终的标准。

（4）开展优质、样板工程评比。建设单位在开展优质样板工程的评选活动时，既要分单位工程质量的评选，也要有分部工程、分项工程的评选，并进行相应的表彰和奖励，以鼓励先进，推动相关质量管理活动的开展。

（5）实行质量责任主体公示制度。一个标段设置一块牌，在公示牌标明该标段的设计、施工、监理、材料供应单位的名称，设计水平的高低、施工质量的好坏让百姓评说，以此警示各个参建单位努力提高工程质量。

9. 全面分解落实工作任务，广泛宣传营造工作氛围

质量管理活动是一个全方位、全过程、全员、全天候的活动，涵盖市政工程的方方面面、时时刻刻。业主、勘察、设计、施工、监理、检测、制造、供应等各方必须团结协作，才能把质量管理活动搞得既轰轰烈烈又扎扎实实。业主应制定、下发关于开展工程质量管理活动的指导思想、工作要点、保证措施及部署安排。各方以此为纲，紧密结合实际，制定本单位、本系统的活动方案，提出质量管理活动的计划和目标。各责任方要切实负起责任，把各自系统的质量管理活动组织好、开展好。

同时，要争取新闻单位给予支持，帮助做好舆论宣传，形成以"讲质量为荣，不讲质量为耻；优良工程为荣，不合格工程为耻"的舆论态势和舆论导向，树立典型，宣传经验，正确引导，为提高市政工程的质量意识和质量水平鸣锣开道。

5.5　项目收尾阶段的质量管理

5.5.1　收尾阶段质量管理的主要内容与措施

收尾阶段的竣工验收是质量管理的最后阶段，该阶段质量管理的重点是把好质量验收关。

1. 把好分项工程质量验收关

分项工程应由监理工程师组织施工单位项目专业质量负责人等进行验收。分项工程是建筑与土木工程的基础，因此，所有分项工程均应由监理工程师或建设单位项目技术负责人组织验收。在验收前，施工单位先填好"分项工程的质量验收记录"，然后项目专业质量检验员和专业技术负责人分别在分项工程质量检验记录中签字，最后由监理工程师严格按规定程序组织验收。

2. 把好分部工程质量验收关

分部工程应由总监理工程师组织施工单位项目负责人和技术、质量负责人等进行验收。地基与基础、主体结构分部工程的勘察、设计单位工程项目负责人和施工单位技术、质量部门负责人也应参加相关分部工程的验收。

3. 把好单位工程质量验收关

在单位工程完工后，施工单位应自行组织有关人员进行检查评定，并向建设单位提交工程验收报告。建设单位收到工程验收报告后，由建设单位（项目）负责人组织施工（含分包单位）、设计、监理等单位（项目）负责人进行单位（子单位）工程验收。单位工程由分包单位施工时，分包单位对所承包的工程项目应按本标准规定的程序进行检查评定，

工程总承包单位应派人参加。在分包工程完成后，应将工程有关资料交工程总承包单位。当参加验收的各方对工程质量的验收意见不一致时，可请当地建设行政主管部门或工程质量监督机构协调处理。

单位工程质量验收合格后，建设单位应在规定时间内将工程竣工验收报告和有关文件，报建设行政管理部门备案。

4. 把好设备联调与试运行关

对于垃圾焚烧发电厂、渗滤液处理工程等含设备较多的市政工程项目，在整个项目竣工验收前，应组织设备联调与试运行，由总监理工程师组织召开，各个参建单位及厂商均参加，主要检查项目是否能整体运行，以及各项设备之间是否相匹配。

5. 把好隐蔽工程质量验收关

隐蔽工程是指在施工过程中，上一道工序的工作被下一道工序所掩盖无法进行复查的部位。例如钢筋混凝土中的钢筋，基础工程中的地基和基础尺寸、标高等。隐蔽工程在下一道工序施工以前，施工项目质量管理人员应及时请现场监理人员按照设计要求和施工规范，采用必要的检查工具对其进行检查和验收，如果符合设计要求和施工规范规定，应及时签署隐蔽工程记录，以便继续进行下一道工序的施工；如不符合有关规定，监理人员应以书面形式通知施工单位按期整改，整改后监理人员应进行隐蔽工程的验收与签证。

隐蔽工程验收通常结合质量控制中的技术复核、质量检查工作来进行，当重要部位改变时可拍摄照片以备查考。

6. 把好竣工质量验收关

市政工程竣工质量验收采用备案制，分为竣工预验收与竣工质量正式验收两个阶段。市政工程竣工质量验收必须是施工单位先进行自评，设计认可，监理核定，再由业主验收，政府监督单位派人员参加，验收前成立验收组，验收组组长由业主单位法人或委托人担任，设计、施工、监理等单位的项目负责人为组员。验收小组一般分为工程外观、实测及内业资料三个小组，验收根据实际抽查结果，结合设计、施工、监理等单位的汇报情况，出具验收意见，并由各组员签字。

市政工程除了需进行主体工程质量竣工验收外，同时在收尾阶段还需进行专项验收，例如建设工程档案认可、规划条件核实、消防设施验收、环境保护验收、水土保持验收、人防工程验收、防雷验收、交通设施验收、绿化景观验收等。

【案例 5-2】

某单位市政工程项目竣工质量验收的主要做法与经验如下：

1. 思想高度重视，原则一点不让

验收是贯穿于工程实施全过程、全方位的重要内容。就市政工程来讲，验收主要有四个层次的工作，即产品形成过程中的过程验收、合同工程结束后的竣工验收、工程开通前的联调与开通验收和开通试运行一段时间后的国家验收，后一层次的验收以前一层次验收为前提，层层深入，与时俱进，只有通过对工程中间产品和最终产品的质量验收，从过程控制和最终把关两个方面进行工程项目的质量管理，才能确保工程达到所要求的设计功能和使用价值，实现建设投资的经济效益和社会效益。验收是控制、检验和保证工程质量的重要手段，是清理合同和明确投资、进度、移交事项的重要步骤，是实现预定功能必不可少的重要环节，是一项复杂的系统工程。坚持验收标准是贯穿于验收工作始终的主题。验收标准是刚性原则，任何人不可随意降低或更改，不达到标准就不能通过验收。验收通过而工程质量不达标，就是对人民的犯罪，就要追究当事人的责任。要本着对工程负责、对自己负责、对人民负责、对历史负责的精神，认认真真、扎扎实实、精益求精、一丝不苟地完成验收工作，确保交给人民一个放心工程。

2. 建立完善验收标准，保证验收有据可依

没有验收标准，就是没有验收依据；没有验收依据，就无法判定一个项目是合格还是不合格。对于验收标准不一致或不统一的工程项目，监理单位应依据国家有关规范、标准或地方标准等，尽早制定并完善验收标准。

3. 坚持验收标准，强化过程验收

工程质量是在一道道工序、一个个零件安装施工过程中形成的。只有把好每一道工序的质量关，把好每一个零部件的制作和安装质量关，才有可能实现工程的预定功能。忽略了某一环节的过程验收、没有坚持验收标准或用错了标准，都会影响整个工程的质量，有可能造成更大的返工、误工和更大的损失、影响。因此，过程验收相当重要，坚持验收标准，强化过程验收，是保障工程质量的基石。

4. 及时推进合同清理工作，做好合同工程验收

合同工程竣工验收是在过程验收和竣工初步验收的基础上进行的业主验收，是对工程的质量、进度、投资、合同关系等具有总结性质的验收。因此，业主的合同管理人员和监理单位的人员从准备初步验收开始，就要着手进行合同清理工作。只有对合同清清楚楚，条款明明白白，验收彻彻底底，才能保证合同工程干干净净地完成竣工验收。合同工程竣工验收除了工程质量必须满足合同约定的标准外，还必须说明遗留问题的处理办法、甩项或缓建项目的处理原则，以及场地和临时设施、水电、办公用品移交等问题。合同工程验收不仅是对工程质量的验收，还是对诸多复杂的合同关系和合同执行情况的验收，涉及各方的利益关系和接口矛盾，细致而复杂，一定要依据合同确定的基础原则认真、稳妥地做好合同工程验收工作，为后续工程和工作打好基础。

5. 分散组合联调，保障开通验收

例如，市政工程中的垃圾焚烧发电工程、快速路等大型市政工程专业多、标准多、单位多、标段多，不仅要保证每一个标段都能通过竣工验收，而且要保证整合起来的整个系统达到预定的功能，通过联调和开通前的验收。这是很大的挑战，也是工程建设和验收工作的难点、重点所在。因此，各监理单位、承包商要从工程的大局出发，高度重视，恪尽职守，团结协作，不但要确保所负责的项目通过过程验收和合同工程竣工验收，还必须通过开通前的联调和开通验收，完成从分散到组合，从单机到系统的全线融会贯通，这是工程验收的关键所在。

6. 注重总结提高，形成企业标准

工程验收过程也是检验、总结、反思、提高的过程，是对技术标准、工程管理模式、设计与施工原则再认识的过程。技术水平和管理水平要在实践、认识、再实践、再认识的循环往复中得到进步和提高。建设人员要在完善标准、严格验收、清理合同、联调开通、反思检验的过程中，提高素质、增长才干、积累经验、增强实力，并能够在验收和实践中建立、完善、总结、提高，编制出一套符合国家标准规范、切合市政工程实际的企业验收标准，争取工程质量和工程管理双赢。

5.5.2 收尾阶段的质量保修

工程建设实行质量保修制度。在建设工程交付使用前，施工单位应按规定与建设单位签署保修合同或保修书。建设工程的保修期限由业主和施工单位在保修合同或保修书中约定。通过竣工验收的市政工程项目，若在保修期内发生质量问题，施工单位按合同约定负责保修。

在质量保修期内，施工单位应做到：

（1）完成在移交证书中列明的当时尚未完成的工程；

（2）完成在移交证书中列明的已完工工程中存在的某些缺陷的修补；

（3）对因施工单位原因导致的工程缺陷进行修补或重建；

（4）在质量保修期满后，监理工程师对施工单位在质量保修期完成的工程检查合格后，才能签发质量保修期终止证书。

若市政工程项目在保修期内发生质量问题，由业主相关管理部门书面通知施工单位，施工单位应按保修书约定的时间到达现场处理；情况紧急的，施工单位应立即到达现场，与接管单位确定维修内容。施工单位无故拖延的，接管单位有权自行组织维修，花费的费用由该施工单位承担。

【本章小结】

加强市政工程项目质量管理是保障人民群众生命财产安全及公共利益和政府在人民群众心目中形象的重要手段。工程项目质量是指工程建设过程所形成的工程符合有关设计、规范、标准、法规的程度和满足业主要求的程度，具有复杂性、严重性、可变性、多发性等特点。工程项目质量管理是指为确保建设工程项目的质量特性满足要求而进行的计划、组织、协调和控制等活动；工程项目质量管理应坚持质量第一、以人为本、预防为主、符合质量标准的原则。投资决策阶段质量管理的主要内容包括控制好项目建议书的编制质量，控制好规划、用地情况调查报告的编制质量，控制好水土保持及环境影响评价报告的编制质量，控制好地质勘察与测量报告的编制质量，以及控制好工程可行性研究报告的编制质量；管理措施包括技术措施、经济措施、组织措施、合同措施。准备阶段的质量管理的主要内容包括控制好地质勘察与测量报告的质量、控制好初步设计成果的质量、控制好施工图设计成果的质量、控制好重要材料与设备采购的质量、控制好招标投标工作质量；管理措施包括技术措施、经济措施、组织措施、合同措施。实施阶段的质量管理的主要内容包括控制好人员的素质、控制好建筑材料的质量、控制好机械设备的质量、控制好施工方案的质量和控制好工程环境的质量。收尾阶段的质量管理的主要内容是把好分项工程质量验收关、分部工程质量验收关、单位工程质量验收关、设备联调与试运行关、隐蔽工程质量验收关和竣工质量验收关。

【思考与练习题】

1. 工程项目质量与工程项目质量管理的含义是什么？

2. 市政工程项目出现质量问题的原因主要有哪些？

3. 市政工程项目决策阶段质量管理的主要内容与措施有哪些？

4. 市政工程项目准备阶段质量管理的主要内容与措施有哪些？

5. 市政工程项目实施阶段质量管理的主要内容与措施有哪些？

6. 市政工程项目收尾阶段质量管理的主要内容与措施有哪些？

第6章 市政工程项目造价管理

【本章要点及学习目标】

1. 了解市政工程造价管理的含义与造价管理的内容。
2. 熟悉市政工程项目决策阶段、准备阶段、实施阶段、收尾阶段造价管理的内容。
3. 掌握市政工程项目决策阶段、准备阶段、实施阶段、收尾阶段造价管理的主要措施。

6.1 概　　述

6.1.1 工程造价的含义

工程造价通常是指建设工程的建造价格。在市场经济条件下，不同角度的工程造价的含义不同。

第一种含义：从投资者（业主）的角度而言，工程造价是指建设一项工程预期开支或实际开支的全部固定资产投资费用，包括设备及工器具购置费、建筑安装工程费用、工程建设其他费用、预备费、建设期贷款利息和固定资产投资方向调节税。投资者在投资活动中所支付的全部费用最终形成了工程建成以后交付使用的固定资产、无形资产、流动资产和其他资产价值，所有这些开支就构成了工程造价。从这个意义上讲，工程造价就是建设工程项目的固定资产投资费用。因此，人们有时把固定资产投资费用也称为工程造价。

第二种含义：从市场交易的角度来定义，工程造价是指工程价格，即为建成一项工程，预计或实际在土地市场、设备市场、技术劳务市场以及工程承发包市场等交易活动中所形成的建筑安装工程的价格和建设工程项目的总价格。显然，工程造价的第二种含义是将工程项目作为特殊形式的商品，通过招标投标、承包发包和其他交易方式，在多次预估的基础上，最终由市场形成价格。通常把工程造价的第二种含义认定为工程承发包价格。

工程造价的两种含义是从不同角度揭示同一事物的本质。对建设工程的投资者来说，工程造价就是项目投资，是"购买"项目要付出的价格，同时也是投资者在市场"出售"项目时定价的基础；对于规划、设计、承包商以及包括造价咨询在内的中介服务机构来说，工程造价是他们出售商品和劳务的价格总和，或者是特指范围的工程造价，如建筑安装工程造价。

区别工程造价的两种含义，其理论意义在于为投资者和以承包商为代表的供应商的市场行为提供理论依据。当政府提出降低工程造价时，是站在投资者的角度充当市场需求方的角色；当承包商提出要提高工程造价、获得更多利润时，是要实现一个市场供给主体的管理目标。这是市场运行机制的必然，不同的利益主体不能混为一谈。区别工程造价的两种含义的现实意义在于，为实现不同的管理目标，不断充实工程造价的管理内容，完善管理方法，更好地为实现各自的目标服务，从而有利于推动经济的全面增长。

6.1.2 工程造价管理的含义

工程造价有两种含义，相应地，工程造价管理也有两种管理，一是指建设工程投资费用管理，二是指建设工程价格管理。

1. 建设工程投资费用管理

建设工程投资费用管理是指为了实现投资的预期目标，在拟订的规划、设计方案的条件下，预测、确定和监控工程造价及其变动的系统活动。建设工程投资费用管理属于投资管理范畴，它既涵盖了微观层次的项目投资费用的管理，也涵盖了宏观层次的投资费用的管理。

2. 建设工程价格管理

建设工程价格管理属于价格管理范畴。在社会主义市场经济条件下价格管理一般分为两个层次。在微观层次上，建设工程价格管理是指生产企业在掌握市场价格信息的基础上，为实现管理目标而进行的成本控制、计价、定价和竞价的系统活动。它反映了微观主体按支配价格运动的经济规律，对商品价格进行能动的计划、预测、监控和调整，并接受价格对生产的调节。在宏观层次上，建设工程价格管理是指政府部门根据社会经济发展的实际需要，利用现有的法律、经济和行政手段对价格进行管理和调控，并通过市场管理规范市场主体价格行为的系统活动。

6.1.3 工程造价管理的基本内容

工程造价管理的基本内容就是合理地确定和有效地控制工程造价。

1. 工程造价的合理确定

所谓工程造价的合理确定，就是在工程建设的各个阶段，合理地确定投资估算价、概算造价、预算造价、承包合同价、结算价、竣工决算价。

（1）在可行性研究阶段，按照有关规定编制投资估算，经有关部门批准，将其作为拟建项目列入国家中、长期计划和开展前期工作的控制造价。

（2）在初步设计阶段，按照有关规定编制初步设计总概算，经有关部门批准，将其作为拟建项目工程造价的最高限额。对于在初步设计阶段，实行建设项目招标承包制签订承包合同协议的，其合同价也应在最高限价（总概算）相应的范围以内。

（3）在施工图设计阶段，按规定编制施工图预算，用以核实施工图阶段预算造价是否超过批准的初步设计概算。

（4）在招标投标阶段，承发包双方确定的承包合同价，是以经济合同形式确定的建筑安装工程造价。

（5）在工程实施阶段，要按照承包方实际完成的工程量，以合同价为基础，同时考虑因物价变动所引起的造价变更，以及设计中难以预计的而在实施阶段实际发生的工程和费用，合理确定结算价。

（6）在竣工验收阶段，全面汇集在工程建设过程中实际花费的全部费用，编制工程项目的竣工决算，如实体现该工程项目的实际造价。

2. 工程造价的有效控制

所谓工程造价的有效控制，是指在优化设计方案、施工方案的基础上，在建设程序的各个阶段，采用一定的方法和措施把工程造价的发生控制在合理的范围和核定的造价限额以内。具体来说，要用投资估算控制设计方案的选择和初步设计概算造价；用概算造价控制技术设计和修正概算造价；用概算造价或修正概算造价控制施工图设计和预算造价，以求合理使用人力、物力和财力，取得较好的投资效益，控制造价在这里强调的是控制项目投资。

有效控制工程造价应体现三个原则：

(1) 以设计阶段为重点的建设全过程造价控制。建设工程造价控制应贯穿于项目建设的全过程，在控制过程中，必须重点突出，只有抓住关键阶段，工程造价控制才能有效可控。根据大量资料，在工程项目整个建设程序中，对项目造价影响最大的阶段，是约占工程项目建设周期1/4的决策阶段和准备阶段。投资决策阶段影响项目造价的可能性为75%～95%；准备阶段影响项目造价的可能性为35%～75%；实施阶段影响项目造价的可能性为5%～35%；竣工结算阶段对造价的影响已经很小，为0～5%。

很显然，工程造价控制的重点在于决策阶段和准备阶段的造价控制，而在项目作出投资决策后，控制工程造价的关键就在于设计。在我国，长期以来忽视工程建设前期阶段的造价控制，而把造价控制的主要精力放在承发包阶段以及施工阶段（如审核施工图预算、结算建筑安装工程价款），对工程项目建设前期的造价控制重视不够。为了有效地控制建设工程造价，应将工程造价管理的重点转移到工程建设前期。

(2) 实施主动控制。长期以来，人们一直把控制理解为目标值与实际值的比较，以及当实际值偏离目标值时，分析产生偏差的原因，并确定下一步的对策。在工程项目建设全过程进行这样的工程造价控制当然是有意义的。但问题在于，这种立足于调查—分析—决策基础之上的偏离—纠偏—再偏离—再纠偏的控制方法，只能发现偏离，不能使已产生的偏离消失，不能预防可能发生的偏离，因而只能说是被动控制。自20世纪70年代初开始，人们将系统论和控制论的研究成果用于项目管理，将"控制"立足于事先主动地采取决策措施，以尽可能地减少和避免目标值与实际值的偏离，这是主动的、积极的控制方法，因此被称为主动控制。也就是说，工程造价的控制，不仅要反映投资决策，反映设计、发包和施工，被动地控制工程造价，更要能动地影响投资决策，影响设计、发包和施工，主动地控制工程造价。

(3) 技术与经济相结合来有效地控制工程造价。为了有效地控制工程造价，应从组织、技术、经济等多方面采取措施。组织上可采取的措施包括明确项目组织结构，明确工程造价控制者及其任务，明确管理职能分工；技术上可采取的措施包括重视设计多方案选择，严格审查监督初步设计、技术设计、施工图设计、施工组织设计，深入技术领域对节约造价的可能性进行调查研究；经济上可采取的措施包括动态地比较工程造价的实际值和计划值，严格审核各项费用支出，采取节约造价的奖励措施等。

技术与经济相结合是控制工程造价最有效的手段，应通过技术比较、经济分析和效果评价，正确处理技术先进与经济合理两者之间的对立统一关系，力求在技术先进条件下的经济合理，在经济合理基础上的技术先进，把控制工程造价的观念渗透到各项设计和施工技术措施之中。

6.1.4 工程项目总投资的构成

工程项目总投资是指投资主体为了特定的目的，以达到预期收益，从工程筹建开始到项目全部竣工投产为止所发生的全部资金投入。生产性建设项目总投资包括固定资产投资和流动资产投资；非生产性建设项目总投资只包括固定资产投资。其中，建设投资、建设期利息和固定资产投资方向调节税之和对应于固定资产投资，固定资产投资与建设项目的工程造价在量上相等。按照是否考虑资金的时间价值，建设投资可分为静态投资部分和动态投资部分两部分，静态投资部分由建筑工程费、安装工程费、设备及工器具购置费、工程建设其他费用、预备费的基本预备费构成；动态投资部分由预备费的涨价预备费、建设期贷款利息和固定资产投资方向调节税构成。

上述工程项目总投资的构成仅仅适用于基本建设新建和改扩建项目，在编制、评审和管理建设项目可行性研究投资估算和初步设计概算投资时，作为计价的依据，不适用于外商投资项目。在具体应用时，要根据项目的具体情况列支实际发生的费用，本项目没有发生的费用不得列支。

6.2 项目决策阶段的造价管理

6.2.1 项目决策与工程造价的关系

1. 决策的正确性是工程造价合理性的前提

正确的项目决策，意味着对项目建设做出科学的决断，优选出最佳投资方案，达到资源的合理配置，这样才能科学合理地估计和计算工程造价，并且在实施最优投资方案过程中，有效地控制工程造价。项目决策失误，主要体现在对不该建设的项目进行投资建设，或者建设地点选择错误，或者投资规模、建设方案的确定不合理等，诸如此类的决策失误，会直接带来不必要的资金、人力、物力和财力的浪费，甚至造成不可弥补的损失。在此情况下，合理地进行工程造价的控制已经毫无意义了。因此，要达到工程造价的合理性，事先就要保证项目决策的正确性，避免决策失误。

2. 决策的内容是决定工程造价的基础

工程造价的计价与控制贯穿于工程项目建设全过程，但决策阶段各项技术经济决策，对该项目的工程造价有重大影响，特别是建设规模和标准的确定、建设地点的选择、工艺的评选、设备选用等，直接关系到工程造价的高低。据有关资料统计，在项目建设的各个阶段，投资决策对工程造价的影响程度最高。因此，决策阶段是决定工程造价的基础阶段，直接影响着决策阶段之后的各个建设阶段工程造价的计价与控制是否科学、合理。

3. 造价高低、投资多少也会影响项目决策

决策阶段的投资估算是选择投资方案的重要依据之一，同时也是决定项目在经济上是否可行及行业主管部门进行项目审批的参考依据。

4. 决策的深度影响投资估算的精确度，也影响工程造价的控制效果

投资决策的过程，是一个由浅入深、不断深化的过程，在不同的工作阶段投资估算的精度也不同。另外，由于在市政工程项目建设的各个阶段中，即决策阶段、初步设计阶段、技术设计阶段、施工图设计阶段、工程招标投标及承包发包阶段、施工阶段以及竣工验收阶段，通过工程造价的确定与控制，相应形成投资估算、设计概算、修正概算、施工图预算、招标控制价、承包合同价、结算价及竣工决算。这些工程造价形式之间存在着前者控制后者，后者补充前者这样的相互作用关系。"前者控制后者"的制约关系，意味着投资估算对后面各种形式的造价起着制约关系，成为项目造价的限额目标。由此可见，只有加强项目决策的深度，采用科学的估算方法和可靠的数据资料，合理地计算投资估算，

保证投资估算打足，才能保证其他阶段的造价被控制在合理范围内，使投资控制的目标能够实现，避免"超投资、超工期、超规模"的"三超"现象发生。

6.2.2　决策阶段控制工程造价的主要措施

投资决策阶段的工程造价管理是工程造价控制的源头，具有先决性，它对市政工程项目建设全过程的工程造价控制往往起决定性的作用，是工程造价管理很重要的一个阶段。一般来讲，决策阶段控制工程造价的主要措施有：

1. 优化前期设计方案

市政工程项目前期方案的优化是影响项目的重要因素，在完成基础资料的收集后，应本着经济、实用的原则在技术层面下功夫，设计多套方案，经过充分调查、分析、比较和论证（可行性研究报告评审），选择技术先进、经济合理的设计方案。前期设计方案主要应解决以下关键问题：

（1）确定合理的项目规模

项目合理规模的确定，就是要合理选择拟建项目的建设规模。每一个市政工程项目都存在着一个合理规模的选择问题。因此，项目规模的合理选择关系着项目的成败，决定着工程造价合理与否。在确定项目规模时，不仅要考虑项目内部各因素之间的数量匹配、能力协调，还要使所有生产力因素共同形成的工程项目在规模上与城市经济发展水平相适应。这样才可以合理地确定和有效地控制工程造价，从而达到提高项目经济效益的目的。

（2）确定合理的建设标准水平

建设标准主要有建设规模、占地面积、工艺装备、建筑标准、配套工程、劳动定员等方面的标准或指标。建设标准是编制、评估、审批项目可行性研究的重要依据，是衡量工程造价是否合理及监督检查项目建设的客观尺度。建设标准能否起到控制工程造价、指导建设投资的作用，关键在于标准水平定的合理与否。

（3）确定合理的技术方案

工程技术方案是指市政工程项目生产所采用的工艺流程和生产方法。技术方案的选择直接影响项目的建设投资和运营成本的大小。

（4）确定合理的设备方案

在技术方案确定之后，要根据市政工程项目规模和工艺程序的要求，选择设备的型号和数量。设备的选择与工艺技术密切相关。选择设备时设备与项目建设规模和技术方案之间要相互适应，设备之间的生产能力要相互匹配，设备质量可靠、性能成熟且符合政府部门或专门机构发布的技术标准要求，同时力求经济合理。

（5）确定合理的工程方案

工程方案也称市政工程方案，是构成项目的实体。工程方案是在已选定项目建设规模、技术方案和设备方案的基础上，研究论证主要建筑物、构筑物的建造方案。

（6）确定合理的节能节水工程方案

在研究技术方案、设备选型的过程中，对能源、水消耗大的项目，提出节能节水措施，并对产品及工艺的能耗指标进行分析，提出对项目建设的节能要求。节约能源是指要求通过技术进步、合理利用和科学管理等手段，以最小的能源消耗，取得最大的经济效益。

（7）确定合理的环境保护措施

市政工程项目一般会引起项目所在地的自然环境、社会环境和生态环境发生变化，对环境状况、环境质量产生不同程度的影响。因此，在线路方案或技术方案中，应调查识别拟建项目影响环境的因素，研究提出治理和保护环境的措施，比选和优化环境保护方案。

2. 提高投资估算的准确性

在投资策划决策阶段要编制投资估算，由于在投资决策阶段，项目仅有初步意向，估算所选用的数据资料信息有时难以真实地反映实际情况，工程量估计不准确，因此投资估算准确性差。但经批准的投资估算是作为建设工程造价的最高限额，对以后的设计概算、施工图预算和工程竣工结算都起到控制作用，因此在投资决策阶段造价控制的重点是力求把投资打足，避免"钓鱼"项目的产生。一般来说，作为业主单位，在审核投资估算时，要了解建设项目中有关资金筹措、实施计划、水电供应、配套工程、征地拆迁赔偿等情况，掌握设计方案的具体工程数量和设计实施方案，参与实地调查研究，搜集编制估算的基础资料，包括人工工资、材料供应和价格、运输条件和运输价格、施工条件等，审核是否正确选用定额、指标、费率等，并注重搜集市场信息，审核工资、材料、设备价格及预期变化情况，以提高投资估算的准确性。

6.3 项目准备阶段的造价管理

6.3.1 初步设计阶段造价管理的主要措施

初步设计阶段是造价管理的重点。该阶段造价管理的基本思想是：以预控为主，促使设计在满足功能及质量要求的前提下，不超过投资估算，并尽可能地节约投资。初步设计阶段造价管理的主要措施有：

1. 重视工程测量和地质勘察成果的质量，确保不发生重大工程变更

一般来说，市政工程建设的规模大、线路长，有很多路段处于未开发地带，由于受森林、草丛、沟渠、泥塘及建筑物等自然障碍的限制，地形测量和地质勘察工作将面临一定困难。工程测量、地质勘察成果的准确性对工程投资有重大影响，如果数据不准确，必然引起工程设计的较大误差，导致工程数量计算不准，发生工程重大变更或可能出现严重的索赔情况，最终将难以对工程造价实行有效的控制。

（1）选择优秀的测量、勘察队伍

委托或通过招标选择有资质、力量强、信誉好的测量、勘察单位。签订测量、勘察服务合同，明确工作进度、质量、费用，并派专人监督勘测过程，约定好因工作成果失误对工程投资、进度、质量造成影响的奖罚措施，以保证满足测量、勘察的质量和进度要求，并为工程投资控制提供准确的基础资料。

（2）严格控制测量、勘察的重点部位

测量内容应包括道路施工影响范围内的纵横断面测量及整个用地范围内的地形图修测。测量的重点是对高压电线塔（杆）现况，建筑物、旧路面高程和现状，地下管线高程及现状，排水进出口高程进行测量，并提供准确的位置和高程信息。

地质勘察控制的重点为：水塘、洼池等需要特殊处理的软弱地基地质情况及可能出现石方的山坡地带；主要构筑物基础等。

（3）加强测量、勘察成果的核对及审核

在测量、勘察工作完成后，由建设单位项目技术负责人依照勘察测量任务书、勘察测

量技术要求及相关规范进行检查，负责组织设计负责人、监理负责人（若有）共同逐一验孔（对钻探的平面位置、孔深、岩层分类、水文等进行验收；对测量的地形、地貌、古树、电力设施、地上和地下物、各管线检查井的孔底标高、涵洞尺寸及底标高等进行验收），保留相关证据资料，作为计量和拨款的依据。测量数据应满足设计的要求，必要时测绘单位应对设计要求的关键点位进行补测。勘察的钻孔深度、钻孔布置也应满足设计的要求，必要时提出增补钻孔的要求，在勘察成果符合设计要求后报送至施工图审核所进行审核，取得勘察成果审核批准书。

2. 强化设计管理，确保得到相对令人满意的设计图纸

（1）引入竞争机制，实行设计方案招标

工程设计招标和设计方案竞选是指通过竞争，择优选用最佳设计方案，促使设计单位改进管理，采用先进技术，提高设计质量，缩短设计工期，降低设计费用，同时降低工程造价（中标的设计方案的投资估算必须控制在招标文件规定的投资范围内），从而使工程投资得到控制。

（2）在确定设计单位后，通过限额设计来控制工程投资

初步设计要重视方案选择，其投资要限制在设计任务书批准的投资限额内。如果发现设计方案或某项费用指标超出任务书的投资限额，应及时反映，并提出解决的方法，不能等到概算编制完成后，发现超投资再压造价或减项目和设备，以致于影响设计进度，造成设计上的不合理，给施工图设计埋下超投资的隐患。

（3）利用价值工程的基本原理优化设计与造价的关系

在初步设计阶段应用价值工程管理的主要任务是进行方案创造，并对创造方案进行优化，求到价值最大化的设计方案。由建设单位牵头组织各有关方面成员组成价值小组，发挥集体的智慧，评审初步设计方案，发现设计方案中价值低下部分，消除不必要成本。在不影响设计功能和降低质量标准的前提下，积极采用可以降低成本的代用材料。

（4）加强设计成果的检查和审核

加强对设计图纸设计质量的外部监督与审查是控制工程造价的有效途径。

初步设计完成后，由建设单位的主管部门组织有关专家、相关管理部门、建设单位相关人员审查初步设计成果，重点审查初步设计图纸的深度、质量、完整性、经济合理性及设计概算是否完整准确，审查是否符合规范和规划，并满足交通的要求。

（5）专业管线由各专业设计院分别设计

市政工程地处城区，经常涉及一些地上或地下综合管线的迁改，管线迁改工作量大、难度大，涉及的管线产权单位比较多，有关管线协调工作难度大，而主体设计单位对专业管线的了解不够，因此管线的设计应由管线责任单位直接委托给各专业设计院分别设计。专业管线的概算由各管线设计单位编制，这样可以保证各专业管线概算不漏项目投资合理。

3. 做好设计概算的编制与审查

在初步设计阶段要编制好初步设计概算，设计概算是确定和控制建设项目全部投资的文件，是编制固定资产投资计划、实行建设项目投资包干、签订承发包合同的依据，是贷款合同签订、项目实施全过程造价控制管理以及项目经济合理性考核的依据。概算的编制和审查是很重要的环节。设计概算的编制依据主要包括：批准的可行性研究报告；设计工程量；概算指标或定额；国家、行业和地方政府的相关法律、法规或规定；资金筹措方

式；合理的施工组织设计；设备材料供应及价格；项目的管理、施工条件；项目所在地区相关的气候、水文、地质地貌等自然条件；有关的经济、人文等社会条件；项目的技术复杂程度，以及新技术使用情况等；有关文件、合同、协议等。

目前许多设计概算编制存在的主要问题包括：概算往往由设计单位编制，编制概算时习惯按建设单位提供的立项投资额进行凑数；由于设计文本、图纸的深度不够，工程量误差大，漏项多，概算编制人员无法详细、准确地编制设计概算；有些设计单位存在着"重设计、轻概算"的现象，缺乏足够的概算编制力量，有些设计院没有专门的造价编制人员，而是由一些设计人员兼职编制概算，设计人员编制时责任心不强，造成编制出来的设计概算质量不高，缺漏项或高估冒算的现象较多；有些编制人员对定额的理解模糊，定额及建设其他费用项目漏项或规定的费率计取错误等问题时有发生。有些是迁就业主意见，有意压低或抬高概算。因此，应根据可行性报告认真审核工程设计概算，在确保工程设计概算不超过投资估算的前提下，用正确的专业知识去确定一个合理的投资限额，既保证项目工程的使用功能，又做到投资最合理。

6.3.2 设计概算的编制

1. 设计概算的概念

设计概算是设计文件的重要组成部分，是在投资估算的控制下由设计单位根据初步设计（或技术设计）图纸及说明、概算定额（概算指标）、各项费用定额或取费标准（指标）、设备、材料预算价格等资料，编制和确定的建设项目从筹建至竣工交付使用所需的全部建设费用的文件。

设计概算的编制内容包括静态投资和动态投资两部分。静态投资部分为考核工程设计和施工图预算的依据，静态投资和动态投资之和为筹措和控制资金使用的限额。

2. 设计概算的内容

设计概算分为单位工程概算、单项工程综合概算、建设工程项目总概算。

（1）单位工程概算是确定各种单位市政工程、单位设备及安装工程所需建设费用的文件，单位工程概算确定的工程价格是单位工程建设所需的投资额。单位工程概算是编制单项工程综合概算的依据，是单项工程综合概算的组成部分。

（2）单项工程综合概算是确定一个单项工程所需建设费用的文件，它是由单项工程中的各单位工程概算汇总编制而成的，是建设项目总概算的组成部分。单项工程综合概算按其费用内容，分为单位建筑工程概算、单位设备及安装工程概算、工程建设其他费用概算（不编建设项目总概算时列入）。

（3）建设工程项目总概算是确定整个建设项目从筹建到竣工验收所需全部费用的文件，是设计文件的重要组成部分。建设工程项目总概算由各单项工程综合概算、工程建设其他费用概算、预备费、专项费用等汇总编制而成。

3. 单位工程概算的编制方法

（1）单位建筑工程概算的编制方法

1）概算指标法。概算指标法是采用直接工程费指标，用拟建的道路、桥梁等的计量单位乘以技术条件相同或基本相同工程的概算指标，得出直接工程费，然后按照有关的取费标准计算出措施费、间接费、利润和税金等，编制出单位工程概算的方法。

概算指标法的适用范围是工程项目初步设计深度不够，不能准确地计算出工程量，但工程设计技术比较成熟而又有类似工程概算指标。

2）概算定额法。概算定额法也叫扩大单价法，主要根据概算定额编制扩大单位估价表（概算定额单价），用算出的扩大分部分项工程的工程量，乘以概算定额单价，进行具体计算。其中工程量的计算，必须根据定额中规定的各个扩大分部分项工程内容，使用定额中规定的计量单位及方法，遵守工程量计算规则进行计算。

概算定额法适用于初步设计达到一定深度，建筑结构比较明确，能按照初步设计的平面、立面、剖面图纸计算出概算定额子目所要求的扩大分项工程的工程量的单位工程概算编制。

3）类似工程预算法。类似工程预算法是利用技术条件与编制对象类似的已完工程或在建工程的预算造价资料来编制拟建工程设计概算的方法。即以原有的相似工程的预算为基础，按编制概算指标的方法，求出单位工程的概算指标，再按概算指标法编制工程概算。

类似工程预算法适用于拟建工程初步设计与已完工程或在建工程的设计相近又无概算指标可用的工程项目的概算编制，但在使用中必须对建筑结构差异和价差进行调整。

（2）单位设备及安装工程概算的编制方法

设备及安装工程概算包括设备购置费用和设备安装工程概算两部分。

1）设备购置费概算的编制方法。设备购置费由设备原价和设备运杂费汇总得到。

2）设备安装工程概算的编制方法。根据初步设计的深度和要求明确程度，一般有预算单价法、扩大单价法、设备价值百分比法和综合吨位指标法等。

6.3.3 施工图设计阶段造价管理的主要措施

在施工图设计阶段，造价控制的主要任务是将施工图预算严格控制在批准的概算内。设计单位的最终产品是施工图设计，在施工图设计阶段要掌握施工图设计对工程造价的影响，使工程造价严格控制在批准的概算以内。一般采用的造价管理的措施有：

1. 跟进施工图设计，以限额设计控制工程投资

将施工图预算严格控制在批准的概算以内。设计单位的最终产品是施工图设计，设计部门要掌握施工图设计造价的变化情况，使造价严格控制在批准的概算以内。这一阶段限额设计的重点为工程量的控制。控制工程量采用审定的初步设计工程量，控制工程量一经审定，即作为施工图设计工程量的最高限额，不得突破。对于市政工程，一些挖填方大的地段、软基处理地段、涵洞以及地质复杂、地形变化大的地段、管线复杂段、结构形式要特别注意的地段，要进行细化设计和优化设计，在提高设计标准的同时，有效控制工程投资。

2. 加强设计成果的检查和审核，减少设计变更以控制投资

施工图设计完成后，由建设单位项目技术负责人组织设计工程师、地质勘察工程师、监理工程师到现场核查施工图的合理性，进行施工图会审，把施工图做深、做细，减少设计变更以控制投资。建设单位的造价人员应认真审查施工图预算，重点审查预算项目的完整性、主要项目工程量的准确性，核对预算造价是否符合限额设计的要求。项目施工图经施工图审查所批准后，报送至规划管理部门申请建设工程规划许可证。

3. 引入设计监理机制，确保工程造价符合投资限额

建设单位除了选派能力强、经验丰富的技术骨干协调和解决设计中的各种问题和矛盾，还应委托专业能力强的设计公司进行设计监理。施工图设计应充分保证在初步设计文件审批的内容、规模和标准范围内，应符合技术法规和规范，符合现场和施工实际条件，

设计深度应能满足施工要求和国家有关法规要求，保证工程造价符合投资限额。

4. 主要材料、设备的选用，应既经济又可靠

工程的主要材料、设备占整个项目投资的70％左右，主要材料、设备的选用对造价控制极为重要，工程项目管理必须谨慎处理。要充分研究项目中的主要材料、设备的功能和用途，了解建设项目的需求，保证主要材料、设备的选用及采购既满足建设项目的功能要求又经济实惠。

5. 结合工程实际，优选科学合理的施工方案

施工方案选择的不同，不仅对整个施工工期有决定性影响，还对工程造价有很大的影响。作为业主，首先要杜绝无施工组织设计的工程项目开工。其次，在项目开工前，要认真审查施工组织设计，应注意施工组织设计对工程造价的影响，避免在工程结算中引起纠纷。最后，在项目的施工中，要对施工组织过程进行监督控制，保证项目的施工过程有序，防止施工组织设计流于形式，真正达到控制工程造价的目的。

6. 做好施工图预算的编制与审查

在施工图设计阶段要编制施工图预算。施工图预算的编制依据包括：施工图设计项目一览表，设计施工图纸和说明，工程地质勘察资料，国家和省市现行的工程建设预算定额、费用定额、材料信息价；现行有关设备原价和运杂费率；施工组织设计文件以及各种费用定额；已批准的设计概算；工程造价有关计价规定等有关资料。施工图预算的审查内容主要包括：审核建设项目是否已经经过有关部门批准，预算是否控制在概算之内，是否经济合理；审核工程量计算是否正确，单价套用是否合理；费用定额是否正确。如果存在施工图预算价高于概算价10％的情况，应重新调整和优化施工图设计，否则要重新调整概算。

6.3.4　施工图预算的编制

1. 施工图预算的概念

施工图预算又叫设计预算，是施工图设计预算的简称。施工图预算是在施工图设计完成后，工程开工前，根据已批准的施工图纸、现行的预算定额、费用定额和地区人工、材料、设备与机械台班等资源价格，在施工方案或施工组织设计已大致确定的前提下，按照规定的计算程序计算工程费、措施费、其他项目费、规费、税金等费用，确定单位工程造价的技术经济文件。

2. 施工图预算的内容

施工图预算一般先编制单位工程预算。单位工程预算即单位工程施工图预算，是预先确定各单位工程预算价格的文件，它所确定的工程价格是单位工程建设所需的投资额。通常分为建筑工程预算和设备安装工程预算两类。建筑工程预算按工程性质又可分为建筑和装饰工程预算、电气照明工程预算、给水排水工程预算、通风空调工程预算、工业管道工程预算、特殊构筑物工程（如炉窑、烟囱、水塔）预算、园林绿化工程预算等；设备安装工程预算又可分为机械设备及安装工程预算、电气设备及安装工程预算、热力设备及安装工程预算、静置设备及安装工程预算、自动化控制装置及仪表工程预算等。

3. 施工图预算的计价模式

施工图预算价格可以按照政府统一规定的预算单价、取费标准、计价程序计算得到，也可以根据企业自身的实力和市场供求及竞争状况计算得到。根据预算造价的计算方式和管理方式不同，施工图预算可分为传统计价和工程量清单计价两种计价模式。

（1）传统计价模式。传统计价模式是采用国家、部门或地区统一规定的定额和取费标准进行工程造价计价的模式，通常也称为定额计价模式，是我国长期使用的一种施工图预算编制方法。

在传统计价模式下，由国家制定预算定额，规定间接费的内容和取费标准，建设单位和施工单位根据预算定额规定的工程量计算规则、定额单价，计算直接费，再根据规定的费率和取费程序计取间接费、利润和税金，汇总得到工程价格。

但是，由于在制定预算定额时，人工、材料、机械的消耗量是根据"社会平均水平"综合测定的，规定的取费标准是根据不同地区价格水平平均测算的，企业不能结合项目的具体情况、自身的技术管理水平和市场价格进行自主报价，也不能满足业主对建筑产品质优价廉的要求。因此，传统计价模式存在着一定的缺陷。

一般传统计价模式采用的计价方法是工料单价法，按照分部分项工程单价产生方法的不同，它又可以分为预算单价法和实物法。

（2）工程量清单计价模式。工程量清单计价模式是一种区别于定额计价模式的新计价模式，是一种主要由市场定价的计价模式。它是由招标方按照全国统一的工程量清单规范规定的工程量计算规则，提供工程量清单和有关技术说明，投标方根据自身的技术、财务、管理、设备等能力进行投标报价。因此，工程量清单计价是市场定价体系的具体体现形式，在市场经济发达的国家是非常流行的。

为了使我国的工程造价管理与国际接轨，我国颁布了《建设工程工程量清单计价规范》。随着我国建设市场的不断成熟和发展，总结了 2003 年、2008 年、2013 年发布的《建设工程工程量清单计价规范》实施以来的经验，针对执行中存在的问题，中华人民共和国住房和城乡建设部发布了新的国家标准《建设工程工程量清单计价标准》GB/T 50500—2024，自 2025 年 9 月 1 日起实施。

6.3.5 招标投标阶段造价管理的主要措施

施工招标及合同管理方案的优劣对工程造价起着十分重要的作用，是有效控制工程造价的核心内容。招标投标阶段建设单位造价管理的主要措施有：

1. 编写完整的资格审查文件及招标文件

（1）根据项目的施工技术要求和难度以及自身的情况确定投标人的资质要求。编写完整的资格预审或后审文件，考察投标人的履约能力和保证措施，只有各方面均达到合格条件的投标人才能通过资格审查。

（2）招标文件是合同的一部分，招标时应编写严谨、准确、全面的招标文件。有关工程质量、安全、工期、风险、费用结算办法等主要的合同条款一定要列在招标文件中，尽量少留或不留"活口"，中标后再谈容易引起争议和反复。

招标文件中有关工程造价的条款包括：招标范围和工作内容、招标控制价编制、投标报价要求；主要合同条款中的价款调整、设计变更价款的确定、中间结算（进度款计算与支付）、违约及索赔、竣工结算、保修金等条款要符合现行有关法律法规和计价规定，特别是标外项目单价和材料设备价的确定要有较为详细的可操作性的定价和计算办法。

（3）根据项目具体特点和实际需要，结合标准文件和行业范本作一些补充或者修改形成比较完整和规范的招标文件，以免在实施过程中存在因招标文件或合同歧义而产生争议、造成投资失控的情况产生。

2. 认真审核工程量清单及预算，避免清单缺漏项，确保招标控制价科学、合理

建设单位长期从事项目投资管理工作，其造价人员从项目决策阶段开始负责项目全过程的投资控制，积累了丰富的经验，建设单位造价人员应组织清单编制人员踏勘现场，审查清单的编制是否符合工程量清单计价规范、相关定额、取费标准、施工图纸的要求，是否结合了项目施工的现场条件和工期要求，应安排为设计人员与编制人员答疑，配合提供相关规范及图集，提供特殊项目的主要技术措施，认真审核工程量清单及预算的准确性，减少实施过程中的计量纠纷。

（1）工程量清单要准确，内容要完整。工程量清单是工程量清单计价的基础，是作为编制招标控制价、投标报价、计算工程量、支付工程款、调整合同价款、办理竣工结算以及工程索赔等的依据之一。在编制工程量清单中要注意以下内容：①政府投资项目招标工程量清单的编制要符合《建设工程工程量清单计价标准》GB/T 50500—2024；②项目特征是确定综合单价的前提，是履行合同义务的基础，因此要做到项目划分、项目特征描写、工程量计算准确，必须全面描述涉及并影响组价的因素特征，否则将影响招标预算的准确性以及投标报价和评标的合理性，还会造成施工单位不平衡报价，施工过程中出现，索赔以及结算时发、承包双方引起争议；③避免工程量清单缺项漏项，以防引发施工期间的计量纠纷或过多签证突破合同价。

（2）科学、合理地确定招标控制价。科学、合理的控制价是工程质量及进度的保证。高造价将使财政资金蒙受损失，低造价会使施工单位不规范施工、工期延误、工程质量隐患多，增加项目使用后的维修费用。在确定招标控制价时，必须反映目标工期的要求，将目标工期与工期定额进行对照，要求提前竣工的项目要支付必要的赶工费，并纳入控制价；必须反映业主的质量要求，优质优价；必须考虑招标工程的自然地理条件和招标工程范围等因素；必须结合工程实际情况，采用合理的施工工艺和施工方法。

（3）考虑不同施工方案对标底的影响。不同施工方案的造价必然不同，甚至会相差很多，因此，在编制标底时，应综合考虑工程规模和技术复杂程度，熟悉设计图纸中关于施工方案的部分，了解设计意图；认真对工程现场条件和周围环境进行调查，收集工程所需当地建材的质量、料源和储量情况；了解场内外交通运输条件，如周围道路和桥梁的通行能力；了解施工供水、供电条件；了解生产、生活用房、场地情况及租赁条件；搜集地质、水文、气象等资料；了解当地环境对施工的影响；掌握招标文件对工期和质量的要求等，分析施工方案的合理性，以切实可行的施工方案为基础编制招标控制价，以提高招标控制价的合理性。

3. 按照界面清晰、经济高效、便于操作的原则，合理划分标段

（1）界面清晰。大型综合性工程中往往有很多个标段，对各个标段承包界面的划分要明确清晰是首要原则。若各个标段的承包界面划分不清，不仅会出现承包商之间推诿扯皮，还不利于业主和工程师对投资、质量、安全和进度进行控制。

（2）经济高效。标段划分得越细，标段的规模越小，市场上具备投标资格的承包人就越多，工程的承包费用就越低，然而各个标段间的协调就越难，协调的风险也越大；相反，标段划分数越少，标段的规模就越大，对投标人的技术要求、资质要求、实力要求也越高，相应地符合招标要求的潜在投标人就越少，工程的承包费用就会越高。因此，要根据工程的自身条件平衡经济与高效的关系，找到一个最优的标段划分方案，实现效率与经

济的统一。

(3) 便于操作。标段划分后的可操作性是划分标段时必须遵循的另一基本原则。具体内容包括：招标的可操作性，即划分后的标段在市场有一定的竞标对象，可以形成合理的价格竞争；业主管理的可操作性，即建设方有相应的管理能力，能协调好各标段之间在工程界面及工期、质量、成本、安全、环保等方面的搭接关系。因此，建设方应将工程合理地划分标段，将工程量大小相当、施工难度相仿的单位工程，发包给不同的单位，这样既有助于调动工作积极性，又较广泛地分散了来自于承包单位的风险，从而获得较好的投资效果。

4. 对分期或分次招标的项目，应分标段进行概算复核，避免重复或漏项

有些工程因种种原因分期或分次进行招标，为了有效防止"概算超估算、预算超概算"现象的发生，必须对投资概算的子项进行控制，建设单位在报送招标投标资料时，必须将分标段资料送至市政府投资项目评审中心进行标段概算复核。业主单位向财政审核中心报送控制价审核时，应提供项目评审中心的概算复核意见，作为审核中心审核控制价的依据。

5. 在施工招标和签订合同时明确规定实行担保制度

工程担保是为投标人能够认真投标和忠实地履行合同而设置的保证措施，包括下列内容：

(1) 投标保证担保。投标保证是担保人为保障投标人正当从事投标活动所作出的一种承诺，其有效期通常比投标书的有效期长 28 天。由于实行合理低价中标，为了防止投标人因报价太低而不接受中标书的情况发生，招标人要按标价总额的 1％～2％ 收取投标保证金，以规范投标单位的报价行为。

(2) 履约保证担保。履约保证是担保人保障承包商履行承包合同所作出的一种承诺，其有效期通常应截止到承包商完成了工程施工和缺陷修复之日。履约保函一般为合同价的 10％～25％。

(3) 预付款保证担保。建设单位往往预先支付一定数额的工程款以供承包商周转使用。由于实行低价中标，为了保证承包商将这些款项用于工程项目建设，防止承包商挪作他用、携款潜逃或宣布破产，需要担保人为承包商提供同等数额的预付款保证，或者提交预付款银行保函。预付款保证金额一般与预付款等额。

(4) 低价风险金。"上有封顶、下无封底"，即招标方只公布投标上限控制值，不设下限控制值，为了防止投标人盲目报低价而造成工程质量降低或半途退场，可以将投标人投标报价低于最低控制价的差额以及评标委员会认定的漏报项目金额及其他措施不可靠的低价金额，作为低价风险金。

(5) 维修保证担保。维修保证也称质量保证，是保证人为承包商提供的保证工程维修期内出现质量缺陷时，承包商负责维修的担保形式。维修保证担保一般为合同价的 5％。

6. 实行大宗材料集中采购招标

在施工图设计完成后，根据施工图所需的各种原材料的名称和数量，由建设单位集中向大厂家、大卖场招标采购，其价格应比零散采购的供应方式便宜，同时能确保材料及时供应，保证材料质量，有利于工程的"四大控制"。集中采购的材料包括照明灯杆、灯具、电缆、变压器、电缆套管、桥梁支座、伸缩缝、钢筋、防水材料、预应力筋、绿化苗木、钢材等材料。在材料采购单价确定后，将单价和采购的具体要求写入施工招标文件中，由

中标的施工单位与材料供应商签订采购合同。

6.3.6 招标控制价的编制

1. 招标控制价的概念

招标控制价是指招标人根据国家或省级、行业建设主管部门颁发的有关计价依据和办法，按设计施工图纸计算的、对招标工程限定的最高工程造价。

我国对国有资金项目的投资控制实行的是投资概算审批制度。国有资金投资的工程，原则上不能超过批准的投资概算。根据《中华人民共和国招标投标法》的规定，国有资金投资的工程进行招标时，招标人可以设标底。当招标人不设标底时，为了有利于客观、合理地评审投标报价和避免哄抬标价，造成国有资金流失，应编制招标控制价。

招标控制价应由招标人负责编制，当招标人不具有编制招标控制价的能力时，根据《工程造价咨询企业管理办法》的规定，可委托具有工程造价咨询资质的工程造价咨询企业编制。工程造价咨询企业不得同时接受招标人和投标人对同一工程的招标控制价和投标报价的编制工作。

2. 招标控制价的编制方法

按照工程量清单的基本构成，招标控制价的编制包括分部分项工程费、措施项目费用、其他项目费、规费和税金等内容。

（1）分部分项工程费。分部分项工程费的计算应以招标文件中提供的分部分项工程量清单为依据，按照招标文件中的分部分项工程量清单项目的特征描述及有关要求，确定综合单价。分部分项工程费的计算方法为：

$$分部分项工程费 = \sum 分部分项工程量 \times 相应分部分项综合单价$$

（2）措施项目费。措施项目费中的安全文明施工费应当按照国家或省级、行业建设主管部门的规定标准计价。措施项目应按照招标文件中提供的措施项目清单确定，措施项目采用分部分项工程综合单价形式进行计价的工程量，应按措施项目清单中的工程量，并按与分部分项工程工程量清单单价相同的方式确定综合单价；以"项"为单位进行计价的，依有关规定按综合价格计算，包括除规费、税金以外的全部费用。

（3）其他项目费。其他项目费包括暂列金额、暂估价、计日工以及总承包服务费。

1）暂列金额：暂列金额由招标人根据工程特点，按有关计价规定进行估算确定，一般可以分部分项工程量清单费的 10%～15% 为参考。

2）暂估价：暂估价中的材料单价应按照工程造价管理机构发布的工程造价信息或参考市场价格确定。暂估价中的专业工程暂估价应分不同专业，按有关计价规定估算。

3）计日工：在编制招标控制价时，计日工中的人工单价和施工机械台班单价应按省级、行业建设主管部门或其授权的工程造价管理机构公布的单价计算，材料应按工程造价管理机构发布的工程造价信息中的材料单价计算，对于工程造价信息未发布材料单价的材料，其价格应按市场调查确定的单价计算。

4）总承包服务费：招标人应根据招标文件中列出的内容和向总承包人提出的要求参照下列标准进行计算：当招标人仅要求对分包的专业工程进行总承包管理和协调时，按分包的专业工程估算造价的 1.5% 计算。当招标人要求对分包的专业工程进行总承包管理和协调并同时要求提供配合服务时，根据招标文件中列出的配合服务内容和提出的要求按分包的专业工程估算造价的 3%～5% 计算。招标人自行供应材料的，按招标人供应材料价值的 1% 计算。

（4）规费和税金。规费和税金必须按照国家或省级、行业建设主管部门的规定计算。

招标控制价应在招标时公布，不应上调或下浮，招标人应将招标控制价及有关资料报送工程所在地工程造价管理机构备查。投标人经复核认为招标人公布的招标控制价未按照相关规定进行编制的，应在开标前 5 天向招标投标监督机构或（和）工程造价管理机构投诉。招标投标监督机构应会同工程造价管理机构对投诉进行处理，发现确有错误的，应责成招标人修改。

6.4　项目实施阶段的造价管理

6.4.1　实施阶段造价管理的要点

项目实施是将建设项目的规划、计划、设计方案转变为工程实体的过程，是工程资金花费的主要过程，即建设资金的主要使用阶段。因此，工程从施工到竣工，对建设资金的控制管理，在全过程资金管理中占有很重要的地位，直接影响工程的质量和效益。在工程项目的可行性研究和初步设计等前期阶段，造价管理的主要任务是优化设计方案，合理预测工程投资。而在工程实施阶段，如何将实际造价控制在预测值之内，如何科学地使用建设资金是主要任务。在工程项目实施阶段，控制工程造价可从以下几方面着手：

（1）仔细审查合同标价和工程量清单、基本单价及其他有关文件；

（2）正确进行工程计量，复核工程付款账单，按规定进行工程价款结算；

（3）正确理解设计意图，严格控制设计变更，对设计不妥的地方及时更改，并按设计变更程序做好报批工作；

（4）熟练运用定额，合理进行现场签证；

（5）审查施工组织设计，从技术和经济的角度选择合理的施工方案，有效地控制造价；

（6）预防并处理好费用索赔。

6.4.2　实施阶段造价管理的主要措施

1. 技术措施

技术措施主要是通过控制工程计量、工程款支付、工程变更、合同外签证、竣工结算来实现对工程的投资控制。

（1）参与施工图纸会审，了解施工图纸变更情况，做到心中有数。

（2）在施工过程中，对施工单位在建设过程中使用的建筑材料必须按投标书的要求进行现场审计，以防止不符合招标书要求的材料以次充好，影响建设质量，变相增加工程造价。

（3）参与工程进度款支付控制。根据施工合同的约定，与监理共同审核确认工程进度款，为财务付款提供准确的凭证。

2. 组织措施

组织措施主要是通过落实岗位责任、建立健全投资控制管理制度，定期组织投资情况检查，及时对各个事项进行投资实际值与目标值的比较，通过比较找出实际支出额与投资控制目标之间的偏差，分析产生偏差的原因，并及时采取切实有效的措施加以控制，以保证投资控制目标值的实现。

3. 经济措施

经济措施主要包括详细编制资金使用计划及制定一定的奖罚制度，确定、了解投资控制目标，对工程施工过程中的投资支出作好分析和预测，项目监理机构及建设单位责任部门根据检查情况定期向项目总负责人、项目技术负责人和项目造价管理负责人提交项目投资分析及存在问题的报告，根据施工情况控制工程款项的支付。

4. 合同措施

合同措施是指选择合理的施工合同价款形式，尽量降低业主承担的风险，实行投标承包风险包干制度，便于投资控制；保存各种文件图纸、工程施工记录，特别是注意实际施工变更情况的图纸，注意积累资料，为正确地处理可能发生的索赔提供依据。

(1) 选择合理的施工合同价款形式，实行投标承包风险包干制度。合同价款中包括的风险因素主要有：

1) 因工程量清单有错、漏，导致工程预算控制价不准确；

2) 因市场变化、政策性调整，导致人工、机械价格变化和材料价格变化在包干幅度范围内；

3) 因天气、地形、地质等自然条件的变化，采取了临时措施。

风险费用的计算方法为：综合上述风险因素并根据工程规模大小、技术复杂程度、施工难易程度、施工自然条件，发包人按规定已考虑1%～3%的风险包干系数计入在工程预算价中。承包人在投标报价时已考虑了上述风险因素并计取了风险包干费用。在风险范围内实行工程造价包干，在施工过程和竣工结算时不再调整。

(2) 在合同履行过程中容易引起施工索赔的主要原因有：

1) 不利的自然条件与人为障碍引起的索赔，如地质条件变化、设计变更引起的索赔；

2) 延误工期的索赔；

3) 加速施工的索赔；

4) 业主不正当地终止工程而引起的索赔；

5) 拖欠支付工程款引起的索赔；

6) 甲供材料及设备不能按时提交或质量不合格而引起的索赔；

7) 指定分包商违约引起的索赔；

8) 因合同条款模糊不清甚至错误引起的索赔。

(3) 索赔的控制及预防措施如下：

1) 加强合同管理。尽可能在合同条款中规避此类风险，要建立合同会签及审批制度。施工合同内容广泛，涉及施工、技术、经济、法律等多方面，在未正式签订合同前，应由各专业部门和人员共同研究，提出对合同条款的具体意见（如可以增加合同的限制性条款制约承包人的索赔），进行会签。实行合同会签制度，能够确保合同内容覆盖全面且可实际履行。通过严格的审查批准手续，可以使签订的合同合法、有效，提高合同文件的质量，尽量防止合同纠纷的发生，减少索赔事件产生的可能性。建立合同交底制度，由合同管理人员向各层次管理者作"合同交底"，把合同责任具体落实到各责任人和合同实施的具体工作上。加强合同履行过程中的管理，做好工程的文件资料积累工作。

2) 加强现场施工管理。严格控制工程变更与现场签证；加强对工程监理的管理，可能存在部分监理由于专业知识不够或责任心缺失等原因发出错误指令而导致索赔的现象；

严格执行索赔程序。

3）强化甲供材料及设备采购管理。将对工程造价影响大的材料作为甲供材料采购，并在项目开工前就做好采购计划，采取公开招标的方式，使采购公开化，以保证甲供材料质优价廉，真正起到节约投资的作用。

4）健全基本建设资金集中支付体系。严格建设资金管理和基建财务管理，按计划、按预算、按进度、按程序拨付建设资金，任何单位和个人不得挤占、挪用建设资金。保证工程款的按期支付，避免由于拖延支付工程款而导致的索赔事件发生。

5）完善反腐倡廉保证体系。

（4）索赔价款确定。在合同中应明确关于索赔价款确定的原则，主要表现在以下两个方面：

1）损失赔偿额不得超过违反合同一方订立合同时预见到或者应当预见到的因违反合同可能造成的损失；

2）当事人一方违约后，对方应当采取适当的措施防止损失的扩大；没有采取适当措施致使损失扩大的，不得就扩大的损失要求赔偿。当事人因防止损失扩大而支出的合理费用由违约方承担。

6.5   项目收尾阶段的造价管理

收尾阶段的造价管理主要是做好竣工结算和竣工财务决算工作，必须做到从严、合理地审查和控制。这个阶段是决定项目造价的最后一关，也是造价管理的末端，其造价多少，是否有突破合同价或预算价甚至概算价，都要在这个阶段解决。

6.5.1   竣工结算的重要性

在市政工程基本竣工、试运营开通后，就全面进入工程结算阶段。结算工作是合同双方完成合同工程后的一次全面彻底的清算，是建设工程全过程投资控制和工程造价管理的重要环节，它标志着甲、乙双方产品交换的完成。对业主而言是运用专业技术手段，科学、合理地监控、审核建设工程在各个阶段中的工程投入，算出工程实际造价，并尽快使建设资金和竣工工程发挥应有的投资效益和工程效益。对承包商来说是算出最终收益，以保证承包商企业和员工的工程收益和合法权益，维护社会的稳定和企业的正常经营。同时，竣工结算也是竣工决算的前提。

6.5.2   竣工结算的原则与依据

1. 竣工结算原则

竣工结算既要正确地贯彻执行国家、省、市有关政府投资工程的政策和规定，又要准确地反映施工单位完成的工程价值。在进行结算时要遵循以下原则：

（1）必须具备结算的条件。要有工程验收报告，对于未完成的工程和质量不合格的工程，不能结算；需要返工重做的，应返工修补合格后，才能结算。

（2）严格执行国家和省、市的各项有关规定。

（3）实事求是，认真履行合同条款。

（4）编制依据充分，审核和审定手续完备。

（5）工程结算内容与清单内容基本相同，但要主要体现"量差"和"价差"的基本内容。量差就是实际工程量和招标工程量之间的差值，价差就是签订合同时的计价或取费标准与实际完成工程量计价或取费标准不符而产生的差别。

2. 竣工结算依据

进行工程结算的依据，主要包括：

（1）工程竣工报告、工程竣工验收证明、图纸会审记录、设计变更通知及竣工图。

（2）经审批的施工图预算、材料购买凭证、代用材料差价、施工合同。

（3）现行预算定额、费用定额、材料预算价格及各种收费标准、双方有关工程的计价协定。

（4）各种技术资料（技术联系单、隐蔽工程记录、停复工报告等）及现场签证记录。

（5）不可抗力、不可预见费用的记录以及其他有关文件规定等。

6.5.3　市政工程竣工结算的特点

1. 工程结算庞大复杂

市政特大型工程是一项非常庞大的、复杂的系统工程，如某特大市政工程有 50 多个土建施工标段，安装、装修各有 10 多个标段，因此，结算工作也是一个具体而浩大的工程，需要投入大量的人力，这是和工程特点相匹配的。

2. 时间长、接口多

工程跨越几年的时间段，经历许多的工作人员，涉及许多接口，中间设计、施工、人员变化多，因此，某些市政特大型工程结算是一项非常细致、全面、繁琐和艰难的工作。

3. 结算关系复杂，政策性强，涉及面广

工程结算是矛盾的交汇点，是各方利益的终结点。它关系到建设单位的投资控制和建设成本控制，同时也关系到所有参建单位各方的切身经济利益。

4. 结算过程复杂

工程竣工结算依据工程承包合同（采购合同）和施工组织设计、工程变更、施工签证，涉及施工竣工结算书编制、审查、审定等过程。

5. 结算范围复杂

工程结算需要对建设过程中的施工图纸编制、图纸的修改、工程变更、工程量增减、材料代换、计日工、工期、保险以及价格调整等所有涉及工程费用的事项进行最终审核确认，是工程全过程、全方位的总结。

6.5.4　市政工程竣工结算审核的方法

竣工结算资料涉及工程的全方位、全过程，虚实混淆、多少难分、矛盾交织、错综复杂。必须抓住重点，把握要领，进行去粗取精、去伪存真、由此及彼、由表及里的严格审核，提高审核水平，确保审核质量。

1. 审必备条件

结算的前提是必须具备一定条件，市政工程各项目进行结算，必须审核下列条件是否满足：

（1）依据《工程承包合同》"通用条款""专用条款"及合同中其他有关条款的规定，承包商已完成业主批准的施工图纸内的工作量（合同工程量清单），且"本工程或本工程的一部分已实质上竣工并已合格地通过本合同规定的竣工验收"；或设备合同中承包商已完成合同内的合同设备供货及安装。

（2）按照有关市政工程竣工验收程序，已经通过监理组织的初步验收，承包商已完成初步验收提出的整改项目或整改部分，且已通过业主组织的阶段性验收。

（3）按照相关规定，承包商已向业主及档案馆移交经档案局验收合格的竣工资料且有档案局文字证明，承包商也已按业主及监理工程师的要求，提供了需要的其他有关资料。

（4）最终竣工结算时，业主已审核完承包商申报的合同内外及施工工程中有争议的工程量价。

2. 审依据材料

任何一个项目，在编制结算时都要以相关资料为依据。因此在审核时，首先要对相关资料进行审核，要将在施工过程中产生的奖励和罚款都纳入竣工结算中，所有资料都要一一核对，力求资料完整齐全，确保审核工作正常进行。工程任务完成与否要以施工图纸为依据，工程的工期、质量、建筑材料价格、奖惩等规定要以承包合同和补充合同或形成的其他协议条款作为依据，而具体施工中的动态进展、局部更改和隐藏工程等都要有相关的资料佐证才能进入结算。要特别重视设计变更资料问题。设计变更文件是竣工资料的基础和重要组成部分，设计变更通知必须由原设计单位下达，必须有设计人员的签名和设计单位的印章。由现场监理人员或承包商提出的不影响结构使用功能和造型美观的局部小变动也属于变更，但必须要有建设单位项目经理的签字且还要有设计人员的认可及签字方可生效。总之，没有完备齐全的资料所做的结算是不完善的结算，没有完整齐全的资料所进行的审核是不准确的审核。

3. 审定额单价

结算工作的关键在于以合同为单位的合同结算，也就是合同工程竣工结算，这是工程各方结算的核心，是市政工程结算的基础和前提，所有合同结算完成了，结算工作就完成大部分。合同工程竣工结算的内容一般包括三方面：合同价格；合同价格的调整；索赔事项。价格调整的办法、内容、程序等都按具体文件规定执行。合同的关键是价格，价格的关键是定额单价。工程定额单价是单位产品生产过程中消耗的人力、物力或资金的定量，反映一定的社会生产力水平，是建设产品进行结算的标准尺度。在一般情况下，工程的定额单价都有具体规定，编制工程结算时只要参照定额单价的明细就可以直接套用。然而在实际操作中，定额单价套用往往出现差错，究其原因，一是人为地提高或降低了规格；二是错将定额中包含的工作内容分离，多估冒报或少估漏报；三是核算时不按规定的定额单价换算；四是补充的定额单价缺乏依据，也没有经过批准就直接进入结算等。这些都会直接影响工程造价，因此在审核时，应牢记单价的审核是合同工程结算的要点所在。

4. 审工程数量

工程量是审核的关键，工程量审核是工程结算的基础。工地现场的实施工程量及现场签证是结算的计算依据，它必须数据准确，手续完整，资料齐全。现场签证，即施工签证，包括设计变更联系单、施工确认签证、主体工程中的隐蔽工程签证、暂不计入但说明按实际工程量结算的项目工程量签证以及一些合同外的用工、用料或建设单位原因引起的返工费等。其中，及时做好主体工程中的隐蔽工程签证尤为重要，必须是在施工的同时，画好隐蔽图检查隐蔽验收记录，再请设计单位、监理单位、建设单位等有关人员到现场验收签字，手续完整，工程量与竣工图一致，方可列入结算。工程量是工程造价的主体，审核工程量是重点，也是难点。工程量怎样计算及工程量计算的准确与否直接影响工程造价的高低。在审核中，经常发现结算的工程量与实际完成的工程量有出入。原因，一般有以下几种：一是施工企业为加大费用，有意增加工程量和夸大工程的施工难度；二是有些变更了的项目仍按原定项目进入结算；三是多方施工的工程项目，有时会出现各方都把自己承担的部分工程作为整体工程进入结算。

5. 审内在关系

要全力做好工程估算、概算、预算、结算、决算之间，财务管理与合同管理之间，甲方与乙方之间，单价与总价之间，标准件与非标准件之间，设备与系统之间等各种纵横交错、分分合合、形式多样、错综复杂的内在关系的审核。如果各种内在关系梳理不清、界面不明，就会出现缺项、漏项或反复重叠等问题，单位工程就无法形成，单位合同就无法完善，就不能还原为一个整体的工程项目。因此，内在关系审核是工程结算的难点所在，一定要理顺弄清内在关系。

6. 审合理性

工程其他费用的审核要坚持合情合理的原则。对于其他费用，由于计算方法不同于工程量和定额单价的套用，故在审核中要根据费用发生的具体情况采取措施。其他费用大体有四类：一是施工中发生的费用；二是政策性规定的费用；三是市场波动产生的材料价差费用；四是实行激励机制产生的费用。对于施工中发生的费用，在审核时首先要对项目本身的实际应用情况进行核实，其次对计算中所采用的系数进行核对，做到实事求是，尽量避免出现差错。对于政策性规定的费用，在审核时要以相应的上级主管部门的文件为准，没有文件的，可以以相关政府会议纪要或批准文件为准。有些工程在施工期跨越两个以上文件，在计费上就要按文件确定的时间界限分段计算，不同性质、不同等级的企业要按规定核定，调减系数和调减基数。在审核税金时，除审查是否执行正常税率外，重点要审核某些已含税的项目是否在结算中重复计算。对于因市场波动而引起的材料价差费用，审核重点是看补差价方式是否合情合理。目前在实际操作中，往往采取四种补差价方式：一是按合同订的单价补差；二是按各地市发布的市场价格信息补差；三是按施工单位提交的质保书和发票，计算加权平均价补差；四是按政府确定的政策补差。无论采用哪种补差方式，只要双方接受即可。对于实行激励机制产生的费用，如优质优价、赶工费等，就要以合同、协议中的条款约定为计费依据。

6.5.5 影响竣工结算的原因

根据财政局相关文件规定，在项目办理财务竣工决算之前，财政拨付的建设单位管理费原则上不超过该项目建设单位管理费总额的60%，余下部分待工程竣工财务决算后清算。建设单位必须在规定时限内将完整的工程竣工财务决算资料上报有关部门审核，逾期未按规定上报的，逐月扣减该项目建设单位管理费的10%，直至预留的40%建设单位管理费扣完为止。由于竣工结算是竣工财务决算的前提，因此必须加快办理工程结算。

1. 影响工程结算及时办理的原因

影响工程结算及时办理的原因有以下两点：

（1）施工单位整理结算资料的进度缓慢。工程结算资料主要是由施工单位提供的。施工单位结算资料收集和整理进度慢的主要原因是工地资料整编人员少，未能及时整编和交付结算资料（施工单位往往重工程建设进度，轻工程竣工结算）。工程款的支付进度也直接影响施工单位整编资料的积极性。如果建设单位长期拖欠工程款，施工单位就会怠于收集和移送结算资料；如果建设单位工程款拨付超过了实际投资额，建设单位没有了可制约施工单位的尚方宝剑，施工单位就没有了及时编制工程结算资料的动力。

（2）建设单位组织工程竣工验收不及时。

2. 加快工程结算办理的措施

加快工程结算的措施有以下三点：

（1）推动政府相关职能部门重视结算工作，充分发挥建设单位的积极性和能动性。

（2）提高结算办理各环节人员的责任感，强化其主人翁精神，是加快工作结算进度的重要手段。

（3）市政工程专业管线先行结算。市政工程专业管线多，而且都是先施工，因此做好专业管线的结算工作至关重要。

6.5.6　项目竣工决算

1. 竣工决算的含义

竣工决算是由建设单位编制的用于反映建设项目实际造价和投资效果的文件。所有通过竣工验收的项目，建设单位必须对所有财产和物资进行清理，编制好竣工决算，分析概（预）算执行情况，考核投资效果，报上级主管部门审查。

竣工决算是建设工程经济效益的全面反映，是项目法人核定各类新增资产价值，办理其交付使用的依据。市政工程的竣工决算是以竣工结算为基础进行编制的，它是在整个项目竣工结算的基础上，加上从筹建开始到工程全部竣工发生的其他工程费用支出。通过竣工决算，一方面能够正确反映市政工程项目全部建设费用的实际造价和投资结果；另一方面可以通过竣工决算与概算、预算的对比分析，考核造价控制工作成效，总结经验教训，积累技术经济方面的基础资料，提高未来建设工程的投资效益。

2. 竣工决算的编制依据

竣工决算的编制依据包括：

（1）建设工程项目计划任务书和有关文件；

（2）建设工程项目总概算和单项工程综合概算书；

（3）建设工程项目设计图纸及说明书；

（4）设计交底、图纸会审资料；

（5）合同文件；

（6）项目竣工结算书；

（7）各种设计变更、经济签证；

（8）设备、材料调价文件及记录；

（9）竣工档案资料；

（10）相关的项目资料、财务决算及批复文件。

3. 竣工决算的内容

建设项目竣工决算是建设工程从筹建到竣工投产全过程的全部实际支出费用，包括建筑安装工程费、设备及工器具购置费、工程建设其他费、预备费、建设期贷款利息、固定资产投资方向调节税等费用。竣工决算由以下四部分构成：

（1）项目竣工财务决算说明书；

（2）项目竣工财务决算报表；

（3）工程竣工图；

（4）建设工程造价对比分析资料表等。

其中，竣工财务决算说明书、竣工财务决算报表两部分又称为建设项目竣工财务决算，是竣工决算的核心内容。

4. 竣工决算的编制程序

（1）收集、整理有关项目竣工决算的依据。在编制竣工决算文件之前，应系统地整理所有的技术资料、工程结算的经济文件、施工图纸和各种变更与签证资料，并分析它们的准确性。完整、齐全的资料，是准确而迅速地编制竣工决算的必要条件。

（2）清理项目账务、债务和结算物资。在收集、整理和分析有关资料过程中，要特别注意建设工程从筹建到竣工投产或使用的全部费用的各项账务、债权和债务的清理，做到工程完毕账目清晰。既要核对账目，又要查点库存实物的数量，做到"账与物相等，账与账相符"。

（3）核实工程变动情况。重新核实各单位工程、单项工程造价，将竣工资料与原设计图纸进行查对、核实，必要时可实地测量，确认实际变更情况。根据经审定的承包人竣工结算等原始资料，按照有关规定对原概、预算进行增减调整，重新核定工程造价。

（4）编写项目竣工决算说明书。按照建设工程竣工决算说明的内容要求，根据编制依据材料填写在报表中的结果，编写文字说明。

（5）填写项目竣工决算报表。按照建设工程决算表格中的内容，根据编制依据中的有关资料进行统计或计算各项内容，并将结果填到对应表格的栏目内，完成所有报表的填写。

（6）做好工程造价对比分析。

（7）清理、装订好竣工图。

（8）报上级审查。

在上述编写的文字说明和填写的表格核对无误后，将其装订成册，即为建设工程项目竣工决算文件。将工程项目竣工决算文件报主管部门审查，并将其中财务成本的部分送至开户银行进行签证。建设工程项目竣工决算的文件，由建设单位负责组织人员编写，在竣工建设工程项目办理验收使用的1个月内完成。

6.5.7 竣工财务决算的编制

竣工财务决算是以实物数量和货币指标为计量单位，综合反映竣工项目从筹建开始到项目竣工交付使用为止的全部建设费用、投资效果和财务情况的总结性文件，是竣工验收报告的重要组成部分。

建设项目竣工决算是建设工程从筹建到竣工投产全过程的全部实际支出费用，包括建筑安装工程费、设备及工器具购置费、工程建设其他费、预备费、建设期贷款利息、固定资产投资方向调节税等费用。

竣工决算资料包括：竣工财务决算说明书；竣工财务决算报表；财政性投融资建设工程决算审核结论书；工程项目点交清单及财产盘点移交清单；勘察设计费、土地征用及拆迁补偿费、工程质量监理费、前期工作费等各项间接费用的合同、发票；借款利息计算清单；工程管理费计提及支出有关单据；工程成本总表及其明细表；项目资金来源清单及银行账单；与工程相关的文件、资料等。其中，竣工财务决算说明书、竣工财务决算报表两部分又称建设项目竣工财务决算，是竣工决算的核心内容。建设工程项目竣工决算的文件，由建设单位负责组织人员编写，在竣工建设工程项目办理验收使用的 6 个月内完成。

　　建设单位接到竣工财务决算审批文件后，必须于 3 个月内按照审批的工程总造价办理账面财产移交（或形成固定资产）及核销基建支出的财务处理，并办理建设项目工程资金尾款清算，把财政投资结余资金上缴财政部门专门设立的建设专项户头。

　　总之，工程造价的控制贯穿于市政工程项目建设的全过程，只有正确的项目决策、合理的设计、严格的施工管理、准确的竣工决算，才能合理确定和有效控制市政工程项目造价。

6.5.8　竣工结算与决算的联系与区别

　　竣工结算与竣工决算的联系与区别如表 6-1 所示。

竣工结算与竣工决算的区别　　　　　　　　　　　　　　　　　　表 6-1

项目	竣工结算	竣工决算
编制单位	承包方的预算部门	项目业主的财务部门
内容	承包方承包施工的建筑安装工程的全部费用。它最终反映承包方完成的施工产值	建设工程从筹建开始到竣工交付使用为止的全部建设费用，它反映建设工程的投资成果
性质和作用	①承包方与业主办理工程价款最终结算的依据；②双方签订的建筑安装工程承包合同终结的凭证；③业主编制竣工决算的主要资料	业主办理交付、验收、动用新增各类资产的依据

6.5.9　新增资产价值的确定

　　1. 新增资产价值的分类

　　竣工决算是办理交付使用财产价值的依据。正确核定资产的价值，不但有利于建设工程项目交付使用后的财产管理，而且还可作为建设工程项目经济后评估的依据。建设项目竣工投入运营后，所花费的总投资形成相应的资产。按照新的财务制度和企业会计准则，新增资产按资产性质可分为固定资产、流动资产、无形资产和其他资产四大类。

　　2. 新增资产价值的确定方法

　　（1）新增固定资产价值的确定

　　新增固定资产价值是建设项目竣工投产后所增加的固定资产的价值，它是以价值形态表示的固定资产投资最终成果的综合性指标。新增固定资产价值的计算是以独立发挥生产能力的单项工程为对象的。单项工程建成经有关部门验收鉴定合格，正式移交生产或使用，即应计算新增固定资产价值。一次交付生产或使用的工程一次计算新增固定资产价值，分期、分批交付生产或使用的工程，应分期、分批计算新增固定资产价值。新增固定资产价值的内容包括：已投入生产或交付使用的建筑、安装工程造价；达到固定资产标准的设备、工器具的购置费用；增加固定资产价值的其他费用。

　　在计算时应注意以下几种情况：①对于为了提高产品质量、改善劳动条件、节约材料消耗、保护环境而建设的附属辅助工程，只要全部建成，正式验收交付使用后就要计入新增固定资产价值；②对于单项工程中不构成生产系统，但能独立发挥效益的非生产性项目，如住宅、食堂、医务所、托儿所、生活服务网点等，在建成并交付使用后，也要计算新增固定资产价值；③凡购置达到固定资产标准无需安装的设备、工器具，应在交付使用后计入新增固定资产价值；④属于新增固定资产价值的其他投资，应随同受益工程交付使用的同时一并计入；⑤交付使用财产的成本，应按下列内容计算：房屋、建筑物、管道、线路等固定资产的成本包括建筑工程成果和待分摊的待摊投资，动力设备和生产设备等固定资产的成本包括需要安装设备的采购成本、安装工程成本、设备基础支柱等建筑工程成本或砌筑锅炉及各种特殊炉的建筑工程成本以及应分摊的待摊投资，运输设备及其他不需要安装的设备、工具、器具、家具等固定资产一般仅计算采购成本，不计分摊的"待摊投资"；⑥共同费用的分摊方法。新增固定资产的其他费用，如果属于整个建设项目或两个以上单项工程，在计算新增固定资产价值时，应在各单项工程中按比例分摊。一般情况下，建设单位管理费按建筑工程、安装工程、需安装设备价值总额作比例分摊，而土地征用费、勘察设计费等费用则按建筑工程造价分摊。

（2）新增流动资产价值的确定

流动资产是指可以在1年内或者超过1年的一个营业周期内变现或者运用的资产，包括现金、各种存款，其他货币资金、短期投资、存货、应收及预付款项，以及其他流动资产等。

（3）新增无形资产价值的确定

在我国，作为评估对象的无形资产通常包括专利权、非专利技术、生产许可证、特许经营权、租赁权、土地使用权、矿产资源勘探权和采矿权、商标权、版权、计算机软件及商誉等。

（4）其他资产

其他资产是指具有专门用途，但不参加生产经营的经国家批准的特种物资，银行冻结存款和冻结物资，以及涉及诉讼的财产等。

6.5.10 市政工程拖欠款的清理

拖欠工程款是全国工程建设管理中的"老大难"问题，市政工程也不例外，解决不好容易引起设计、监理、施工单位和建设单位之间产生矛盾纠纷，影响工程收尾工作的推进。下面对工程款拖欠的原因进行分析，并提出解决问题的对策。

1. 产生拖欠的原因

就市政工程而言，工程款拖欠主要是工程变更引起的，造成变更及拖欠工程款的原因是多方面的。从工程上讲，一是施工条件变化的原因，如在施工中实际遇到的现场条件和招标文件中描述的现场条件有本质差异；二是设计方的原因；三是功能变化方面的原因；四是施工工艺、工法方面的原因；五是承包商施工水平、技术方面的原因。从责任上讲，有建设单位的，也有承包商自身的，有设计、勘察单位的，也有监理单位的原因。从某种意义上说，变更、工程款支付滞后是特定条件下的大型、复杂工程建设过程中普遍出现的问题，也是一种常见的现象。对此，要正确理解，要有一个全面、客观的认识，否则容易激发不应有的问题和矛盾，给工程参建各方带来不良影响。正因为拖欠工程款的原因是多方面的，也较为复杂，要解决这些问题，同样需要各方的共同努力。

2. 清理欠款的基本原则

清理欠款的基本原则包括：

（1）尊重合同。合同是工程参建各方办理结算的依据，更是清理欠款管理的依据。能否变更及变更后如何结算，都要根据合同条款约定来确定。

（2）依据图纸。图纸是基础，必须要搞清楚设计变更前后工程量的变化，以及设计变更的依据，变更后的工程量确认手续是否齐全，是否按变更图纸实际完成了施工。

（3）实事求是。只要是变更手续齐全完整的合理变更，工程结算价应该予以调整确认。

（4）分清责任。所有引起工程变更的原因应清楚，方可理清责任。不是施工方（或其他乙方单位）的原因引起的设计变更增加的工程量，建设单位应该予以计量签认。

（5）合理分担。在责任界定清楚之后，勘察单位、设计单位、监理单位、施工单位及建设单位就应该承担各自原因引起的费用增加责任。例如，因设计单位失误引起的变更，设计单位应承担相应责任；因承包商原因引起的变更，承包商应承担相应责任。

（6）分类分项。对于已经完工的项目，应正确面对、快速处理，久拖不决可能产生许多变故，增大结算清理难度。分类分项，由易到难，先轻后重，逐步解决。对于一些争议较大的项目，可根据项目的不同性质特点，提出结算清理原则，进行协商解决。

绝大部分的市政工程是财政投融资项目，建设单位在办理结算和厘清欠款工作时，应在政府相关职能部门监管下进行，结算手续办理完成后方能支付工程尾款。在处理工程款结算的过程中，要以合同为依据、以图纸为基础，以事实为准绳，结算手续齐全完备，这是处理工程结算问题的基本原则。

3. 清理欠款对承包商的要求

承包商必须高度重视欠款清理工作，密切配合建设单位做好以下工作：

（1）端正态度。在办理工程结算过程中，甲乙双方的立场、态度都要端正，实事求是，公平合理。既要对企业负责，也要对国家、对人民负责。承包商不能要不义之财，建设单位更不能慷国家之慨。正确的立场和态度是解决问题的前提条件。

（2）遵守规定。参与办理工程结算的人员，应熟练掌握施工合同有关的计价条款，考虑施工现场的实际情况，按照清单计价规范、工程变更程序等规定，以及其他与结算有关的管理规定进行结算，少走弯路、节约时间。

（3）积极配合。在实际工作中，经常出现有些承包商只关注尽快能拿到工程尾款，而不积极配合、不认真对待、不抓紧办理结算手续。也有些承包商态度积极，但因办理结算的相关人员业务水平欠缺，无所适从，不知如何办理。工程尾款的清理工作，只有在承包方认真学习结算工作的相关规定，积极配合建设单位办理结算工作后，才能尽快解决问题。

（4）注意几个具体问题。一是结算思路要清晰。办理结算手续填报的资料要规范，证明材料（如图纸，相关的规定、政策文件，合同约定的责任条款）要清晰、齐全。申报的结算材料价格应合理、有据可查。涉及变更、签证的手续应办理完整。二是尊重客观事实，实事求是，不得有意重复结算。个别承包商有意对同一个项目重复、反复申报结算，这是不允许的。想浑水摸鱼，想蒙混过关，最终也将耽误工程结算的办理。三是不虚报结算款。无中生有、自立项目等弄虚作假的行为的后果是严重的，最终会影响整个项目的结算办理。四是不化整为零办理变更结算。有的变更工程量较大，担心整体结算无法通过审核，就"化大为小、化整为零"，分别在多个子项目里填报。这无形中增大了结算办理难度，影响项目收尾进度。五是，不小题大做。不要将小的变更有意报成大的，瘦的变成胖的。上述的种种思想和行为都是不正确的，都会导致工程尾款结算无法及时办理，最终影响工程尾款的支付工作。

（5）不得有意拖欠材料款和工人工资。欠款清理工作不仅是要厘清建设单位拖欠施工承包商的工程款，承包单位也应当自觉地解决拖欠的材料款、工人工资问题。个别承包商挪用项目资金，恶意拖欠材料款及人工工资，形成三角甚至多头债务关系，影响了社会的稳定。特别是在春节等重大节日、"两会"等重大政治活动期间，承包商更应该克服资金困难，及时发放工人工资，维护社会稳定。

4. 清理欠款对建设单位的要求

欠款清理工作是一项原则性、政策性都很强的工作，工作性质复杂又要求细致，不可能一蹴而就，需要做大量的、复杂的、艰苦的、细致的工作才能解决。建设单位内部各部门要通力协作，同时又要分工，关注不同的侧重点，分头抓好工作。

（1）按照分工负责的原则，各司其职。建设单位要明确欠款清理工作的负责人、责任部门及责任分工情况。技术管理部门负责审核技术方案的合理性，把住技术关；工程管理部门负责收集材料，确认承包商提供结算资料的准确性，把住资料关，主要关注工程量的真实性；造价部门主要审核结算单价，把住单价关；财务部门应保证及时支付已审结的合同结算，把住支付关。

（2）加快清理速度，提高工作效率。根据不同的工程项目，灵活采取同步申报、联审、集中审批等方式来办理。加强欠款清理工作的领导力度，加快欠款清理工作的速度，缩短审批时间，提高办事效率。

（3）坚持原则、严格审批，把好投资控制关。各部门必须按欠款清理工作的原则、程序和规定进行审批，保证欠款清理工作的公平性、合理性。坚持"原则要循、规矩要守、程序要走、手续要全、资料要齐"方针，认真、细致、严格、科学地对结算材料进行审查、审批。在加快办理速度的同时，努力把好投资控制关。

（4）对于因多方面的原因造成结算或中间计量手续无法办理齐全，导致工程款支付滞后的特殊情况，可以采用预估工程量，予以拨付小部分工程款。但应特别注意严格把关，避免出现超支付工程款等造成管理被动局面。

（5）尽快签订有关项目的补充合同。对于办理正常变更手续的项目，要尽快完成补充合同的签订工作。

5. 清理欠款对设计、监理的要求

设计单位是办理工程变更手续的源头，变更方案是否科学合理，对于是否会造成损失浪费，甚至出现错误、产生隐患，具有举足轻重的作用。设计单位在处理变更申请时应坚持原则、尊重科学、全力配合、认真负责，及时出具通过设计技术评审的变更资料。监理单位方面，要认真履行职责，加大投资控制力度，把好投资控制关，积极协助建设单位做好工程款拖欠的清理工作。

工程项目的结算款清理工作，应当细化到项目管理日常工作中，多次进行集中清理，不应是欠款清理工作的常态。

【本章小结】

市政工程项目造价一般指建设工程所花费的全部固定资产投资费用，造价管理一般指预测、确定和监控工程造价及其变动的一系列活动；工程造价管理的基本内容就是合理确定和有效控制工程造价。决策阶段控制工程造价的主要措施包括优化前期设计方案和提高投资估算的准确性。初步设计阶段造价管理的主要措施包括：重视工程测量和地质勘察成果，确保不发生重大工程变更；强化设计管理，确保得到相对令人满意的设计图纸；做好设计概算的编制与审查。施工图设计阶段造价管理的主要措施包括：以限额设计控制工程投资；减少设计变更；引入设计监理机制；优选主要材料和设备；优选科学合理的施工方案；做好施工图预算的编制与审查等工作。招标投标阶段造价管理的主要措施包括：编写完整的资格审查文件及招标文件；认真审核工程量清单及预算；合理划分标段；明确规定实行担保制度；实行大宗材料集中采购招标等。实施阶段造价管理的主要措施包括相关技术措施、组织措施、经济措施和合同措施。收尾阶段的造价管理主要是做好竣工结算和竣工财务决算等工作。

【思考与练习题】

1. 工程造价与工程造价管理的含义是什么？
2. 项目决策与工程造价的关系是什么？
3. 决策阶段控制工程造价的主要措施是什么？
4. 初步设计阶段、施工图设计阶段、招标投标阶段造价管理的措施有哪些？
5. 实施阶段造价管理的要点与措施有哪些？
6. 竣工结算和竣工财务决算有何区别？

第7章 市政工程项目安全和环境管理

【本章要点及学习目标】

1. 了解职业健康安全与环境管理的主要内容。

2. 熟悉市政工程项目安全与环境管理要点。

3. 掌握市政工程项目决策阶段、准备阶段、实施阶段、收尾阶段安全和环境管理的主要内容。

7.1 概　　述

7.1.1 职业健康安全管理的基本概念

职业健康安全是指在生产过程的每一项活动或作业、操作、服务工作中，企业员工（包括本企业员工、临时工、合同工、外来人员等）的健康和安全不受作业场所内各种条件和因素的危害（伤害）。职业健康安全就是习惯上所称的安全生产。

职业健康安全管理是指通过系统化的计划、组织和控制，对工作场所中影响企业员工健康和安全的各种条件和因素进行管理。

7.1.2 职业健康安全管理体系的建立

1. 职业健康安全管理体系的含义

国家标准《职业健康安全管理体系 要求及使用指南》GB/T 45001—2020 对职业健康安全管理体系的定义为：用于实现职业健康安全方针的管理体系或管理体系的一部分。

由此可见，建立职业健康安全管理体系的目的是防止对工作人员（包括直接开展工作或与工作相关的活动的人员）的伤害和健康损害（包括对人的生理、心理或认知状况的不利影响），以及提供健康安全的工作场所。职业健康安全与职业安全健康同义。

2. 职业健康安全管理体系建立的工作步骤

职业健康安全管理体系建立的工作步骤如图 7-1 所示。

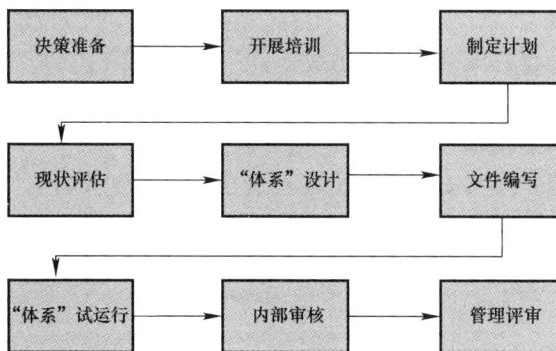

图 7-1 职业健康安全管理体系建立的工作步骤

职业健康安全管理体系建立后，企业可向职业健康安全管理体系认证中心申请认证。若审核通过，企业可以获得与企业形象相应的认证证书（认可通行证）。一旦建立了职业健康安全管理体系，企业各级员工就要始终坚持按照相关标准以及法律法规规定等，运行职业健康安全管理体系，以提升安全生产工作绩效，确保安全生产。

7.1.3　职业健康安全管理的主要内容

1. 职业健康安全管理的主要内容

职业健康安全管理的中心问题，是保护生产活动中人的安全与健康，保证生产顺利进行。宏观的职业健康安全管理包括：

（1）劳动保护

劳动保护侧重于以政策、规程、条例、制度等形式进行管理，使劳动者的安全与身体健康得到应有的法律保障。

（2）安全技术

安全技术管理侧重于对"劳动手段和劳动对象"的管理，包括预防伤亡事故的工程技术和安全技术规范、技术规定、相关标准及条例等，以规范物的状态，减少或消除对人和对物的危害。

（3）工业卫生

工业卫生管理侧重于对工业生产中高温、振动、噪声、毒物的管理。通过防护、医疗、保健等措施，防止劳动者的安全与健康受到侵害。

2. 职业健康安全管理的程序

职业健康安全管理的程序如下：

（1）识别并评价危险源及风险；

（2）确定职业健康安全目标；

（3）编制并实施项目职业健康安全技术措施计划；

（4）验证职业健康安全技术措施计划实施结果；

（5）持续改进相关措施和提高绩效。

3. 职业健康安全技术交底

职业健康安全技术交底的注意要点包括：

（1）在工程开工前，项目经理部的技术负责人应向有关人员进行安全技术交底；

（2）在结构复杂的分部分项工程实施前，项目经理部的技术负责人应进行安全技术交底；

（3）项目经理部应保存安全技术交底记录。

7.1.4　市政工程项目安全管理要点

1. 职业健康安全观念是安全生产的灵魂

对于市政工程项目，搞好安全生产是项目成功的基本要求和前提条件，工程进度、经济效益都是建立在安全生产的基础上的。项目管理者始终要把安全工作放在头等重要的位置，必须坚持"安全第一"，坚持"预防为主"，牢记"以人为本"，务必"贯彻始终"。

2. 教育培训是安全生产的前提条件

根据事故统计数据，人的因素导致的事故占 80% 以上。人的不安全行为主要来源于人的不安全素质。要提高人的行为安全，控制人的不安全行为，重要途径之一就是通过宣传、教育、培训，提高人员的安全素质，培育良好的安全习惯，激发正确的动机，强化安全意识，使人员掌握安全知识和技能。

3. 规章制度是安全生产的基本保证

制度就是要求人们共同遵守的按照一定方式和程序办事的规程。《中华人民共和国安全生产法》等法律法规重在确立安全生产基本制度。操作规程是针对某一种具体工艺、工种和岗位所制定的具体规章制度。制定安全生产管理制度和操作规程是安全生产的基础工作，只有建立一套完整的、严密的管理制度和操作规程，才能建立和规范安全管理程序，保证安全生产有序和有效进行。

4. 现场管理是安全生产的第一要务

作业现场是人、物、环境的直接交叉点，也是能量流动和物质流动的交汇处。根据调查分析，90%以上的事故发生在作业现场，80%以上的事故是现场作业班组违章指挥、违章作业或者各种隐患没有及时发现和清除造成的。防止人的不安全行为，消除物的不安全状态，必须从现场做起，从班组抓起。现场安全管理是安全生产的第一要务，班组安全建设是安全生产的第一任务。要对安全工作实施"全过程、全方位、全天候、全员化"的"四全"管理，切实做到"凡是有施工的地方，凡是有人工作的时候，就必须有人管理安全"，防止安全管理出现真空、盲点或死角。

5. 抓住重点难点是安全生产的关键所在

首先要抓住重点难点，这是职业健康安全防范的关键所在，也是现代职业健康安全管理抓住事故预防工作的关键性矛盾和问题的要求。参与市政工程项目建设的各单位、各部门要紧紧围绕安全生产的重点、难点问题开展安全管理工作。只有抓住并切实解决好重点、难点问题，安全生产才能有保障，才能避免恶性事故的发生。

6. 监督管理是安全生产的主要手段

安全生产要做到"严抓严管、狠抓狠管、善抓善管、敢于碰硬、敢于较真"。除了政府安全生产监督管理部门外，业主、监理、承包商都要各负其责、各司其职，形成有力的、协调的、统一的工程项目安全生产监督管理体制，施工项目部管理人员要对施工安全实行监督，监理单位对施工单位进行安全监理，业主对监理单位的安全监理进行监督，对承包单位的安全生产实行统一协调和管理，各方接受政府安全生产监督管理部门的监督管理。

7. 隐患排查是安全生产的有力措施

安全生产大检查是安全管理体系运行中的重要环节，也是保证安全生产的一个非常有效的措施。只有通过检查，才能及时发现人的不安全行为、物和环境的不安全状态，才能消除危险、有害因素和事故隐患，消除安全管理的盲点和死角，防止和遏制事故发生，提高安全水平。

8. 责任追究是安全生产的有效形式

安全生产责任制的核心是"谁主管，谁负责"，而责任追究制度的实质是对没有负责或负责不好的人或单位追究责任，解决责任主体未能正确履行抓安全生产工作职责、失职渎职的问题。安全责任追究的根本目的是让人们增强责任主体的责任意识，更好地履行安全责任。

9. 职业健康安全管理体系是安全生产的根本大计

职业健康安全管理体系是现代安全管理理论与事故预防工作实践经验相结合的产物，具有动态、系统和功能化的特征，是一套系统化、程序化、标准化、规范化的科学管理体系。

7.1.5　环境管理的含义

1. 环境管理的含义

环境管理是指按照法律法规、各级主管部门和企业的要求，保护和改善作业现场的环境，控制现场的各种粉尘、废水、废气、固体废弃物、噪声、振动等对环境的污染和危害。环境管理也是文明施工的重要内容之一。

2. 环境管理的意义

环境管理的意义包括：

（1）保护和改善施工环境是保证人们身体健康和社会文明的需要；

（2）保护和改善施工现场环境是消除外部干扰、保证施工顺利进行的需要；

（3）保护和改善施工环境是现代化大生产的客观要求；

（4）保护和改善施工环境是节约能源、保护生存环境、保证社会和企业可持续发展的需要。

7.1.6　文明施工的含义

1. 文明施工的含义

文明施工有广义和狭义两种理解。广义的文明施工，简单地说就是科学地组织施工。狭义的文明施工，是指在施工现场管理中，按照现代化施工的客观要求，使施工现场保持良好的施工环境和施工秩序。狭义的文明施工主要包括以下几个方面的工作：

（1）规范施工现场的场容，保持作业环境的整洁卫生；

（2）科学地组织施工，使生产有序进行；

（3）减少施工对周围居民和环境的影响；

（4）保证职工的安全和身体健康。

2. 现场文明施工的基本要求

现场文明施工的基本要求如下：

（1）施工现场必须设置明显的标牌，标明工程项目名称、建设单位、设计单位、监理单位、施工单位、项目经理和施工现场总代表人的姓名、开工日期、竣工日期、施工许可证批准文号等；

（2）施工现场的管理人员在施工现场应当佩戴证明其身份的证卡；

（3）应当按照施工总平面布置图设置各项临时设施；

（4）施工现场的用电线路、用电设施的安装和使用必须符合安装规范和安全操作规程，并按照施工组织设计进行架设，严禁任意拉线接电；

（5）施工机械应当按照施工平面布置图规定的位置和线路设置，不得任意侵占场内道路；

（6）应保证施工现场道路畅通，排水系统处于良好的使用状态，保持场容场貌的整洁，随时清理建筑垃圾；

（7）施工现场的各种安全设施和劳动保护器具，必须定期进行检查和维护，及时消除隐患，保证其安全有效；

（8）施工现场应当设置各类必要的职工生活设施，并符合卫生、通风、照明等的要求；

（9）应当做好施工现场安全保卫工作，采取必要的防盗措施，在现场周边设立围护设施；

（10）应当严格依照《中华人民共和国消防条例》的规定，在施工现场建立和执行防火管理制度，设置符合消防要求的消防设施，并保持良好的备用状态；

（11）施工现场发生工程建设重大事故的处理，依照《生产安全事故报告和调查处理条例》执行。

7.2 项目决策阶段的安全和环境管理

7.2.1 决策阶段的安全管理

在项目建议书阶段，应注意对影响建设安全的政策环境、规划线位、周边建筑、地下环境、风土民情等因素进行控制，避免给将来实施带来安全隐患。

在工程可行性研究阶段，应依据项目的具体情况和国家相关法规规定，编制地质灾害评估、地震安全性评估、安全预评价、防洪论证、水土保持评价、社会稳定风险预评价、抗灾设防专项论证等专题研究报告，作为可行性研究报告的支持性文件。

在市政工程项目前期决策时，应充分考虑在规划、设计、施工的各个环节中，严格执行国家颁布的强制性标准，保证安全设施的资金投入，确保安全设施同步规划、设计和建设。要着重论述项目建设的技术是否成熟、建设过程的安全是否有保证、运营使用是否可靠、维修保障措施是否健全等。尤其对新结构、新材料、新工艺、新设备等的运用要充分研究和论证其安全性，必要时召开专家会逐项进行专题论证。

7.2.2 决策阶段的环境管理

1. 规划阶段

市政工程建设对城市环境有很大影响，规划是市政工程建设环境保护的源头，将环境管理理念融入市政工程规划，越早实施环境保护措施，环境保护的效果越好。

市政工程的规划决策应结合城市总的发展目标和城市用地空间总体布局，确定市政工程的总体布局，并提出对城市总体规划调整的反馈意见，保证城市发展与管理的可持续性。尽量避开铁路、地铁、重要桥梁、隧道、建筑和古迹、古树等。

市政工程的规划决策应结合选址、沿线经过地区的地理环境，考虑地理环境可能对市政工程的建设和运营产生的影响，编制环境影响初步分析报告，并请环境保护部门参与选址、现场踏勘，给出相应意见，将其作为决策和审批的依据。

2. 可行性研究阶段

在可行性研究阶段，应注意以下几点：

（1）建设单位应根据相关部门的规划批复，在环境保护部门的指导下，认真执行环境影响报告审查制度，委托具有相应资质的单位编制环境影响报告书；

（2）建设单位向环境保护部门提报环境影响报告书，抄送行业主管部门，环境保护部门根据情况确定审查方式，提出审查意见；

（3）对市政工程建设对城市环境的影响作出具体分析，并估算环境治理方面的投资，将投资纳入项目经济分析，从经济角度保证后期环境管理措施的执行；

（4）若规划有变动，如线路走向、桥隧方案、选址等有变动，建设单位或主管部门应及时向环保部门报告，以对变动后的方案重新进行环境评价。

7.3　项目准备阶段的安全和环境管理

7.3.1　准备阶段的安全管理

1. 勘察设计的安全管理

勘察设计的安全管理应注意以下几点：

（1）勘察设计必须贯彻执行国家颁布的有关法律、法规和工程建设强制性标准，严格执行国家有关保密规定；

（2）勘察设计必须坚持"技术创新、安全可靠、节能环保、防灾减灾"的建设理念，采用先进的勘察设计管理模式，使用先进、成熟、经济、适用、可靠的技术、工艺、设备和材料，提高市政工程项目的建设水平；

（3）建设单位要严格遵守建设程序，坚持"先勘察、后设计、再施工"的原则；

（4）勘察设计单位要建立健全安全保证体系，实行工程勘察、设计文件逐级校审制度，对勘察设计的成果安全负责；

（5）勘察单位要依据相关勘察设计文件及规范等，编制勘察大纲和测绘技术方案，组织对勘察大纲、测绘技术方案、勘察成果进行审查；

（6）建设单位要依法委托具有相应审查资质的单位对勘察成果进行强制性审查；

（7）建设单位要对勘察过程实施监督管理，统一勘察报告编制的技术要求，对勘察工作进行监督、检查，对勘察资料进行验收，对实际完成的勘察工作量进行审核；

（8）建设单位要对综合勘探的执行情况进行督促检查，通过加强地质测绘工作，采用新技术、新方法，应用多种地质勘探方法，相互验证和综合分析，提高和保证工程勘察质量；

（9）对于含有预留工程的项目必须进行相关复测，以保证线路顺接，对于地形图中不准确的点或距离较近的风险点，建设单位要根据实际情况进行必要的复测；

（10）建设单位要督促检查测量单位完成全线地形图的测量及管线调查工作，为后续的设计工作提供准确的地形及管线资料；

（11）建设单位要督促检查项目的风险点、敏感点，应对周边环境进行调查，并对沿线的构筑物、管线、铁路、河流、桥梁等开展详查工作；

（12）要加强施工配合过程中设计变更的地质补充勘察工作；

（13）建设单位要在项目全过程中对设计安全进行管理，从质量、安全、进度、投资等方面对项目决策、项目设计、项目实施、项目验收与后评价等方面进行控制；

（14）建设单位要对工程设计的决策、实施、控制等环节实行全面管理，督促设计与咨询工作的开展，对设计全过程进行有效控制；

（15）建设单位要督促检查设计的总体性、完整性、统一性、适时性、经济合理性和技术进步性，建立健全接口管理规章制度，明确相应的责任单位、责任人员与设计工作程序；

（16）设计监理单位负责对委托范围内设计方案的形成过程和成果文件进行咨询审查，协助建设单位对各设计单位之间的接口问题进行协调；

（17）分项设计单位在建设单位、设计监理单位和设计总体单位的管理和协调下，对本单位提交的设计成果文件负责；

（18）各参建单位要建立健全信息管理的有关规章制度，规范设计和管理过程中产生的文件标识、审批和档案管理，保证技术指令与技术信息的传递与反馈清晰、流畅、可追溯；

（19）建设单位要督促各参建单位落实安全控制的组织措施、技术措施，采取有针对性和具体可行的办法保证设计安全始终处于受控状态；

（20）建设单位要督促检查设计文件审查制度的落实情况。必要时应根据地方设计管理的相关规定，对一些专项的设计方案（如基坑设计方案、桩基托换方案、大型桥梁的施工方案等）报送审查；

（21）建设单位要委托具有施工图审查资质的单位对施工图设计文件进行强制性审查；

（22）在初步设计阶段，建设单位应委托具有相关资质的单位，编制项目的市政管线综合和交通导改方案，并组织相关部门进行评审；

（23）建设单位要通过设计例会、设计巡检等方式动态检查项目设计综合计划的执行情况；

（24）设计单位在项目建设过程中，要针对设计管理和设计安全进行回访，及时解决因设计原因出现的问题。

2. 危险性较大的分部分项工程的安全管理

危险性较大的分部分项工程安全专项施工方案（以下简称"专项方案"），是指施工单位在编制施工组织（总）设计的基础上，在施工前针对危险性较大的分部分项工程，单独编制的安全技术措施文件。

施工单位、监理单位应当建立危险性较大的分部分项工程安全管理制度。施工单位应当在危险性较大的分部分项工程施工前编制专项方案，并按规定组织专家对专项方案进行论证。

7.3.2 准备阶段的环境管理

市政工程总体设计必须按照《建设项目环境保护管理条例》编制环境保护篇章，具体落实环境影响报告书及其审批意见所确定的各项环境保护措施和投资概算；建设单位在设计会审前应向政府环境保护部门报送设计文件，要求环境保护部门参加设计审查，必要时由环境保护部门单独审查环保篇章。

根据设计审查的审批意见，建设单位会同设计单位，在施工图中落实有关环保工程的设计及环保投资；环境保护部门需组织监督检查。在建设单位的年度计划完成建设投资额中，应包括环保投资。

另外，建设单位需要委托相关环保单位从环境保护的角度出发，在工程可行性研究报告的基础上，对市政项目沿线及周边作深入调查分析，弄清沿线振动、噪声、大气、地表水等环境质量现状及环境功能、敏感区域的变化情况。同时，预测项目建设和运营期对沿线及周边地区振动、噪声、大气、地表水等环境要素的影响程度和范围，并提出项目建设应采取的环保措施以及控制与缓解环境污染的对策。

7.4　项目实施阶段的安全和环境管理

7.4.1　实施阶段的安全管理

1. 建立健全安全管理体系

市政工程建设的安全管理工作在建设单位安全生产委员会的直接领导下，实行"政府安全行政监察、业主管理、监理监督、企业负责、群众新闻舆论监督"五级管理模式。

安全生产、文明施工实行施工单位（承包人）全面负责制，即工程项目的安全生产、文明施工、消防、社会治安、环境保护等由施工单位（承包人）全面负责。

建设单位各职能部门在公司安全生产委员会的领导下，负责组织该项工作的检查、评定和总结工作；负责落实各项安全生产制度、文明施工制度的执行；负责进行全过程的安全生产管理。监理单位负责监督安全生产、文明施工制度的管理、监督和执行。

2. 严格落实安全管理体系

安全管理体系实施的主要内容如下：

（1）安全生产目标

市政工程建设安全生产的总目标为：杜绝群死群伤的重大恶性伤亡事故，避免发生较大事故，防止发生一般事故，争创省市标准化安全生产文明施工示范工地。

（2）安全生产管理机构

市政工程现场指挥部成立安全生产领导小组，领导小组下设安全监督办公室，负责施工过程中的安全生产和文明施工的监督管理、检查考核和组织协调工作。监理单位设立相应的安全生产管理机构，配备安全总监和专职安全监理工程师。施工单位成立安全领导小组，并设置安全生产管理机构，配备专职安全施工管理人员；作业队、各作业班（组）配备专（兼）职安全员。

（3）安全生产教育培训

参建单位要贯彻落实《安全生产培训管理办法》（国家安全生产监督管理总局令第49号）、《生产经营单位安全培训规定》（国家安全生产监督管理总局令第3号）和《国务院关于进一步加强企业安全生产工作的通知》（国发〔2010〕23号）等法律、法规和通知要求，积极开展安全生产教育培训工作，全面提高各参建单位从业人员的安全素质，让所有从业人员的思想从"要我安全"转向"我要安全、我应安全、我懂安全"。

为贯彻"安全第一，预防为主，综合治理"的方针，增强市政建设单位各级领导干部和广大员工的安全生产意识，使其熟知安全生产法律法规，掌握安全生产科学知识，必须建立各级管理人员和全体员工定期培训、考核与经常性安全宣传教育相结合的安全生产教育制度。

（4）事故上报与处理

事故上报严格按照《生产安全事故报告和调查处理条例》（中华人民共和国国务院令第493号）和《建设部关于进一步加强建设系统安全事故快报工作的通知》（建质〔2006〕110号）的文件精神执行，同时按要求填写《工程建设重大安全事故快报表》和编写《安全生产事故报告》，并及时上报。

（5）安全生产监督和检查

为了保证市政建设单位各部门、各单位在工程建设过程中切实履行安全生产责任，依法办理有关申请批准手续，加强对工程施工安全生产的监督。对安全、质量监督部门的检查由公司安全管理部门牵头组织，公司相关部门、业主项目部、各参建单位应积极进行配合。检查内容分为一般性检查、季节性检查、节日前的安全检查、依据危险源控制措施对危险因素较大的施工项目进行的专项检查。

建设单位安全管理部每季度组织一次安全生产检查考核；现场指挥部每月组织安全生产检查考核，由安全管理部人员、监理人员参加；业主项目部（业主代表）至少每周组织安全专业监理工程师、施工单位的专职安全员进行一次安全检查；各项目监理部至少每周进行一次全面的安全生产检查，由总监理工程师组织，监理部和施工单位有关人员参加；施工单位至少每周进行一次全面的安全生产检查，由项目经理组织，项目部和作业班组有关人员参加。

各级、各部门组织的安全检查都必须做好检查和复查记录，检查单位和受检单位应在记录上签字并存档。

市政建设单位在安全监督检查工程中，对所发现的问题以签发安全检查通知书（对公司内部单位）、季度考评通报或整改通知单（对各承包商、监理单位）的形式，要求受检单位（部门）认真整改或采取措施，受检单位（部门）接到通知书（单）后，应在要求期限内组织整改或采取相应措施，并向市政建设单位安全管理部报送整改结果，必要时由公司安质部派人员对受检部门进行验证；对各监理、施工单位或供货商，由业主代表和安全工程师进行复查、验证。检查及处理情况应当进行详细记录。

对存在问题的单位（部门），市政建设单位可在一定范围内给予通报批评。对给工程造成经济损失的勘察、设计、监理、施工单位，必要时对其进行索赔。对情节严重者可解除合同、清退出场。

（6）特殊工种管理

加强对电工、焊工、起重工、架子工等特殊工种人员的安全宣传教育；特殊工种必须经专业培训合格后持证上岗；对所有在施工现场的特殊工种人员，必须按单位、分工种进行登记造册。

（7）民工安全管理

严格执行省市建设行政主管部门关于加强施工现场民工管理的有关规定；重点加强民工队伍的安全管理、安全培训和安全宣传教育，做好劳动保护工作；建立"三级教育卡"，定期开展安全学习交流活动，并做好书面记录；对民工使用的物品、宿舍、食堂、厕所等实行标准化管理。

（8）季节性安全管理

1）要注意节前节后（春节、元旦、劳动节、国庆节等）及政府举办的重大活动前后的安全生产与文明施工，并将值班名单报建设单位，确保信息畅通。

2）在防台风、防汛期间，要注意台风预报。在台风、强对流天气来临之前，要加强值班，加强检查，落实好各类防汛防台工具和器材安全，做好抗灾抢险的准备，遇事及时向建设单位汇报。

3）在梅雨季节要特别加强对施工用电的管理、检查、维修，避免用电事故的发生。

4) 高温季节要注意工人的作业安排，采取相应措施，搞好防暑降温和食堂卫生、饮水卫生工作。

5) 冬季做好施工现场防冻保暖及防滑措施，防止各类意外事故的发生。

6) 在雷雨季节前要对临时用房、钢构架、变电所进行防雷、避雷接地检查。

（9）消防安全管理

1) 拟订年度消防工作计划，组织实施日常消防安全管理工作。

2) 建立防火领导小组，成立义务消防队，配备相应的消防装备、器材，组织开展消防业务学习和灭火技能训练，提高预防和扑救火灾的能力，每年进行一次消防演练，不断完善预案。

3) 确定消防安全重点部位，设置防火标志，实行严格管理。

4) 严格遵守现场动火作业管理制度。

5) 严格按照规定使用电气设备，防止因使用不当而引起电气火灾事故。

6) 一旦工地上发生火灾事故，应当立即实施灭火，务必做到及时报警，迅速扑救火灾，及时疏散人员。在火灾扑灭后，应保护现场，接受事故的调查，如实提供火灾事故的情况，协助公安消防机构调查火灾原因，核定火灾损失，查明火灾事故责任。

（10）职业病的管理

职业病是由于从事职业活动而产生的疾病。

1) 职业病报告。职业病报告实行"以地方为主，逐级上报"的办法。一切企、事业单位发生的职业病，都应该按规定要求向当地卫生监督机构报告，由卫生监督机构统一汇总上报。

2) 职业病处理。职工被确诊有职业病后，其所在单位应根据职业病诊断机构的意见，安排其进行医治或疗养。在医治或疗养后被确认不宜继续从事原有害作业或工作的，应自确认之日起的2个月内将其调离原工作岗位，另行安排工作；对于因工作需要暂不能调离的生产、工作的技术骨干，调离期限最长不得超过半年。

3) 患有职业病的职工变动工作单位时，其职业病待遇应由原单位负责或两个单位协调处理，双方商妥后方可办理调转手续，并将其健康档案、职业病诊断证明及职业病处理情况等材料全部移交至新单位。调出、调入单位都应将情况报告给所在地的劳动卫生职业病防治机构备案。

4) 员工到新单位后，新发生的职业病无论与现工作有无关系，其职业病待遇由新单位负责。

（11）施工临时用电的安全管理

1) 严格执行《建筑与市政工程施工现场临时用电安全技术标准》JGJ 46—2024。

2) 临时用电设备在5台及以上或设备总容量在50kW及以上者，应编制《临时用电施工组织设计》。

3) 临时用电工程图纸应单独编制，临时用电工程应按图施工，在遇到变更用电组织设计时，应补充相关图纸资料。

4) 安装、巡检、维修或拆除临时用电设备和线路，必须由专职电工完成（持证上岗）。

5) 施工现场临时用电必须建立安全技术档案。

6) 在施工现场专用的电源中性点直接接地的220/380V用电线路中，必须采用TN-S

接零保护系统（即五线制配电），严禁采用 TN-C 接零保护系统。严禁工作零线（N）与保护零线（PE）混接。

7）架空线路必须采用绝缘导线与绝缘瓷瓶牢固绑扎，电缆干线必须采用五芯电缆。

8）配电系统必须设置一级总配电箱、二级分配电箱、三级开关箱，实行"三级配电三级保护"。每台用电设备必须有各自专用的开关箱，动力开关箱必须实行"一机、一闸、一箱、一漏"原则。除照明外，严禁用同一个开关箱直接控制 2 台及 2 台以上的用电设备（含插座）。

9）现场电箱、配电室、重复接地和保护接地（零）措施、施工现场照明设施、施工现场电缆线路敷设等必须执行标准化管理。

（12）施工机械设备的安全管理

1）施工机械设备应严格按照《特种设备安全监察条例》（中华人民共和国国务院令第 373 号）等的规定，进行登记、报检、备案、淘汰和安全使用等。

2）凡进入施工现场的特种建筑机械设备，必须按规定取得市各检测单位的"设备检测报告""安装验收合格证"和"年度检验合格证"，未检验合格的设备一律不得进入施工现场。

3）凡从事市政工程建设项目的起重设备安装或使用的单位，必须按照起重设备安全管理相关制度执行，从事门式起重机安装拆卸的企业，应具有相应的专业资质，监理单位对特种、特殊设备必须严格把关，杜绝不合格设备进入施工现场，消除管理环节上的盲点。

4）施工单位必须按照起重设备专项吊装方案进行吊装，严格执行"吊装令"制度。

5）各监理单位对施工现场各类特种设备应严格把关，严格执行机械设备和《专项施工方案》报审制度。监理单位要按照《建设工程安全生产管理条例》（中华人民共和国国务院令第 393 号）和省市工程建设行政主管部门对机械设备安全管理的规定，承担监理责任，坚决制止不合格特种设备进入施工现场。

6）各类大、中、型机具设备，压力容器，机动车辆，以及租赁设备的进场，均须通过严格验检。安全防护保险装置不全或损坏、失灵的，不准进场；进场设备的使用必须执行安全操作规程，并配备必需的消防器材。

7）各类有牌照的运吊设备、车辆均应牌照齐全，按规定期限参加验审，严禁超期限的设备在施工现场使用。

8）机械操作人员必须认真遵守安全操作规程，穿戴好个人保护用品，持证上岗，每天作业要正确填写运转记录和例保记录。运吊设备上不准留置闲人。

9）若各类运输吊装设备及车辆在使用过程中发生故障，应由专职操作人员、驾驶人员及时填写报修单，及时维修保养，不准带"病"违章作业，以免发生设备事故和人身伤害事故。已维修或进过例保的运输吊装设备、车辆，均应在设备台账中如实进行记载。

10）现场的大、中型机具设备及车辆必须由专人负责指挥和负责操作，严禁无证指挥、无证操作。

11）在大、中型机具设备使用前，应认真进行安全交底，并应配合做好管线保护、现场维护工作。大、中型机具设备的使用要密切注意环境、气候的影响，若遭遇突发情况或台风、强对流、暴雨、暴热、严寒、灾害性天气，要有切实可靠的防护措施。

12）租赁大、中型机具设备，双方必须签订租赁协议，在安装管理、使用和维修方面，要明确各自的权利、义务和安全责任。

13）机械操作人员和驾驶员，不经上级主管部门批准，不得随意加班加点，做好季节性的劳动保护，保证精力充沛，做到上下班次有手续交接，认真做好安全交底。

14）木工间、钢筋成型间要有安全管理制度及安全作业规程，钢筋切断机、钢筋成型机、电刨、电锯等金属外壳均要有可靠的重复接地，所有机具传动部位的防护罩均需齐全可靠，砂轮机、焊机不准放于木工间内，木工间要有禁火、禁烟标志，电线不可随地拖拉，刨花必须每天清扫处理，并配有相应的消防器材。

（13）高处作业的安全管理

1）严格执行住房和城乡建设部发布的《建筑施工高处作业安全技术规范》JGJ 80—2016。

2）高处作业的安全技术措施及所需料具，必须列入工程项目的施工组织设计中。结构模板工程施工必须按图纸制定详细的专项施工方案，并按规定程序进行报审，不得随意更改方案。

3）地面与地下的脚手架搭设，必须按照《建筑施工扣件式钢管脚手架安全技术规范》JGJ 130—2011、《建筑施工碗扣式钢管脚手架安全技术规范》JGJ 166—2016 执行。

4）基坑四周作业平台和现浇梁上的临边防护必须及时安装到位，且安全可靠，符合规定。

5）所有预留洞口的安全防护措施必须及时到位，且可靠有效。

6）临边与洞口的防护栏杆一律使用钢管设置，并刷上黑、黄醒目标识的油漆，不得用钢筋、毛竹、红白带或其他物品代替。

7）所有施工脚手架、临边与洞口的防护必须设立踢脚板，设置绿色密目网。

8）凡±2m 以上作业，在无其他防坠落可靠的安全措施的情况下，所有作业人员必须正确系好安全带。

9）及时设置脚手架上下、基坑上下以及基坑内结构钢筋绑扎、模板搭设时的人行通道，且保证安全可靠。

10）杜绝施工人员在钢支撑、翘头板上随意行走，防止出现施工作业严重违章现象，杜绝随意翻越临边、洞口防护栏杆和在施工脚手架、排架上攀爬的违章行为。

11）不得随意在钢支撑或结构排架上堆放待装的钢支撑钢筋、木料、模板、钢管、扣件等物品，以防高空坠物伤人。

12）工具应放入工具袋；传递物件严禁抛掷；严禁随意向下方抛掷物品。

13）无总承包项目经理批准，任何人不得私自拆除安全防护设施。

14）所有管理资料应及时纳入安全生产保证体系的台账。

（14）深基坑作业的安全管理

1）严格按国家、省、市住建部门有关建筑边坡与深基坑工程管理的规定，以及建筑地基基础工程施工质量验收规范等进行施工作业。

2）严格按照经评审的施工组织设计或深基坑支护、降水、开挖专项施工方案进行施工，严禁按照未经审定的方案进行施工。在施工中严禁随意更改施工方案。

3）深基坑施工组织设计（或方案）必须编制有针对性的应急预案。

4）降水期间，应对地下水的水位、流量和降水设备运转情况进行观测并做好记录。

5）应设置良好的排水措施。边挖土，边做好纵横向排水沟的开挖工作，设置定量的集水井并及时抽水，排除坑底积水。集水井距基坑挡墙内侧应大于1/4基坑宽度。

6）必须在开挖前准备好排水设备，以保证开挖后开挖面不浸水，基坑周边必须有防止地表水流入的措施，同时必须查明并排除基坑开挖范围的贮水体、废旧水管等内部的积水。

7）对于采用对撑的长条形深基坑，必须按设计要求分段开挖和浇筑底板，每段开挖应分层、分小段，并限时完成每小段的开挖和支撑。

8）对于逆作法施工的地下停车场基坑，在顶板和中楼板之间、中楼板和底板之间的土层开挖中，可将上道支撑随下面土层逐段开挖而拆下，并安装于下道支撑位置，每段开挖和支撑施工必须按设计要求限时完成。严禁超挖，分层开挖时每一层开挖面标高不得低于每层开挖的设计开挖面标高。

9）坚持落实深基坑施工下"作业任务单"和"开挖、支撑记录表"填写制度，以及定期结合监测报表的分析优化施工参数的讨论会制度。

10）严禁坡顶和基坑周边超重堆载，基坑四周的地面，不应堆放重物、杂物和其他散件，防止基坑受压，确保施工人员行走安全，严防杂物滚落至坑内伤害作业人员。

11）在开挖到底后，必须在设计规定时间内浇筑混凝土垫层（包括混凝土垫层以下的砾石砂垫层或倒滤层）。垫层所用混凝土的强度以及达到设计强度的时间必须满足设计要求。

12）必须严格坚持"先撑后挖土"的基本原则，在任何情况下都必须先将支撑安装施加压力后，再挖下一小段的土，平台的标高控制为支撑底下20～30cm，不宜过大。

13）基坑支撑必须达到设计要求，严禁在支撑上任意增加荷载，以确保工程及周边环境的安全。

14）钢筋混凝土上支撑（含混凝土角撑）宜采用早强混凝土，及早形成对称结构，应在达到设计要求强度后，再进行该支撑面以下的土体开挖。严禁采用爆破法拆除支撑，只允许人工分段凿除，吊运至坑外处理。

15）地基加固存在对土体先破坏后加固的过程，同时也会对地层和环境造成挤压与扰动，所以加固要添加速凝早强剂；要采用隔排跳孔；要合理地选择压力、速度等参数，明确合理的施工先后顺序和方向加固等措施，控制对环境的负面影响。

16）当支撑妨碍基坑开挖时，挖掘司机要谨慎操作，严格按照指挥人员的指挥进行操作，严禁对支撑进行撞击。

17）在起吊钢支撑件时，应严格遵守起重机的安全操作规定，吊臂活动范围内严禁站人，对较深的基坑，布设支撑时应在上、下各设1名指挥。

18）做好附近建筑物、基坑边地下管线的沉降监测和连续墙的位移监测等工作，努力将深基坑的变形控制在允许范围内。

19）基坑开挖前，对开挖基坑四周设置可靠的安全栏杆和配置标准的登高设置，禁止上下基坑设施搭设至钢支撑上，基坑四周应连续砌筑（砖或素混凝土）18～20cm高的防水踢脚，防止地表水流入基坑，基坑周围围护高度1.2m，必须采用拼装式围护。

20）现场各方管理人员必须每天阅读当日《检测报表》，出现不正常应分析原因，及时指导施工；每周监理和检测单位要做与工况相应的分析报告；当出现报警值时，监理要及时组织分析讨论，并提出对策建议；出现异常情况时，应暂停施工，及时处理。

21）监理单位必须对深基坑全过程作业进行全方位监督，并规范施工单位的施工行为，同时也要学好规范，熟悉图纸，规范自身的执业行为。对于基坑挖土、基坑支撑等关键工序或关键阶段，必须坚持旁站监督并及时阻止各类违章现象，同时做好旁站记录。

（15）爆破作业的安全管理

爆破施工具有较高的危险性，是安全生产管理工作的重点。特别是在隧道洞内的爆破作业，其场地有限，工序复杂，人员较多，交叉作业频繁，或爆破作业位于人流较多的旧商业区，距当地民房较近，市政设施管线密集，周围居民、道路上车辆出入频繁，这种情况下也极易发生人员伤亡事故和民房、市政设施、管网损坏等。为了促进市政工程建设的安全发展，必须理顺各方关系，明确责任，加强安全管理，避免爆破事故的发生。应注意以下几点：

1）签订安全协议（合同），明确双方责任；

2）建立健全爆破管理机制；

3）严格爆破规程，强化安全管理；

4）进行爆破安全专项专家论证；

5）相关单位密切配合，及时有效沟通。

（16）安全生产资料的管理

各参建单位应按照《建设工程文件归档规范（2019年版）》GB/T 50328—2014和《建设工程施工现场安全资料管理规程》CECS 266—2009规定进行管理。

安全资料管理应成为市政工程项目施工管理的重要组成部分，是预防安全生产事故和提高文明施工管理的有效措施。各参建单位应负责各自的安全资料管理工作，逐级建立安全资料管理岗位职责制，明确负责人，落实岗位职责。各参建单位应建立安全资料的管理制度，规范安全资料的形成、收集、整理、组卷等工作，并随安全管理工作同步开展，做到真实有效、及时完整。安全资料应字迹清晰，签字、盖章等手续齐全，计算机形成的资料可打印、手写签名。安全资料应为原件，因特殊情况不能为原件时，可为复印件。复印件上应注明原件存放处，尽可能加盖原件存放单位公章，由经办人签字并注明日期。安全资料应分类整理和组卷，由各参与单位项目经理部保存备查至工程竣工。

【案例7-1】

某单位实施阶段市政工程项目安全管理的主要做法如下。

1．明确内部机构安全管理责任

公司总经理（法人代表）对公司安全生产、文明施工管理工作负全责。公司分管安全生产的副总经理，对公司安全生产、文明施工管理工作负直接领导责任。各工程管理部经理（含负责人）对本部门安全生产、文明施工管理工作负直接领导责任。工程部项目经理、专（兼）职安全员对项目安全生产和文明施工管理工作负直接责任。

2．细化职业健康安全管理岗位职责

（1）公司总经理（法人代表）的岗位职责如下：

1）任命公司分管安全生产的副总经理全面负责公司安全生产、文明施工管理工作。

2）负责领导处理公司发生特别重大和重大安全事故的善后工作。

3）负责审批公司安全生产、文明施工管理预算、决算费用支付。

（2）公司分管安全生产副总经理的岗位职责如下：

1）全面领导公司的安全生产管理工作，领导组织建立健全公司安全生产、文明施工管理机制。

2）领导组织制定公司安全生产和文明施工管理计划、教育、宣传、培训、安全月活动等工作。审查、审批工程部门制定的安全生产和文明施工管理计划、应急救援预案和应急演练工作。

3）领导组织公司各部门积极应对国家、省、市对工程建设项目安全生产、文明施工管理工作的检查，领导组织公司安全生产、文明施工管理工作的季度抽查和半年检查。

4）负责参加市政府、市政园林局等上级部门召开的安全生产、文明施工管理工作会议，总结汇报，主持召开公司安全生产、文明施工管理工作会议。

5）负责领导处理公司发生较大安全事故的善后工作。

6）负责审查公司安全生产、文明施工管理的预算和决算费用，审批监理单位、施工单位奖罚费用。

（3）工程部门经理（含负责人）的岗位职责如下：

1）在公司分管安全生产副总经理的领导下，全面负责本部门的安全生产、文明施工管理工作。

2）负责建立健全本部门安全生产管理岗位责任制度，落实管理项目安全主体责任和安全监管责任，建立部门安全生产、文明施工管理机构和配备专（兼）职安全员。

3）落实部门工程项目安全生产、文明施工管理定期检查制度，认真组织开展部门每月抽检工作，检查和评估安全生产、文明施工管理的执行情况，管控机构和人员是否健全得力，发现和消除隐患，坚决遏止施工安全事故，防范重、特大事故的发生。

4）根据本部门工程情况，组织制定项目应急救援预案和应急演练工作。

5）负责组织制定、落实部门安全生产、文明施工管理的教育、宣传、培训工作，配合公司开展安全生产月活动。

6）负责组织处理部门工程项目突发的安全生产、文明施工事件和总结汇报工作。

7）负责部门重点工程质量、安全自查自纠情况汇报，工程安全整治行动、全市市政工程安全文明施工检查、文明城市检查等的准备和落实情况。负责组织上报部门（安全、质量、文明施工管理）情况汇总、安全信息月报表、企业职工伤亡事故月（年）报表以及半年和年终总结。

8）负责审核监理单位、施工单位奖罚费用。

9）负责部门发生一般安全事故的处理善后工作。

（4）安全质量部经理的岗位职责如下：

1）负责制定安全质量部安全生产、文明施工管理的岗位职责。

2）负责组织编写公司安全生产、文明施工管理的岗位制度。

3）领导安全质量部定期开展安全生产、文明施工管理的检查监督指导工作。

4）组织开展对重大安全事故的处理工作。

（5）专职安全生产、文明施工管理督员的岗位职责如下：

1）在公司分管领导、安全质量部经理的领导下，在安全生产、文明施工管理中起承上启下、上传下达的作用。

2）负责公司项目的安全生产和文明施工的监督指导、例行检查、汇总报告、编制报表工作。

3）负责检查督促安全生产和文明施工管理计划、教育、宣传、培训、隐患排查、应急救援预案编制和应急演练等工作的开展，落实执行情况。

4）负责重点工程安全文明自查自纠情况的汇总上报，监督指导安全整治行动、全市市政安全文明施工监督检查、文明城市检查等的准备和落实。

5）负责做好公司安全生产、文明施工管理会议的组织工作，并做好会议记录。做好公司安全生产和文明施工决议、决定文件的起草和发布。

（6）项目经理、专（兼）职安全员的岗位职责如下：

1）建立健全项目部安全生产、文明施工管理岗位责任制度，落实项目部安全生产主体和安全监管责任。

2）完善项目部安全生产和文明施工管控机构，配备专（兼）职安全员。

3）严格执行国家、省、市安全生产和文明施工的法律、法规，结合项目情况制定出安全生产、文明施工的管理措施和操作规程。

4）负责项目部安全生产和文明施工的教育、宣传、培训、交底。落实周例会检查制度、新进班组"三级"安全教育制度、上岗前安全交底制度。

5）负责项目的安全隐患排查、整改工作，制定应急救援预案和落实应急演练工作。

6）严格安全事故上报制度，发生事故时应立即上报、抢救伤员、保护现场，不得隐瞒不报、谎报或拖延不报。

7）严格监理单位、施工单位奖罚制度，项目部根据国家、省、市的法律、法规，制定项目管理安全生产、文明施工奖罚措施，上报部门经理、公司分管领导批准后实施。

7.4.2　实施阶段的环境管理（文明施工）

1. 管理目标

一般来讲，市政工程建设文明施工管理的总目标为"争创省、市级'文明工地'"。

2. 管理体系

市政工程建设的文明施工管理实行"建设、环境保护等行政主管部门监察，建设单位管理，监理单位监管，施工单位负责"的四级管理体制。

（1）各方主体主要责任包括：城市建设、环境保护等行政主管部门对市政建设工程文明施工行使政府监察职权；建设单位代表出资人负责对市政建设工程文明施工进行管理；监理单位对所监理的工程项目进行文明施工的监管、检查、布置和落实；施工单位负责所承担的施工项目文明施工管理的具体工作，是文明施工的第一责任人。

（2）管理重点为：通过加强勘察、设计、监理、施工等单位在文明规范化方面的建设，减少甚至杜绝危及周边地面建（构）筑物、市政基础设施和工程结构安全以及人员伤亡事故的发生，确保文明施工符合规范要求。

3. 现场文明施工规划设计

（1）施工单位在编制施工组织设计时，必须对文明施工进行规划设计，制定详细的总体平面布置图，做到施工现场整洁大方、有序，场内环境优美，道路硬化、平整、通畅。

（2）文明施工设计内容包括：

1）施工现场平面布置图的设计；

2）现场围挡的设计；

3）现场工程标志牌的设计；

4）临时建、构筑物，地面硬化，临时道路等单体设计；

5）现场污水处理排放设计；

6）粉尘、噪声控制措施的制定；

7）施工区域内现有市政管网和周围的建、构筑物的保护设计；

8）现场文明施工管理组织机构及责任人的确定。

（3）现场围护、临时设施必须按审核的设计方案进行搭设，在投入使用前，应在施工企业安全职能部门内自检合格，然后报监理单位进行验收。

（4）施工单位应根据文明施工规划设计计算文明施工措施费（包括工地围挡搭设、地面硬化、大型临时设施搭设、市政管线保护等的费用）。施工单位在投标报价时，应将文明施工措施费列入相应项目的报价中。

4. 现场文明施工的基本要求

（1）开工前必须按要求做好"三通一平"和施工组织设计，施工组织设计中要有现场文明施工具体专项措施。

（2）文明施工必须坚持五个标准：

1）对于在中心城区内规划许可的施工区域，要全封闭隔离施工，不得将马路、交通和社会运行的区域与施工区域混置。

2）满足临时交通组织的需要。要有一套科学、合理的临时交通疏解方案，将施工对交通的影响降至最低。

3）"清洁运输"。位于中心城区主要干道施工区域内的渣土、构件、材料、土方的运输实行封闭式运输管理，施工现场应设置洗车槽，车辆驶出工地前要冲洗保洁，防止泥土污染环境。

4）环境影响最小化。将施工引起的噪声、粉尘、夜间光照对周围环境的影响降至最低。

5）减少对市民生活和出行的影响。施工单位要把困难留给自己，把方便留给群众，为群众办实事。

（3）施工现场必须做到"二通、三无、五必须"。"二通"：施工现场人行道畅通；施工工地沿线单位和居民出入通道畅通。"三无"：施工期间无管线事故；施工中无重大工伤事故；施工现场周边道路应平整无积水。"五必须"：施工区域与非施工区域必须严格隔离；施工现场必须做到挂牌施工和管理人员佩戴胸卡上岗；工地现场施工材料必须堆放整齐；工地生活设施必须清洁文明；工地现场必须开展以创建文明工地为主要内容的思想政治工作，创建一个安全文明的良好作业环境。

5. 现场围护（围挡）的标准

现场围护（围挡）的标准参照市政工程文明施工相关规范、标准与规定。

6. 现场临时设施的标准

现场临时设施的标准参照市政工程文明施工相关规范、标准与规定。

7. 环境保护

（1）市政工程在工程施工期间，水土污染、大气污染、施工噪声污染等各项指标应满足国家和地方有关法律法规的要求，按照生态文明建设城市的标准进行施工。

（2）施工单位在编制施工组织设计和分阶段施工方案时，应考虑相应的环境保护工作内容，主要包括但不限于：根据施工特点，围绕敏感点，制定噪声、振动控制方案；根据各个工地的具体情况和环保要求，制定预防扬尘和大气污染的工作方案和工地排水、废水处理方案；制定固体废弃物处理、处置方案；编制保护城市绿化的具体工作内容；制定管线迁移和防护方案；掌握施工范围内已有的列入保护范围的文物名称，制定相应的具体保护措施等，并在施工中进行落实。

（3）水土污染处理要求包括：

1）施工现场的生活或其他污水必须设置排水沟及沉淀池，污水经沉淀池处理后方能经排水渠排入市政污水管网中。

2）施工过程中产生的泥浆未经沉淀不得排入市政排水管网或河流，废浆和淤泥应使用封闭的专用车辆进行运输。

3）施工现场必须设置洗车池（冲洗槽）和沉淀池，配置高压水枪，冲洗槽槽顶采用强度、刚度符合要求的型钢材料，表面平整，对外出车辆进行冲洗，确保净车出场。洗车池和沉淀池的规格及设置参照市政工程文明施工相关规范、标准与规定，未经沉淀的污水严禁排入市政管网中。

4）工地大门墙体中轴线设置挡水、减速坡，施工现场应配置专职保洁员，负责工地内场保洁和出入口两侧各50m范围的"门前三包"。

（4）大气污染处理要求包括：

1）施工现场的主要道路必须进行硬化处理，土方应集中堆放。裸露的场地和集中堆放土方的地方应采取覆盖、固化或绿化处理等措施。

2）土方、渣土和施工垃圾运输应采用密闭式运输车辆或采取覆盖措施，施工现场出入口采取车辆清洁措施。

3）施工现场的材料和模板堆放场地必须平整坚实，水泥和其他易飞扬的细颗粒建筑材料应密闭存放或采取覆盖措施。

4）施工垃圾的清运，必须采用相应容器或管道运输，严禁凌空抛掷。

5）施工现场应设置密闭式垃圾站或存放场，施工垃圾、生活垃圾应分类存放，并及时清运出场外。

6）施工现场的机械设备、车辆的尾气排放应符合国家环保标准要求。

（5）施工噪声污染处理要求包括：

1）施工现场按照现行国家标准《建筑施工场界环境噪声排放标准》GB 12523—2011进行施工噪声控制，同时选择低噪声的工艺和施工方法。

2）禁止夜间进行产生噪声的施工作业（晚上10时至次日早7时），由于施工技术或其他特殊原因不能中断施工时，应向行政执法部门和环境保护部门申请。

3）运输材料的车辆进入施工现场时，严禁鸣笛，装卸材料应轻拿轻放。

7.5 项目收尾阶段的安全和环境管理

7.5.1 收尾阶段的安全管理

在工程进入收尾阶段时，人员安全意识薄弱，容易产生麻痹思想。建设单位要采取措施保证现场人员身体健康，做好收尾阶段的施工安全工作。同时，要特别加强环境卫生管理，加强对员工宿舍、施工现场的巡查、巡检，在相关场所采取必要的消毒、灭鼠措施。

根据计划进度，有秩序地、分批地安排不必要的机械设备和周转材料等退场，但在竣工前，必要的设备以及材料必须保留到最后，用以处理可能出现的返工或整改。应安排专人负责机械设备、周转材料等的退场组织工作。

根据资金使用计划，合理地使用收尾资金，保证工人工资按时发放，避免引起讨薪、围堵、打架等群体事件。严禁酗酒、打闹，避免发生伤亡事故。

7.5.2 收尾阶段的环境管理

在项目收尾阶段，建设单位应向审批建设工程项目环境影响报告书或者环境影响登记表的环境保护行政主管部门申请，对环保设施进行竣工验收。环境保护行政主管部门应在收到环保设施竣工验收申请之日起30日内完成验收。环保设施验收合格后，才能投入生产和使用。对于需要试生产的建设工程项目，建设单位应当在项目投入试生产之日起3个月内，向环境保护行政主管部门申请对项目配套的环保设施进行竣工验收。

建设单位应配备充足的备用劳动力或施工队伍，以清除各种围挡、临时设施，清理排水系统、恢复各种功能等，并在接收单位正式接收前，保证道路通畅和整洁。

【本章小结】

职业健康安全管理是保证企业员工健康和安全不受作业场所内各种条件和因素危害（伤害）的重要手段之一，它应通过建立企业职业健康安全管理体系来予以保证。职业健康安全管理主要包括劳动保护、安全技术、工业卫生等内容，市政工程项目安全管理的要点主要有：职业健康安全观念是安全生产的灵魂、教育培训是安全生产的前提条件、规章制度是安全生产的基本保证、现场管理是安全生产的第一要务、重点难点是安全生产的关键所在、监督管理是安全生产的主要手段、隐患排查是安全生产的有力措施、责任追究是安全生产的有效形式、职业健康安全管理体系是实现安全生产的根本大计。环境管理指按照法律法规以及各级主管部门和企业的要求，保护和改善作业现场的环境，控制现场的各种粉尘、废水、废气、固体废弃物、噪声、振动等，防止对环境造成污染和危害。决策阶段安全管理的内容主要包括对影响建设安全的政策环境、规划线位、周边建筑、地下环境、风土民情等情况进行了解和控制，保证规划、设计、施工各个环节严格执行国家颁布的强制性标准，保证安全设施的资金投入，确保安全设施同步规划、设计和建设；环境管理的主要内容是编制环境影响初步分析报告，并请环境保护部门参与选址和现场踏勘，给出相应意见，将其作为决策和审批的依据。准备阶段的安全管理主要是做好勘察设计安全管理和危险性较大的分部分项工程的安全管理；环境管理主要是具体落实环境影响报告书及审批意见所确定的各项环境保护措施和投资概算。实施阶段安全管理的主要内容是建立健全安全管理体系和严格落实安全管理体系；环境管理的主要内容是做好现场文明施工规划设计，做好现场围护（围挡）和现场临时设施搭设，以及采取各项环境保护措施。在工程进入收尾阶段时，人员安全意识薄弱，容易产生麻痹思想，各个参建单位一定要采取措施，保证现场人员身体健康，做好收尾阶段的施工安全工作，同时，应向审批建设工程项目环境影响报告书或者环境影响登记表的环境保护行政主管部门申请，对环保设施进行竣工验收。

【思考与练习题】

1. 职业健康安全与环境管理（文明施工）的含义是什么？

2. 职业健康安全管理的主要内容是什么？

3. 市政工程项目安全管理的要点是什么？

4. 项目决策阶段安全和环境管理的主要内容有哪些？

5. 项目准备阶段安全和环境管理的主要内容有哪些？

6. 项目实施阶段安全和环境管理的主要内容有哪些？

7. 项目收尾阶段安全和环境管理的主要内容有哪些？

8. 如何做好危险性较大的市政工程分部分项工程的安全管理？

第8章 市政工程项目风险管理

【本章要点及学习目标】

1. 了解风险、风险管理的含义。
2. 熟悉市政工程项目风险的特点和风险管理的流程。
3. 掌握市政工程项目决策阶段、准备阶段、实施阶段、收尾阶段风险管理的主要内容。

8.1 概　　述

8.1.1 风险的含义

俗话说，"天有不测风云，人有旦夕祸福"，"祸兮福之所倚，福兮祸之所伏"。可见人类在从事生产活动的实践中始终伴随着风险。风险是对人们生命、健康、财产、生产活动、生存环境和生活质量等都会产生负面效应的威胁。

一般来讲，风险一词有两方面的含义：一方面是风险的发生意味着将产生不利结果，此不利结果泛指人们不希望发生的、不利于甚至阻碍人们实现预定目标的结果，例如产生的危害、造成的损失等；另一方面是风险不利结果的大小以及出现的可能性是一种不确定的随机现象。简言之，风险受到风险事件概率和风险损失大小的共同影响和作用。构成风险的三大基本要素为：风险因素、风险事件和损失。

1. 风险因素

风险因素可理解为引起或增加风险事件的机会或扩大损失幅度的原因与条件。它是风险事件发生的潜在原因，是造成风险损失的根源。风险因素根据性质的不同，可分为实质性风险因素、道德风险因素和心理风险因素。实质性风险因素是指能直接引起或增加损失发生机会或损失严重程度的因素，如环境污染就是影响人体健康的实质性因素；道德风险因素是指由于人的品德、素质不良，促使风险事件发生的因素，如诈骗、偷工减料等行为；心理风险因素是指由于人主观上的疏忽或过失而导致风险事件发生的因素，如遗忘、侥幸导致损失的发生等。

2. 风险事件

风险事件是指由一种或几种风险因素共同作用而发生的任何直接或间接造成生命、财产损失的偶发事件，是造成损失和危害的直接原因。风险事件的发生意味着风险因素由发生的可能性转化成了现实的必然性，风险事件是将风险造成损失的可能性转化为现实性的桥梁。

3. 风险损失

项目风险一旦发生，将对项目目标的实现产生不利的影响。风险损失通常以货币单位来衡量，具体可表述为非故意的、非计划的和非预期的直接或间接的人身损害及物质财产、经济价值的减少或灭失。

风险损失的类型包括：因经济因素增加的费用，赶工程进度增加的费用，处理安全、质量事故等增加的费用。经济因素主要是市场价格、汇率、利率等的波动以及工程项目建设资金筹措不当等；赶工程进度涉及资金的时间价值和赶工的额外支出两个方面，额外支出主要是因建筑材料供应强度增加、工人加班增加的费用以及机械使用费和管理费用等的增加；安全、质量事故导致的经济损失包括直接经济损失（返工、修复、补救等过程发生的费用，伤亡人员的医疗和丧葬补偿费用），材料设备等的损失，工期拖延造成的损失，工程永久性缺陷对使用功能造成的损失，以及第三者的责任损失等。

4. 风险因素、风险事件和损失三者的关系

风险因素引发风险事故，风险事故导致损失，风险因素、风险事件和损失三者的关系可通过作用链条来表示，如图 8-1 所示。

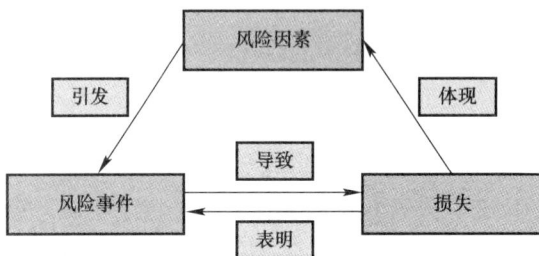

图 8-1　风险因素、风险事件、损失的关系图

风险是由风险因素、风险事件和损失三者相互关联而产生的，是三者构成的统一体，其产生的过程如图 8-2 所示。

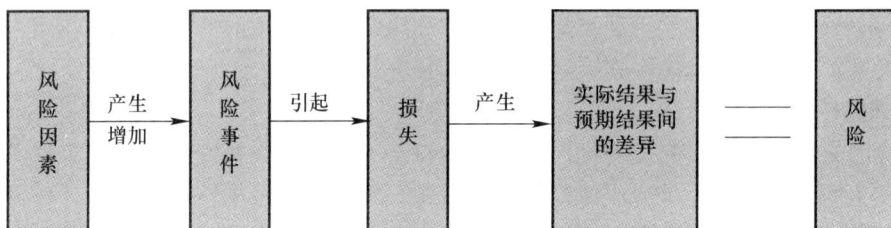

图 8-2　风险产生过程示意图

8.1.2　风险的特征

风险是普遍存在的现象，它具有客观性、普遍性、随机性、规律性、潜在性、可变性、阶段性等特征。

1. 客观性和普遍性

人类赖以生存的自然界，既受其内在规律的作用，也会受外部力量的影响和制约，在其运动发展的过程中往往呈现出不规则变化的趋势，因而决定了风险因素普遍大量存在。风险是不以人的意志为转移并超越主观意识的客观存在，风险存在于客观事物发展变化的整个过程中。虽然人类一直希望完全地认识和控制风险，但也只能在有限的时间和空间内改变风险存在和发生的条件，降低风险发生的可能性，减少损失程度，却不能也不可能完全地消除风险。

2. 随机性和规律性

风险的发生及后果具有随机性，任一具体风险的发生多是诸多风险因素和其他因素共

同作用的结果，是一种随机的突发现象。个别风险事故的发生是偶然的，但人类对大量风险事故资料进行长期观察和统计分析后发现，许多风险事件的发生具有一定的统计规律性，人们可以利用概率统计方法来客观地计算出风险发生的概率和损失程度，有意识、有目的地对风险实施监督和控制。

3. 潜在性和可变性

风险的随机性和不确定性决定了风险的发生仅是一种可能，从可能变为现实是需要具备一定条件的，即风险具有潜在性。现代科学技术的迅猛发展给人们带来了新的不确定风险和新的损失机会，新的风险可能导致的损失往往比自然灾害和意外事故引起的风险损失大得多。随着项目或活动的展开，风险的性质可能会随着事件的进程发生变化；随着人们对风险的认识、预测、防范和应对水平发生变化，风险事件发生的概率和造成的损失会发生变化；随着技术的进步、人们管理水平的提高以及风险控制措施的有效运用，部分原有风险因素可能会消除，新的风险因素可能会产生。

4. 阶段性

风险可分为潜在阶段、发生阶段、后果阶段三个不同的阶段。当风险处于潜在阶段时，潜在的风险对项目没有危害，但如果放任其发展，它将会逐步演变为现实的风险；风险在发生阶段尚未对项目产生影响，应及时采取措施处理；风险在后果阶段已经对项目造成了影响，后果已无法挽回，只能采取措施尽量减少其对项目的危害。

8.1.3 风险的分类

为了便于识别风险，对不同类型的风险采取不同的分析评价方法和管理措施，对风险进行分类。按照不同的原则和标准，风险存在不同的分类，如表 8-1 所示。

风险的分类　　　　表 8-1

分类依据	风险类型	特点	备注
按风险的性质	纯粹风险	只会造成损失,但不会带来机会或收益	例如,地震对工程项目的影响,一旦地震发生则只有损失没有收益,若不发生则既无损失也无收益
	投机风险	可能带来机会,获得利益,但又可能隐含威胁,造成损失	在现实案例中,纯粹风险和投机风险可能同时存在
按风险的来源	自然风险	由于自然力的作用,造成财产毁损或人员伤亡	如气候、地理位置等
	人为风险	由于人的活动而带来的风险	人为风险又可以分为行为风险、经济风险、技术风险、政治风险和组织风险等
按风险事件主体的承受能力	可接受风险	低于一定限度的风险	项目可以进行,但须采取措施防范风险
	不可接受风险	超过所能承担的最大损失或/和目标偏差巨大的风险	应立即停止项目,或改进方案等
按风险能否管理	可管理风险	可以预测和控制的风险	风险是否可控制和管理,取决于客观资料的收集和风险管理技术掌握的程度,随着数据、资料和其他信息的增加,以及管理技术和水平的不断提高,一些不可管理的风险,可以变为可管理的风险
	不可管理风险	难以或不能预测,并且超出风险事件主体控制能力的风险	

续表

分类依据	风险类型	特点	备注
按风险对象	财产风险	财产所遭受的损害、破坏或贬值的风险	—
	人身风险	疾病、伤残、死亡所引起的风险	—
	责任风险	法人或自然人的行为违背了法律、合同或道义的规定,给他人造成财产损失或人身伤害	—
按技术因素对风险影响	技术风险	由于技术原因形成的风险	技术条件和水平的不确定性
	非技术风险	非技术原因而引起的风险	如计划、组织、管理、协调等
按风险作用的强度	低度风险	风险发生后造成的危害不大	按此分类标准也可将风险划分得更细
	中度风险	风险发生后造成一定程度的危害,但采取措施可以控制,应给予一定的重视	
	高度风险	风险发生后造成的危害巨大,应加强防范和应对	
按风险对项目目标的影响	工期风险	局部的(工程活动、分项工程)或整个的工期延长	—
	费用风险	财务状况恶化,成本超支,投资追加,收入减少,投资回收期延长或投资无法收回,回报率降低	—
	质量风险	材料、工艺、工程不能通过验收,工程试验不合格	—
	安全风险	施工人员或过往行人意外伤亡,施工人员违规操作造成伤亡	—
	环境风险	造成无法弥补的环境污染、破坏等	—
从项目风险管理的角度出发	项目外风险	工程项目建设环境或条件的不确定性引起的风险	包括政治风险、自然风险、经济风险
	项目内风险	与项目生产活动存在直接或间接的关系	包括业主风险、承包商风险、监理单位风险、勘察设计单位风险、供应商风险等

注:风险还可分为静态风险和动态风险,基本风险和特殊风险,一般风险和个别风险,微观风险和宏观风险,经济风险和非经济风险,不可避免又无法弥补损失的风险,可避免或可转移的风险等。

8.1.4　市政工程项目风险的特点

市政工程项目及项目管理的特点决定了施工过程中存在大量的不确定性因素、随机因素和模糊因素,随着项目的进行不断地发生着变化,因此,市政工程项目建设是一项充满风险的事业,且风险具有以下特点:

1. 客观性

在市政工程项目全寿命周期内,尤其是在施工阶段,风险几乎无处不在、无时不有,并且不以人的意志为转移,超越人们的主观意识而客观存在,因此无法完全回避和消除,只能通过采取各种先进技术手段和有效措施来应对风险,降低风险发生的概率和减少风险带来的损失。

2. 偶然性

在市政工程项目中,任何具体风险事件的发生都是诸多风险因素共同作用的结果,根据人们对以往市政工程项目长期的研究和统计分析发现，部分风险事件的发生具有一定的概率，但由于人们认识水平有限，个别风险事件的发生仍然是无规律可循，具有极大的不确定性。

3. 可变性

市政工程项目在施工的整个全过程中，受确定性因素、不确定性因素的影响，随着市政工程建设过程的进展，在采取了有效的控制措施后，部分风险会相应地得到控制与处理，但同时又有可能产生新的风险。

4. 损失的严重性

市政工程项目投资巨大、涉及面广，一旦出现事故，势必造成巨大的财产损失和人员伤亡，引起广泛的社会影响，也会间接给项目的经济共同体（业主、承包商、监理、勘察设计、科研单位、地方政府等）的财产和声誉带来损害，而且这种财产损失和声誉的损害短时期内是不可能恢复的，并且直接影响社会稳定。

8.1.5　风险管理的含义

风险管理是一门跨自然科学与社会科学的系统化管理科学，它是在现代工程技术和管理学、社会学、行为科学、经济学、运筹学、概率统计、计算机科学、系统论、控制论、信息论等学科的基础上，结合现代建设项目和高科技开发项目的实际，逐渐形成的交叉学科。风险管理是一个完整的、系统的过程，履行的是一种管理的职能。

项目风险管理是在对风险进行识别、评价的基础上，合理地运用各种风险管理方法、应对策略、技术和手段等，对项目的所有风险实施有效预防与控制，妥善处理风险事故造成的不利后果，以最少的成本保证项目总体目标实现的管理工作。

风险管理的目标是：使项目顺利进行并获得成功；为工程建设创造安全的环境；降低工程费用，使总投资不突破限度；保证工程总体按计划、有节奏地进行，使项目在实施过程中始终处于良好的受控状态；减少环境内部的干扰；保证工程建设质量；使已竣工部分的效益稳定。

8.1.6　风险管理的流程

风险管理在项目管理中属于一种高层次的综合性管理工作，是分析和处理由于不确定性导致的各种问题的一整套方法，国内外文献中对项目风险管理流程的说法不尽相同，一般来讲，风险管理应首先从认识风险特征入手，去识别风险因素，然后根据需要和可能选择恰当的方法，估计风险发生的可能性及其影响；其次，按照一个标准评价风险程度，包括单个因素风险程度估计和对项目整体风险程度的估计；最后提出针对性风险对策，将项目风险进行归纳，提出风险分析结论。也就是说，风险分析实质上是从定性分析到定量分析，再从定量分析到定性分析的过程。

1. 风险识别

风险识别是运用系统论的方法对项目进行全面考察和综合分析，找出潜在的风险因素，并对各种风险因素进行比较、分类，确定各因素间的相关性和独立性，判断其发生的可能性及对项目的影响程度，按其重要程度进行排队或赋予权重的过程。

风险的识别应根据项目特点选用适当的方法，常用的识别方法有问卷调查法、专家调查法和风险分解法、情景分析法等，但在具体操作中大多通过问卷调查法或专家调查法完成。

2. 风险估计

风险估计是指在风险识别之后，用定量分析方法测度风险发生的可能性及对项目的影响程度，即估算风险事件发生的概率及其后果。概率是度量某一事件发生的可能性大小的量，是随机事件的函数。必然发生的事件的概率为 1，不可能发生的事件的概率为 0，一般的随机事件概率为 0~1。

由于概率分为主观概率和客观概率，因而风险估计也分为主观概率估计和客观概率估计。主观概率估计是人们基于长期积累的经验和掌握的大量信息对某一风险因素发生可能性的主观判断；客观概率估计是根据大量的试验数据，用统计的方法计算得到的某一风险因素发生的可能性，是客观存在的规律。

风险估计的一个重要方面是确定风险事件的概率分布以及期望值、方差等参数。常用的概率分布类型有离散型概率分布和连续型概率分布。

3. 风险评价

风险评价是在风险识别和估计的基础上，通过建立项目风险的系统评价指标体系和评价标准，对风险程度进行划分，以找出影响项目的关键风险因素，确定项目的整体风险水平。

(1) 风险评价的内容

风险评价包括单因素风险评价和整体风险评价。单因素风险评价是评价单个风险因素对项目的影响程度，以找出项目的关键风险因素。评价方法主要有风险概率矩阵、专家评价法等。整体风险评价是综合评价影响项目的若干主要风险因素对项目整体的影响程度，对于重大市政工程项目或估计风险很大的项目应进行项目整体风险评价。

(2) 风险评价的判别准则

风险评价可以以综合风险等级作为判别标准。

风险等级的划分既要考虑风险因素出现的可能性，又要考虑风险出现后对项目的影响程度，有多种表述方法，一般建立矩阵划分风险等级。方法如下：

1) 将风险因素发生的可能性划分为四个等级

高：风险因素很有可能发生；

较高：风险因素发生的可能性较大；

适度：风险因素可能发生；

低：风险因素不太可能发生。

2) 将风险因素的影响程度划分为四级

严重：一旦发生风险，将导致整个项目目标的失败；

较大：一旦发生风险，将导致整个项目的目标值严重下降；

适度：一旦发生风险，对整个项目的目标造成中度影响，但仍然能够达到部分目标；

低：一旦发生风险，项目对应部分的目标受到影响，但不影响整体目标。

3) 建立风险评价矩阵

以风险因素发生的概率为横坐标，以风险因素发生后对项目的影响为纵坐标，发生概率大且对项目影响也大的因素位于矩阵的右上角，发生概率小且对项目影响也小的因素位于矩阵的左下角，如图 8-3 所示。

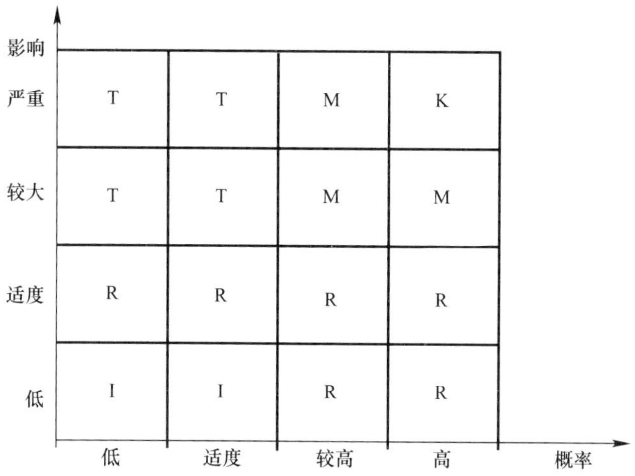

图 8-3 风险评价矩阵

4）将综合风险等级分为五个等级

K：表示风险很强，出现这类风险就要放弃项目；

M：表示项目风险较强，需要修正拟议中的方案，改变设计或采取补偿措施等；

T：表示风险较强，设定某些临界值，一旦指标达到临界值，就要变更设计或对负面影响采取措施；

R：表示风险适度（较小），适当采取措施后不影响项目；

I：表示风险弱，可忽略。

在图 8-3 中，落在矩阵右上角的风险因素发生概率大，且对项目影响也大，会对项目产生严重的后果；落在矩阵左下角的风险因素发生概率小，且对项目影响也小，可以忽略不计；落在矩阵的右下角的风险因素虽然影响适度，但发生的概率相对高，也会对项目产生影响，应注意防范；落在矩阵的左上角的风险因素虽发生的概率较低，但必须注意临界指标的变化，提前进行防范与管理。

4. 风险应对

风险应对是在风险发生前，从消除风险因素、减少风险发生的概率、降低风险后果的损失程度等方面，针对已识别出的风险采取控制措施，包括风险回避、风险转移、风险分担和风险自担等措施。

（1）风险回避

风险回避是有意识地放弃风险行为和彻底规避风险的一种做法，即断绝风险的来源。风险回避是一种最消极的风险应对措施，因为放弃风险行为也就放弃了潜在的收益，因而只有当某种风险造成相当大的损失或防范风险代价昂贵、得不偿失的时候才使用。

（2）风险转移

风险转移是将可能面临的风险转移给他人承担，以避免风险损失的一种方法。风险转移可以大大降低业主或承包商的风险程度，使更多的人共同承担风险。转移方式有两种，一是将风险源转移出去，如将已经完成前期工作的项目转给他人投资，或将其中风险大的部分转给他人承包建设或经营；另一种是把部分或全部风险损失转移出去，如通过保险转移。

（3）风险分担

风险分担是针对风险较大、无法独立承担，或是为了控制项目的风险源，而采取的与其他企业合资或合作等方式，共同承担风险、共享收益的方法。

（4）风险自担

风险自担就是将风险损失留给自己独立承担。风险自担包括无计划自留和有计划自我保险，无计划自留是没有意识到风险及风险损失，或对风险及损失估计不足，只能被动地将风险发生后的损失从收入中扣除的一种方法；有计划自我保险是在风险发生之前，通过各种资金投入和安排以确定损失出现后能及时获得资金以补偿损失的方法，如建立风险预留基金等。

8.2　项目决策阶段的风险管理

8.2.1　决策阶段的风险因素

1. 工程规划中的主要风险源

市政工程规划阶段的主要工作包括：线路规划方案、桥梁方案、隧道规模等的拟定与专项审查，以及工程初步勘察与环境调查等。此阶段主要应利用工程初步勘察和环境调查等技术，辨识工程中潜在的会对工程自身或周边区域环境产生重大风险影响的关键性工程，具体包括：

（1）跨江河湖海的工程；

（2）邻近或穿越既有轨道线路（含铁路）的工程；

（3）邻近或穿越既有建（构）筑物、道路、重要市政管线的工程；

（4）邻近或穿越重要的保护性建（构）筑物或水利设施的工程；

（5）重大明挖或暗挖的工程；

（6）邻近或穿越文物保护区的工程；

（7）需特殊设计或采用新工艺、新设备和新材料的工程。

2. 工程可行性研究中的主要风险源

工程可行性研究中的风险源包括：

（1）自然灾害风险（暴雨、洪水、泥石流、飓风、地震等）；

（2）水文地质与工程地质条件风险；

（3）周边环境影响风险（包括第三方损失及周边区域环境影响）；

（4）施工方法与施工工期风险；

（5）项目资金筹措及资金成本风险；

（6）施工场地拆迁引发的各类工期、投资及社会影响风险；

（7）市政工程运营对其周边区域环境产生影响的风险；

（8）重大关键性节点工程风险。

8.2.2　决策阶段风险管理的内容

1. 工程规划阶段风险管理的内容

在工程规划阶段要确保工程规划方案与城市总体规划和地理环境条件相一致，最大程度地降低因规划不当而导致的工程设计、施工及运营风险。风险管理可以由政府部门或建设单位委托相关工程风险管理咨询单位协助进行风险管理。

风险管理应重点针对线路方案、工程选址、桥梁方案、隧道规模、工程投资、环境影响等进行分析，对规划中潜在的重大风险可考虑采用修改线路方案、桥梁方案、隧道规模，重新拟定建设技术方案等措施进行风险控制。主要内容包括：

（1）规划方案与城市市政网络协调性风险分析与应对措施分析；

（2）交通及客流量预测风险分析与应对措施分析；

（3）线路、桥梁、隧道选择和工程选址风险分析与应对措施分析；

（4）场地水文地质与环境调查风险分析与应对措施分析；

（5）工程重大风险源与应对措施分析；

（6）工程投融资可行性风险分析与应对措施分析；

（7）不同工程规划方案风险综合评价与控制措施分析。

2. 工程可行性研究阶段风险管理的内容

工程可行性研究阶段风险管理的内容主要包括工程可行性方案拟定与施工方法适用性分析等，可以由工程建设相关单位委托专业的风险咨询单位协助进行风险管理。风险管理的目标为：通过辨识和评估工程建设风险，优化可行性方案，避免和降低线路、桥梁、隧道、施工方法、规划方案等的不合理带来的风险，为工程设计、施工及保险做好前期准备，初步制定工程风险控制措施，完成工程可行性研究阶段的风险评估。主要内容包括：

（1）建立工程风险管理大纲，确定工程风险管理的具体要求；

（2）划分工程风险评估单元；

（3）制定工程风险分级标准和接受准则；

（4）对重要、特殊的工程结构设计和施工方案进行风险分析；

（5）综合比选工程可行性方案风险，确定总体方案设计，初步制定风险处置对策。

3. 决策阶段的主要风险应对措施

决策阶段的主要风险应对措施包括：

（1）提出多个备选方案，通过技术、经济比较，选择最优方案；

（2）对有关重大工程技术难题潜在风险因素提出必要的研究与试验课题，准确地把握关键点，消除模糊认识；

（3）对影响投资、质量、工期和效益等的相关数据，如价格、汇率和利率等风险因素，在编制投资估算、制定建设计划和分析经济效益时，应留有充分余地，谨慎决策，并在项目执行过程中实施有效监控。

8.3 项目准备阶段的风险管理

8.3.1 详细勘察与环境调查阶段的风险管理

工程详细勘察与环境调查的主要任务是进行地形地貌绘制、工程测量、周边环境调查、工程水文地质勘察及室内岩土力学试验分析等，工程地质勘察与环境调查的主要目的是为工程设计和施工提供必要的基础数据资料。

1. 风险管理目标

通过对工程地质勘察与环境调查报告的过程进行审查和论证，控制因勘察遗漏、失误或环境调查不准、室内试验方法及参数获取失误等引起的工程设计与施工风险，同时注意避免工程地质勘察施工或环境调查过程中发生的风险。

2. 风险管理内容

工程地质勘察与环境调查风险管理的内容包括：

（1）收集工程方案的相关资料，审查工程地质勘察与环境调查单位的资质，审查技术管理文件及报告；

（2）分析工程地质勘查方案的风险，对勘察孔位与数量、钻探与原位测试技术、室内土工试验方法等进行风险分析；

（3）分析工程地质勘察施工风险；

（4）分析潜在的重大不良水文地质或环境风险。

3. 风险管理责任

工程地质勘察单位和环境调查单位承担风险管理的实施责任；建设单位主要承担组织与协调责任；风险管理咨询单位承担合同中约定的咨询责任。

8.3.2　初步设计阶段的风险管理

工程初步设计阶段的风险管理应以工程地质勘察与环境调查的风险管理为基础，结合选定的规划线路和建设技术方案，重点针对工程结构的具体设计方案、设计参数及施工工艺与技术，考虑工程建设的投资、安全、工期、环境等因素，实施风险管理。

1. 风险管理目标

初步设计阶段的风险管理目标为：配合工程设计目标和需求，形成符合国家法律、法规和设计规范、条例中要求的安全、可靠、经济、适用和技术先进的设计文件，控制并减少由于设计失误或可施工性差等因素引起的工程功能缺陷、结构损伤及工程事故的可能性。同时，通过工程结构设计进一步明确重大风险因素源，并对其进行专项初步设计。

2. 风险管理内容

初步设计阶段风险管理内容为：对工程初步设计中水文地质条件、地层物理力学参数取值、结构设计计算模型的采用等方面存在的不当或失误，可能导致的风险事故进行分析。针对不同的风险等级，建设单位和设计单位可采用调整初步设计方案、补充地质勘探、对新技术进行试验研究等措施规避风险。

3. 风险管理责任

在初步设计阶段，工程设计单位承担工程风险管理的实施责任，负责完成工程初步设计，明确工程施工方法和安全专项施工技术；建设单位主要承担工程初步设计的组织与协调责任，同时，与设计单位一起承担工程设计方案决策的风险管理责任；风险管理咨询单位承担合同中约定的咨询任务。

8.3.3　施工图设计阶段的风险管理

结合工程初步设计方案，考虑具体的施工方法及工艺流程，进一步细化初步设计，以保障工程建设施工。施工图设计阶段风险管理的重点是对已辨识的风险进行有效控制，以及对由初步设计审查引起的方案的变化进行风险评估。

1. 风险管理目标

施工图设计阶段的风险管理目标为：确保风险源的可靠识别和分级管理，确保施工图设计方案的具体实施，采取合理的施工图设计方案来对风险进行有效的控制，对工程中潜在的重大风险进行施工风险专项评估,提出工程重大风险专项风险管理方案。

2. 风险管理内容

施工图设计阶段的风险管理内容为:以工程初步设计的风险管理内容为基础,针对建设的关键节点或难点工程进行专项研究,尤其需注意采用新材料、新工艺、新技术及复杂区域施工的难点单项工程。对于施工图设计中确定的具体施工流程、风险控制措施等,尽量采用量化的风险评估方法,对工程施工图设计中潜在的风险因素及事故进行专项分析。施工图设计阶段的风险管理包括:

(1) 工程施工风险源的辨识、分级与风险评估;

(2) 重大风险源的专项分析与控制措施制定。

3. 风险管理责任

在施工图设计阶段,工程设计单位承担工程风险管理的实施责任,负责完成工程施工图设计,明确工程施工方法和安全专项施工技术;建设单位主要承担工程施工图设计的组织与协调责任,同时与设计单位一起承担工程施工图设计方案决策的风险管理责任;风险管理咨询单位承担合同中约定的咨询责任。

8.3.4 工程招标投标阶段的风险管理

1. 招标文件的风险管理要点

(1) 在招标文件中,应包含工程施工技术及其他方面的风险管理要求,确定工程建设各方应承担的工程风险管理责任等;

(2) 招标文件应明确地说明对投标单位的风险管理实施要求;

(3) 招标文件需包含以下风险管理信息:

1) 投标单位在类似工程中进行风险管理的相关信息及成果;

2) 工程风险管理相关的组织结构与人员安排;

3) 投标单位针对工程施工的风险管理目标概述;

4) 投标单位对工程可能涉及的风险的辨识与分析;

5) 投标单位针对工程风险管理提出的措施与建议。

2. 投标文件的风险管理要点

在投标文件中,施工单位的风险管理方案和措施应符合招标文件要求。施工单位在风险管理方面的要求包括:

(1) 风险管理的职位安排和人员组织;

(2) 可考虑和预测到的各种风险;

(3) 对工程施工方案的风险评估、风险等级划分和风险控制措施等的说明;

(4) 风险管理的日程安排;

(5) 与建设单位的风险管理体系及风险管理小组的协调;

(6) 与其他施工单位就风险管理进行的协调;

(7) 与其他部门(如政府部门,质量管理部门、环境管理部门等)进行的协调;

(8) 对分包商工程风险控制的具体要求和管理制度。

3. 合同签订的风险管理要点

合同签订的风险管理要点包括:

(1) 合同条款的完整性分析;

（2）以合同为依据，对可能的重点或难点技术方案须明确是否需要进行二次风险评估；

（3）工程投资费用及时到位的风险管理；

（4）工程工期提前或延误的风险管理；

（5）重要设备的采购与供货风险管理；

（6）对于未辨识的风险，合同中应包括与之相关的风险管理责任，具体实施或执行方案可通过双方商定，在合同条款中补充说明。

8.4　项目实施阶段的风险管理

8.4.1　建设单位风险管理的内容

建设单位是工程风险管理协调与组织的主体。建设单位负责统领工程施工现场的风险管理，对工程施工各参与单位的风险管理方案实行审查，监督实施施工过程的风险监控、安全状态判定和风险事故处理，对于重大安全事故，要及时上报给上级主管单位和政府部门，启动工程事故应急预案，并负责组织工程现场抢险。具体工作包括：

（1）建议成立工程风险管理小组，组织工程建设参与各方共同建立风险管理体系；

（2）开展工程风险管理培训工作，并参与工程施工单位的风险管理培训；

（3）负责协调、组织和布置工程建设各方开展工程风险管理工作，按照合同规定及时支付工程风险管理费用；

（4）建立工程现场风险监控动态管理台账，定期对施工单位的风险管理状况进行督查记录；

（5）负责对施工单位的风险管理方案和措施进行审定，其中重大风险的控制须经建设单位评审后方可实施；

（6）定期向政府主管部门报告风险管理情况，配合政府主管部门对重要风险管理活动实施同步监督管理。

8.4.2　施工单位风险管理的内容

施工单位承担工程施工风险管理实施责任。施工单位主要负责施工准备期和施工过程中风险源的识别与动态风险评估，编制工程施工管理方案和确定具体风险控制措施，执行风险管理实施细则，进行风险事务处理等。根据签订的工程承包合同，施工单位风险管理的具体工作包括：

（1）拟订详尽的风险管理计划，建立工程风险管理体系，明确工程风险管理流程；

（2）制定工程施工风险实施细则，确定工程施工风险管理的人员组织及人员名单、工作职责；

（3）在工程正式开工建设前，根据工程前期阶段已有的风险评估或管理文件和报告，分析施工前期及合同签订阶段中已识别的工程风险，确定风险控制措施，结合企业的施工设备、技术条件和人员，对新辨识的风险提出相应的风险控制措施；

（4）针对风险较大的风险事故，制定工程风险预警标准，列举风险事故发生的征兆，编制工程重大风险事故应急处置预案，其中，工程风险应急预案及应急措施应与国家、地方政府及相关的公共应急预案和服务相衔接；

（5）制订详尽的工程风险管理培训计划，负责对参与工程风险管理的技术人员进行风险管理培训和指导，并对作业层进行施工风险交底；

（6）当工程设计、施工方案或工期有重大变更时，应对工程风险重新进行分析与评估；

（7）负责完成工程施工阶段的风险动态评估，研究施工对邻近建（构）筑物产生的风险，并梳理重大工程风险，提交施工重大风险动态评估报告；

（8）结合工程施工进度，及时上报工程施工信息，通告建设单位施工的风险状况；

（9）对与工程施工有关的事故、意外、缺漏等进行调查与记录，分析风险发生的原因，评估风险可能对工程既定投资、工期或计划的影响，并迅速完善风险控制措施，避免类似事故的再次发生；

（10）在施工过程中，当某些风险控制措施的执行可能导致工期延误，或对建设单位造成其他的损失时，须经建设单位批准后再实施；

（11）根据工程特点，明确工程风险管理专项保证费用额度，并承诺专款专用。

8.4.3　风险管理小组的管理内容

在项目实施阶段，建议成立工程风险管理小组。该小组是由建设单位、咨询单位、设计单位、施工单位、监理单位、监测单位等工程参与各方负责人代表组成的工程现场风险管理最高机构，由建设单位负责领导，实行"分级管理、分工负责、集体决策"制度。在现场应有专职人员开展工作，主要负责现场施工风险管理的组织、督促与协调等，同时协助工程风险事故的应急决策与处理。主要职能包括：

（1）负责组织工程参与各方开展施工风险管理，负责现场风险管理的沟通与协调；

（2）督促与监督工程参与各方风险管理落实情况，配合工程参与各方实现工程动态风险控制；

（3）协助工程参与各方进行工程风险决策与控制，及时了解风险现状，发现风险事故征兆；

（4）作为风险管理的中枢，一旦发生风险则组织启动相应的风险应急预案。

8.4.4　风险管理咨询单位的管理内容

施工阶段是工程风险管理的核心，也是工程风险能否得到有效控制的关键。随着工程的建设进展，风险在不断发生变化，各项风险发生的概率及损失程度也在不断改变。因此，项目实施阶段的风险管理应以前期各个阶段完成的风险管理工作为基础，进行风险的动态管理与控制，通过委托专业风险管理咨询单位，配合开展工程施工过程中的现场风险管理。风险管理咨询单位的主要职责为承担工程施工风险查勘责任，主要为工程建设单位（或保险单位）进行现场施工全过程的风险动态查勘，汇报现场风险管理现状，预测下阶段风险管理的重点及发展趋势等。

1. 风险辨识和评估

根据工程条件、施工方法和设备条件，按照工程施工进度和工序，对工程风险进行评估和整理，尤其是对工程的重大风险进行梳理和分析，确定工程风险等级，并对重大风险提出规避措施和事故应急预案，完成施工风险评估报告。具体内容包括：

（1）各分部分项工程的主要风险点；

（2）致险因子与风险环境；

（3）风险等级及排序；

（4）风险管理责任人；

（5）风险规避措施；

（6）风险事故应急预案。

风险评估报告应作为正式的文件发送给工程建设各方，经讨论后，工程各方应对工程风险评估等级和控制对策达成共识。

2. 风险跟踪管理

风险跟踪管理是指对工程风险状态进行跟踪与管理，督促风险规避措施的实施，同时及时发现和处理尚未认识的风险，风险跟踪管理的内容具体包括：跟踪了解工程总体风险水平的变化、重大风险的发展趋势、规避措施的实施情况以及风险损失情况等。具体流程如图 8-4 所示。

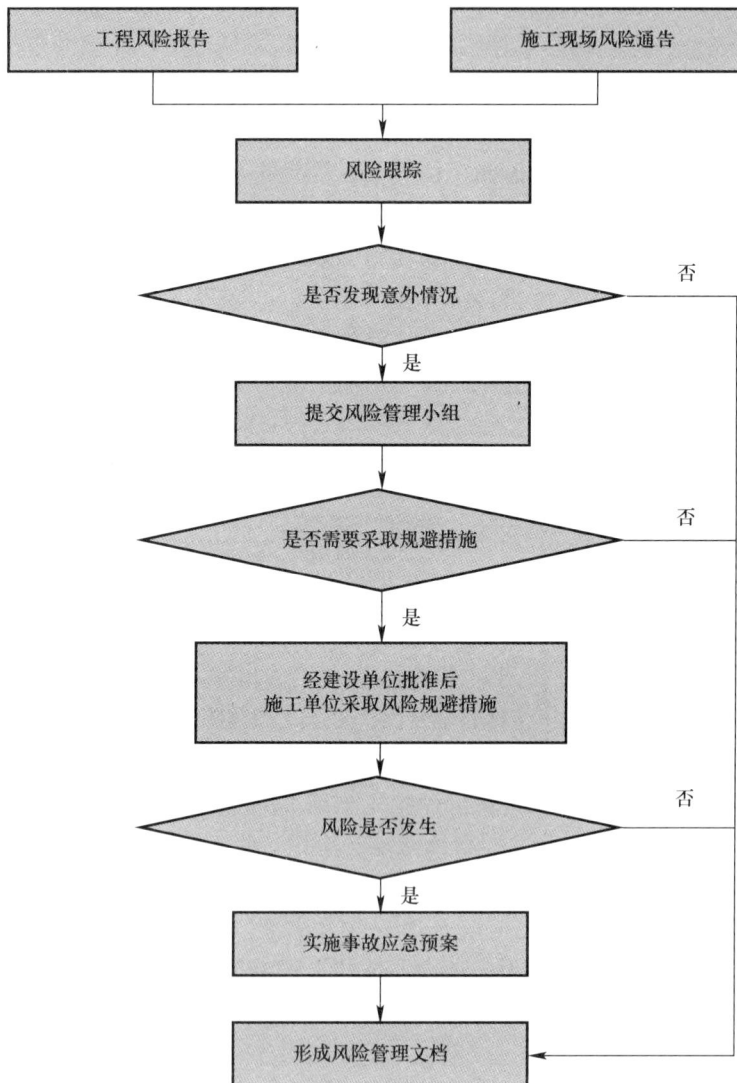

图 8-4　风险跟踪管理流程图

风险跟踪的内容主要包括对已辨识风险和其他突发风险的实时观察以及对风险发展状况的记录和查询，从而及时发现和解决问题。记录内容包括风险辨识人员、风险发生区域、风险发展状态、是否采取规避措施、规避措施实施人员及风险控制效果等。

3. 风险预警预报

现场施工单位应建立一套系统的风险监控和预警预报体系。特别是对于工程的重大风险点，应通过对监测数据的动态管理，及时掌握风险的发展状态。具体工作包括：

（1）根据工程风险特点，确定合理的工程监测方案，制定预警标准；

（2）建立起监测结果与风险事故的对应关系；

（3）确定基于监测结果的风险评价等级；

（4）根据监测结果进行风险的动态评价；

（5）如果发现异常情况或观测指标超过警戒值，应及时进行风险报警，采取规避措施，做好风险事故处理准备工作。

4. 风险通告

根据风险的评估结果，在每个单项工程施工之前，建设单位应以风险预告的形式，将其中的主要风险点向施工单位通告，施工单位应提交专门的风险处置方案，上报建设单位，建设单位审批通过后方可施工。

施工现场风险通告是工程风险管理中非常重要的一环，施工单位应在工程现场设置风险宣传牌，对各个阶段的风险点和注意事项进行宣传和教育。现场风险通告内容应包括：

（1）主要的风险事故；

（2）风险管理实施责任人；

（3）致险因子与风险等级；

（4）施工人员注意事项；

（5）事故预兆；

（6）风险规避措施；

（7）风险事故预案。

5. 重大事故处理流程

对于重大工程事故，应形成现场风险事故处理流程，明确各方职责和主要任务，确保风险事故发生后，能尽快得到妥善处理。重大事故的处理流程如图 8-5 所示。

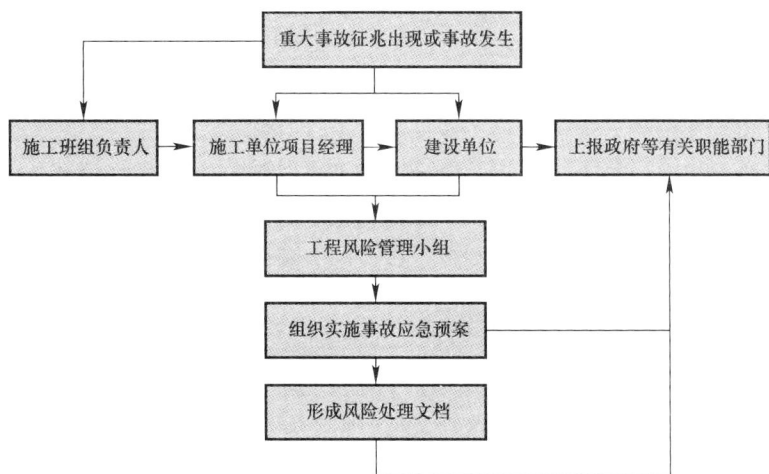

图 8-5　工程重大事故处理流程

6. 工程风险文档编写

在工程建设过程中，应形成专门的风险管理文档。风险管理文档和风险评估报告应作为工程竣工验收的文件。工程风险文档的具体内容包括：

(1) 主要的工程风险及致险因子；

(2) 工程重大风险点的规避措施和事故预案；

(3) 风险事故发生的时间、地点、原因、损失情况和采取的处理措施；

(4) 规避措施的实施责任人、实施时间和控制效果。

8.5 项目收尾阶段的风险管理

8.5.1 收尾阶段的风险因素

收尾阶段是工程项目建设全过程的最后阶段，也是保证工程项目实体质量的最后一道关口，对项目未来的运营具有重要的保障作用。因此，在项目的收尾阶段，建设单位应编制详细的竣工收尾工作计划，按计划要求，组织实施竣工收尾工作。收尾阶段影响市政工程项目的主要风险因素有：

1. 竣工验收依据方面

工程实体的质量是否满足法律所规定的强制性标准与规范的要求？工程承包合同有无调整与变化？设计和施工图纸是否齐全？各种施工记录、分项工程的验收记录等是否完备？

2. 竣工验收条件方面

各单位工程是否按照施工图纸完成了合同约定的各项内容？施工单位是否对工程质量进行了检查评定？施工单位是否向建设单位提交了经项目经理和施工单位有关负责人审核签字的工程竣工报告？勘察、设计单位对勘察、设计文件及施工过程中的设计变更是否予以确认，并提交了经勘察、设计负责人和勘察、设计单位有关负责人审核签字的工程质量检查报告？监理单位是否具有完整的监理资料并提出了工程质量评估报告？监理单位是否有完整的技术档案和施工管理资料？工程上使用的主要建筑材料、构配件是否有进场试验报告？施工单位是否签署了工程质量保修书？工程质量监督机构等有关部门责令整改的问题是否已全部整改完毕？工程实体是否结构安全、功能完善、外表美观、内外清洁、场地平整、道路畅通？

3. 竣工验收备案方面

是否有工程竣工验收备案表？是否有勘察、设计、施工、监理、建设单位签字盖章确认的工程竣工验收报告？是否有勘察、设计、施工、监理单位签署的质量合格文件？是否有城市建设档案、规划、消防、环境保护等部门出具的认可文件或者准许使用文件？是否有施工单位签署的工程质量保修书？市政基础设施有关的质量检测和功能性试验资料是否齐全？是否有质监部门出具的质量监督报告？

4. 工程项目移交方面

是否向接管单位办理登记手续并填写了工程移交与接管登记表？接管单位在受理接管登记时，是否向建设单位书面告知了接管条件？接管单位自受理登记之日起是否参与了城市道路、桥梁工程建设的主要过程，包括施工图交底、施工中结构验收、工程重要部位隐蔽工程验收、桥梁荷载试验或检测、工程竣工验收等？是否填写了移交与接管备忘录？是否对工程缺陷的处理进行了约定?

5. 档案验收与移交方面

勘察、设计、监理、施工单位是否各自收集、组卷、移交了各自的项目档案? 建设单位是否汇总了项目档案? 项目档案是否完整、准确、系统和安全? 城市建设档案管理机构对工程档案是否进行了预验收? 建设单位在工程竣工验收后 3 个月内,是否向城市建设档案馆(室)移交了一套符合规定的工程档案? 移交的档案资料是否符合国家档案局颁布的《重大建设项目档案验收办法》和《建设工程文件归档规范(2019 年版)》GB/T 50328—2014 的规定和各地档案管理部门的规定? 移交时,承发包双方是否按编制的移交清单签字并盖章?

8.5.2 收尾阶段风险管理的主要内容

1. 做好竣工验收工作

确保工程实体的质量满足法律所规定的强制性标准与规范的要求,各类工程资料齐全完备。尤其是要做好合同收尾管理,根据合同条款进行核对,分析项目是否完成了合同所有的要求,是否可以了结合同并结清账目,包括解决所有尚未了结的事项。合同收尾需要对整个项目过程系统地进行审查,找出合同上签订的事项是否已经全部完成。

2. 做好竣工验收备案工作

对于相关的工程竣工验收综合性文件,按照法律程序进行书面的、程序性的复查。例如,施工单位编制的"工程竣工报告",监理单位出具的"工程质量监理评估报告",勘察设计单位编制的"工程质量勘察、设计检查报告",建设单位编制的"工程竣工验收报告"等。此外,对规划、公安消防、环保、档案管理等部门所发的许可文件、证明文件和质量监督机构的质量监督报告等文件要进行全面复核性审查。

3. 做好工程项目移交工作

市政工程因接收管理单位不同,难以做到一次性集中办理移交,移交、管理和养护是一项相当复杂的工作。因此,必须坚持主体工程全面移交原则、竣工验收与移交接管同时办理原则与保修金共管原则,杜绝移交工作经常出现的移交周期长、甩项验收移交难、接收使用管理单位要求提高建设标准和增加建设内容等问题,尽快完成工程移交与接管登记表、移交与接管备忘录等内容的填写。

4. 做好档案验收与移交工作

工程档案是工程建设活动中直接形成的具有归档保存价值的文字、图表、声像等各种形式的历史记录。市政工程档案是编制城市规划及完善市政工程质量保证体系的基础资料,也是城市管理和市政工程管理的重要依据。所以,必须要做好工程档案预验收工作和工程档案移交工作,并且要确保移交的档案资料符合国家档案局颁布的《建设项目(工程)档案验收办法》和《建设工程文件归档规范(2019 年版)》GB/T 50328—2014 的规定和各地档案管理部门的规定。

5. 做好周边影响工程收尾管理

(1)在项目收尾阶段,应重点对施工影响范围内周边环境的受影响程度进行观测,当周边建(构)筑物的正常使用功能受到影响,或认为有必要对工程环境进行恢复处理时,应进行工程项目评估。

(2)工程项目评估应委托具有相应资质和经验的检测评估单位开展工程项目评估工

作，原则上可考虑由现状检测评估或施工附加影响分析的评估单位承担。

（3）当工程项目评估认为风险工程存在环境安全风险或工程隐患，并影响市政项目的正常运营时，建设单位应组织有资质和经验的设计单位进行恢复设计，组织施工单位进行修复处理。

（4）监理单位负责监督、检查修复施工处理的实施，并按有关程序组织验收。

【本章小结】

市政工程项目及项目管理的特点决定了施工过程中存在大量的不确定性因素、随机因素和模糊因素，因此，市政工程项目建设风险较高，且其风险具有客观性、偶然性、可变性、损失的严重性等特点；风险管理的主要流程为风险识别、风险估计、风险评价和风险应对。决策阶段风险管理的主要任务是识别出工程规划和工程可行性研究中的主要风险源，应重点针对线路方案、工程选址、桥梁方案、隧道规模、工程投资、环境影响等进行分析，对规划中潜在的重大风险可考虑采用修改线路方案、桥梁方案、隧道规模，重新拟定建设技术方案等措施进行风险控制。准备阶段风险管理的主要任务是进行工程详细勘察与环境调查的风险管控、工程初步设计的风险管控、施工图设计的风险管控、工程招标投标与合同签订的风险管控。实施阶段风险管理的主要任务是加强对建设单位、施工单位和咨询单位的风险管控工作。收尾阶段风险管理的主要任务是做好竣工验收、竣工验收备案、工程项目移交、档案验收与移交等工作，确保工程顺利收尾。

【思考与练习题】

1. 风险与风险管理的含义是什么？
2. 风险管理的流程是什么？
3. 市政工程项目风险的特点是什么？
4. 项目决策阶段风险管理的主要内容有哪些？
5. 项目准备阶段风险管理的主要内容有哪些？
6. 项目实施阶段风险管理的主要内容有哪些？
7. 项目收尾阶段风险管理的主要内容有哪些？

第 9 章　市政工程项目收尾管理

【本章要点及学习目标】

1. 了解竣工验收的原则、依据和条件，以及竣工验收备案的含义。

2. 熟悉竣工验收的分类和内容，项目移交管理的原则与内容，工程项目档案资料的内容。

3. 掌握竣工验收及备案管理的流程，工程项目档案组卷方法，以及档案验收和移交管理。

9.1　项目竣工验收

9.1.1　竣工验收的含义

验收是指在施工单位自行对工程项目进行质量检查评定的基础上，参与建设活动的相关单位共同对检验批、分项、分部、单位工程的质量进行抽样复验，根据相关标准以书面形式对工程质量合格与否做出确认。

竣工验收是承建单位将竣工的工程项目及相关资料移交给建设单位，并接受由建设单位负责组织的，勘察、设计、施工、监理单位等共同参与的，以项目批准的可行性研究报告和设计文件，以及国家或部门颁发的施工验收规范和质量检验标准为依据，按照一定的程序和手续，对工程项目总体进行检验和认证、综合评价和鉴定的活动。

验收是贯穿于工程实施全过程、全方位的重要内容。验收是控制、检验和保证工程质量的重要手段，是清理合同和明确投资、进度、移交事项的重要步骤，是实现预定功能的必不可少的重要环节，是一项复杂的系统工程。坚持验收标准是贯穿验收工作全过程的主题。验收标准是刚性原则，任何人不可随意降低或更改，不达标准就不能通过验收。

9.1.2　竣工验收的原则、依据及条件

1. 竣工验收原则

竣工验收是一项法律制度，《中华人民共和国民法典》《中华人民共和国建筑法》《建设工程质量管理条例》对竣工验收均已作出明确规定。为了保证建设工程项目竣工验收的顺利进行，必须遵循项目一次性的基本特征，按工程建设的客观规律和竣工的先后顺序进行竣工验收。

市政公用工程坚持"先档案验收、后工程验收"的原则。根据住房和城乡部发布的《城市建设档案管理规定》，建设单位在组织竣工验收前，应当提请城市建设档案管理机构对工程档案进行预验收。预验收合格后，由城市建设档案管理机构出具工程档案认可文件。建设单位在取得工程档案认可文件后，方可组织工程竣工验收。

2. 竣工验收依据

一般来讲，竣工验收的依据主要有：

（1）法律所规定的强制性标准与规范；

（2）建筑工程承包合同；

（3）设计和施工图纸；

（4）各种施工记录、分项工程的验收记录等。

3. 竣工验收条件

建设工程竣工验收应当具备下列条件：

（1）各单位工程按照施工图纸和合同约定的各项内容均已完成；

（2）施工单位对工程质量进行了检查评定，确认工程质量符合有关法律、法规和工程强制性标准，符合设计文件及合同要求，符合验收标准和规范要求，并向建设单位提交了经项目经理和施工单位有关负责人审核签字的《工程竣工报告》；勘察、设计单位对勘察、设计文件及施工过程中的设计变更予以确认，并提交了经勘察、设计负责人和勘察、设计单位有关负责人审核签字的《工程质量检查报告》；

（3）监理单位对工程进行质量评价，具有完整的监理资料，并提出《工程质量评估报告》，工程质量评估报告应经总监理工程师和监理单位有关负责人审核签字；

（4）有完整的技术档案和施工管理资料；

（5）有工程上使用的主要建筑材料、构配件和设备合格证及必要的进场试验报告；

（6）有施工单位签署的《工程质量保修书》；

（7）工程质量监督机构等有关部门责令整改的问题已全部整改完毕；

（8）工程实体结构安全、功能完善、外表美观、内外清洁、场地平整、道路畅通。

9.1.3　竣工验收的分类和内容

1. 验收的分类

在建设工程项目管理实践中，根据工程的性质、规模及发包情况，竣工验收可按专项竣工验收、单位工程竣工验收、单项工程竣工验收、建设工程项目竣工验收四种情况分类、分阶段进行。

（1）市政工程专项竣工验收

专项竣工验收是指由建设单位向档案馆（局）、规划、消防、环保、水利、人防、气象、交通设施、园林绿化等行政审批部门报批竣工验收请求，在递交材料齐全，经现场验收合格后，取得相关行政部门专项验收合格凭证的报批备案程序。

1）市政工程档案验收

根据住房和城乡建设部发布的《城市建设档案管理规定》，建设单位在组织竣工验收前应提请城市建设档案管理机构（城市建设档案馆）对工程档案进行预验收。预验收合格后，由城市建设档案馆出具《建设工程档案（预）验收认可书》。建设单位在取得工程档案认可文件后，方可组织工程竣工验收。其中，重点工程档案专项验收由档案局组织。建设单位应当在工程竣工验收合格后 3 个月内，向城市建设档案馆报送一套符合规定的建设工程档案。

建设单位提请档案馆进行工程档案验收，需提交：《建设工程竣工档案（预）验收申请表》；工程档案一套（工程准备阶段、监理、施工、预验收阶段的文件及竣工图），并附有《案卷总目录》《卷内目录》及电子文件；《市政基础设施工程（项目）级著录单位》，并附电子文件。

档案整理归档、验收的主要依据为：《城市建设档案管理规定》（住房和城乡建设部令第 47 号修正）、《城市地下管线工程档案管理办法》（建设部令第 136 号）、《建设工程文件归档规范（2019 年版）》GB/T 50328—2014 以及地方相关的档案管理办法等。

验收受理单位为城市建设档案馆（重点工程需通过档案局验收）。

2）环境保护验收

环境保护验收即环境保护设施竣工验收。根据《建设项目环境保护管理条例》《建设项目竣工环境保护验收管理办法》规定，建设项目竣工后，建设单位应当向审批该建设项目环境影响报告书、环境影响报告表或者环境影响登记表的环境保护行政主管部门，提出该建设项目需要配套建设的环境保护设施竣工验收申请。建设单位需委托编制《环境保护验收调查报告》或《环境保护验收监测报告》，并作为验收申请的附件。环保验收主要是核实建设项目是否按照环境影响评价文件批复要求落实各项环保措施。

《环境保护验收监测报告》应委托经环境保护部门批准的有相应资质的环境监测站编制。《环境保护验收调查报告》（适用于主要对生态环境产生影响的建设项目）可委托经环境保护部门批准的有相应资质的环境监测站编制，或者委托具有相应资质的环境影响评价单位编制，但承担该建设项目环境影响评价文件编制的单位，不得同时承担该建设项目环境保护验收调查报告表的编制工作。

环境保护设施竣工验收应与主体工程竣工验收同时进行。需要进行试生产的建设项目，建设单位应向审批该项目的环境保护行政主管部门提出试生产申请。经批准试生产的，建设单位应当自建设项目投入试生产之日起 3 个月内，向审批该建设项目的环境保护行政主管部门提出环保竣工验收申请。建设项目试生产期间，建设单位应当委托有监测资格的单位对环境保护设施运行情况和环境受建设项目的影响进行监测，并提交有监测资质的单位编写的《环境保护设施竣工验收监测报告》。

环保验收的主要依据为：《建设项目环境保护管理条例》《建设项目竣工环境保护验收管理办法》以及地方的环境保护管理条例等。

验收受理单位为生态环境局。

3）规划验收

规划验收即建设工程竣工规划条件核实。根据《中华人民共和国城乡规划法》规定，城市规划区内的建设工程，建设单位应当在竣工验收后 6 个月内向城市规划行政主管部门报送有关竣工资料。《建设工程质量管理条例》规定建设单位在办理竣工备案手续前应进行规划验收。市政工程规划验收包括：道路工程的实施范围、平面布置、中心线、竖向控制节点标高、标准断面及桥梁地道的净空等是否满足工程规划许可证要求；管线工程的实施范围、平面布置、中心线、管径、竖向控制点标高、管线综合道路横断面等是否满足工程规划许可证要求。

市政工程规划验收的主要附件材料包括：规划部门核查的《建设工程验线单》和地理测绘与地理信息中心出具的《市政工程竣工规划条件核实测量成果报告书》等。

验收受理单位为自然资源和规划局。

4）消防验收

消防验收是指消防部门依照建设工程消防验收评定标准，对已经消防设计审核合格的内容组织消防验收。其中，电气消防检测为消防验收强制检查的项目。

根据《中华人民共和国消防法》《建筑工程消防监督管理规定》（公安部第 106 号令）规定，市政工程中城市轨道交通、隧道工程应当办理消防竣工验收。

验收受理单位为消防救援支队。

5）水土保持验收

水土保持验收即水土保持设施验收。根据《中华人民共和国水土保持法》及《开发建设项目水土保持设施验收管理办法》规定，建设单位在项目竣工验收阶段，应当向水土行政管理部门申请水土保持设施验收。

水土保持的主要工作内容包括：编制水土保持方案实施工作总结报告和水土保持设施竣工验收技术报告。

验收受理单位为水利局。

6）人民防空工程验收

根据《中华人民共和国人民防空法》《人民防空工程建设管理规定》等规定，人民防空工程竣工验收实行备案制度。人民防空工程建设单位应当自工程竣工验收合格之日起 15 日内，将工程竣工验收报告和接受委托的工程质量监督机构及有关部门出具的认可文件报人民防空主管部门备案。

验收受理单位为人民防空办公室。

7）防雷验收

防雷装置竣工验收是县级及其以上气象主管机构的管理职能，属于国家许可性项目，防雷装置竣工验收分行政行为的竣工验收和由防雷技术机构进行的竣工前技术检测验收等技术服务工作。

防雷验收的主要内容是核实安装的防雷装置是否符合国务院气象管理部门规定的使用要求和国家有关技术规范标准，是否按照审核批准（或报备）的施工图施工。

建设单位在申请防雷装置竣工验收前，应委托具有相应防雷检测资质和计量认证的单位进行分阶段检测及竣工验收检测，提交《防雷装置检测报告》。

验收受理单位为气象局。

8）交通设施验收

交通设施验收是指公安交通管理部门在接管市政道路、桥梁等的交通标志、标线、信号灯工程前，组织进行的交通设施专项验收。

验收受理单位为交通警察支队。

9）绿化景观验收

绿化景观验收主要是园林绿化质量监督部门按照绿化景观设计图及相关规范，组织进行现场验收。绿化专项验收通过后，方可办理绿化工程竣工结算和绿化工程养护移交。

并不是所有的市政工程均需要全部进行上述工程的专项验收。应根据项目的不同性质，决定是否进行专项验收。只有在项目决策阶段和准备阶段得到了相关行政主管部门审批的建设内容，在竣工验收阶段才需要进行相应的专项竣工验收。

（2）单位工程竣工验收

以单位工程或某专业工程内容为对象，独立签订建设工程承包合同的，达到竣工条件后，承包人可单独进行交工验收。建设单位根据竣工验收的依据和标准，按承包合同约定的工程内容组织竣工验收。按照现行建设工程项目的划分标准，单位工程是单项工程的组成部分，有独立的施工图纸，承包人施工完毕，征得发包人同意，或原施工合同已有约定的，可进行分阶段验收。这种验收方式，在一些较大型的、群体式的、技术较复杂的建设工程中普遍存在。分段验收或中间验收的做法也符合国际惯例，它可以有效地控制分项、分部和单位工程的质量，保证建设工程项目系统目标的实现。

（3）单项工程竣工验收

单项工程竣工验收指在一个总体建设项目中，一个单项工程已按设计图纸规定的工程内容建设完成，能满足生产要求或具备使用条件，承包人向监理人提交"工程竣工报告"和"工程竣工报验单"，经签认后，向发包人发出"交付竣工验收通知书"，说明工程完工情况、竣工验收准备情况和设备无负荷单机试车情况等，具体约定交付竣工验收的有关事宜。

对于投标竞争承包的单项工程项目，则根据承包合同的约定，仍由承包人向发包人发出交工通知书申请组织验收。竣工验收前，承包人要按照国家规定，整理好全部竣工资料，并完成现场竣工验收的准备工作，明确提出交工要求，发包人应按约定的程序及时组织正式验收。

单项工程竣工验收应符合设计文件和施工图纸要求，满足生产需要或具备使用条件，并符合其他竣工验收条件要求。

（4）建设工程项目竣工验收

建设工程项目竣工验收指整个建设工程项目已按设计要求全部建设完成，并已符合竣工验收标准，应由发包人组织勘察、设计、施工、监理、接管单位等单位和档案管理部门进行全部工程的竣工验收。全部工程的竣工验收，一般是在单位工程、单项工程竣工验收的基础上进行的。对已经竣工验收并已办理了移交手续的单位工程或单项工程，原则上不再重复办理验收手续，但应将单位工程或单项工程竣工验收报告作为全部工程竣工验收的附件加以说明。

2. 验收内容

工程项目竣工验收的内容一般包括工程资料验收和工程实体验收两大部分。工程资料验收包括工程技术资料、工程综合资料和工程财务资料的验收。工程实体的验收包括建筑工程验收、安装工程验收和其他特殊工程的验收。

9.2　项目竣工验收备案

9.2.1　竣工验收备案的含义

工程竣工验收备案是指政府在工程建设后期，通过建设行政主管部门或其委托的备案部门，在建设工程竣工验收后，进行宏观的、程序性的备案检查，并对工程建设结果进行质量监督管理。主要内容包括对有关工程竣工验收综合性文件进行书面的、程序性的复查，如施工单位的"工程竣工报告"、监理单位的"工程质量监理评估报告"、勘察设计单位的"工程质量勘察、设计检查报告"、建设单位的"工程竣工验收报告"等。此外，还需对规划、公安消防、环保、档案等部门所发的许可文件、证明文件和质量监督机构的质量监督报告等文件进行复核性审查。

建设工程竣工验收备案管理制度是任何单位和个人都不能简化的法律程序，强化了国家对建设工程质量结果的监督管理，使工程从立项到开工，从施工到竣工，从验收到交付使用的全过程得到监督管理，并督促勘察、设计、监理、施工等单位建立健全内部质量控制体系，真正做到"谁建设谁负责，谁监理谁负责，谁设计谁负责，谁施工谁负责"，为提高建设工程质量提供了可靠保证。

9.2.2　竣工验收备案的有关规定

建设单位办理工程竣工验收备案应符合以下有关规定：

（1）建设单位在工程竣工验收合格之日起 15 日内，必须将备案所需文件整理齐全，依照《房屋建筑工程和市政基础设施工程竣工验收备案管理暂行办法》的规定，将备案资料报行政审批中心申请备案。

（2）对建设单位在工程竣工验收合格之日起 15 日内未办理竣工验收备案等的违法行为，按照《建设工程质量管理条例》第 56 条和《房屋建筑工程和市政基础设施工程竣工验收备案管理暂行办法》第 9 条的规定，处 20 万元以上 50 万元以下罚款。

（3）建设工程竣工验收合格且备案文件齐全后，由备案机关发放《房屋建筑工程和市政基础设施工程竣工验收备案证》。

9.2.3　竣工验收备案应提交的文件

建设单位办理工程竣工验收备案应当提交下列文件：

（1）工程竣工验收备案表。

（2）工程竣工验收报告。竣工验收报告是指工程项目竣工之后，相关部门成立的专门验收机构，组织专家进行质量评估验收以后形成的书面报告。勘察、设计、施工、监理、建设单位必须在竣工验收报告上签字盖章确认。

（3）勘察、设计、施工、监理单位签署的质量合格文件。

（4）城市建设档案、规划、消防、环境保护等部门出具的认可文件或者准许使用文件。

（5）施工单位签署的工程质量保修书。

（6）市政基础设施的有关质量检测和功能性试验资料。

（7）质量监督报告（由质量监督部门按规定提供给备案机关）。

（8）法规、规章规定必须提供的其他文件以及备案机关认为需要提供的有关资料。

9.2.4　项目竣工验收及备案管理流程

项目竣工验收及备案管理流程如图 9-1 所示。

9.3　项目移交管理

9.3.1　项目移交的重要性

毋庸置疑，政府投资市政工程花的是纳税人的钱，建成后必须尽快交付使用，使之产生社会效益、环境效益和经济效益，让纳税人尽快享受建设成果。市政工程按专业划分，分为道路、桥梁、人行天桥、给水、雨水、污水、电力、电信、路灯照明（含路灯箱变）、燃气、交通设施和监控、绿化等。市政工程因接收管理单位不同，难以做到一次性集中办理移交，且移交、管理和养护是一项相当复杂的工作。因此，项目移交管理也是市政工程建设中非常重要的一个环节。

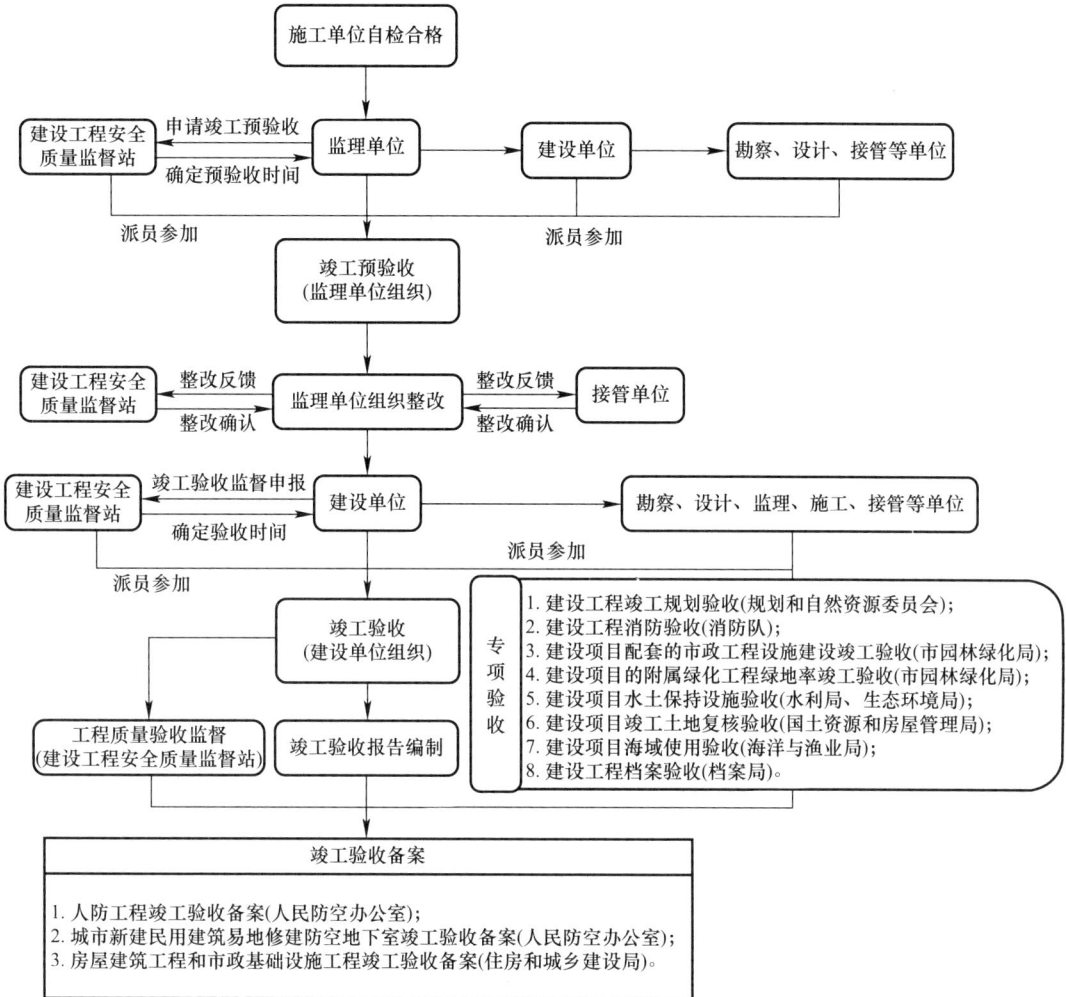

图 9-1 项目竣工验收及备案管理流程

9.3.2 市政工程移交工作经常出现的问题

1. 移交手续繁琐，周期长

由于接收使用管理单位众多，这些单位难以同一时间到现场参加验收，致使验收周期长。同时，各接收单位对接收资料的要求不尽相同，需要分别准备，逐项办理相关手续，这也需要一个漫长的周期。

另外，在接收单位同意实物接收与移交手续办理完毕之间存在一段真空期，一旦发生意外容易出现推诿责任的情况。由于市政工程具有建成后需要尽快开放交通、投入使用的特点，因此，在这段真空期内，建设单位和施工单位将承担一定的管理风险。

2. 甩项验收移交难

市政工程中经常出现各种特殊情况（特别是房屋拆迁的影响），导致工程无法全面完成，但已完部分具备独立使用功能且可以对外开放。在这种情况下，难以协调全部的接收单位同意甩项验收和移交接管。

3. 接收使用管理单位要求提高建设标准、增加建设内容

经常出现各专业接收单位在办理移交前，根据高于国内标准规范的企业标准，要求增加、变更施工内容，致使移交工作难度增大。设计单位应当在设计阶段认真参考各专业使用管理单位的书面审图意见，同时将综合各专业单位意见后修改完成的图纸报规划部门审批，按图施工，这样可减少出现移交前临时变更或增加工程内容情况的出现。

9.3.3　项目移交管理的原则

1. 主体工程全面移交原则

主体工程移交接管内容包括由财政投资建设的城市道路、桥梁、排水（洪）设施、路灯照明设施、人行天桥及过街人行地道等市政基础设施项目。绿化及其他专业管线（财政投资建设的），需分别单独移交，管线单位自筹资金建设的不用办理移交。

2. 竣工验收与移交接管同时办理原则

建设单位应督促施工单位在工程竣工预验收后，及时按接管单位意见整改完毕，并通过接管单位相关人员现场核查后，再组织竣工验收。验收完毕，应立即移交一套符合城市建设档案管理规定的竣工资料，签订《城市道路、桥梁工程移交与接管备忘录》，办理移交至接管手续，将工程实体移交至市政工程管理处进行维护管理。

3. 保修金共管原则

工程质量保修期从竣工验收之日起算。缺陷责任期满后，建设单位应组织监理单位、施工单位进行现场核验，督促施工单位对存在的缺陷进行整改，并经接管单位现场核查签认后方可支付质量保修金。

9.3.4　项目移交管理的内容

1. 市政工程项目管理养护单位

县级以上城市人民政府市政工程行政主管部门负责本行政区域内的城市道路桥梁等市政工程的管理工作。市政主管部门可委托其所属的市政工程养护管理单位负责城市道路桥梁等市政工程的接收与管理等具体工作。

2. 工程移交与接管登记的内容

建设单位应在城市道路、桥梁工程开工前，向接管单位办理登记手续，填写《城市道路桥梁工程移交与接管登记表》。《城市道路桥梁工程移交与接管登记表》一般包括以下内容：

（1）工程名称；

（2）建设、勘察、设计、监理、施工等各方参建单位名称；

（3）位置、长度、宽度、面积、结构型式、附属设施、投资规模等工程概况；

（4）工程建设周期、设计使用年限；

（5）接管单位根据具体管理需要提出的相关要求。

3. 接管单位的接管条件

接管单位在受理接管登记时，应当向建设单位书面告知以下接管条件：

（1）应通过竣工验收；

（2）设计要求的附属配套设施（包括城市桥梁限载、限高标志等）齐全完备；

（3）新建、扩建、改建的城市桥梁应有荷载试验报告，并设立固定水准点、观测点、预埋检测设施和标志；

（4）工程竣工技术资料（包括建设文本）符合城市建设档案管理规定，归档手续完备，并提交电子文档资料；

（5）落实质量保修制度；

（6）按照要求设立的相关检测标志或设施齐全完备；

（7）有配建管理用房的，建设单位应当在设施移交时一并移交给接管单位。

接管单位自受理登记之日起即参与城市道路、桥梁工程建设的主要过程，包括施工图交底、施工中结构验收、工程重要部位隐蔽工程验收、桥梁荷载试验或检测、工程竣工验收等。

4. 移交与接管备忘录的内容

一般来讲，移交与接管备忘录应当载明以下内容：

（1）工程名称；

（2）建设单位、接管单位名称；

（3）勘察、设计、质量监督单位名称及项目负责人；施工、监理单位名称及建造师（项目经理）、总监理工程师；

（4）位置、长度、宽度、面积、结构型式、附属设施、投资规模（工程造价）等工程概况；

（5）工程开工与竣工日期；

（6）工程竣工验收报告；

（7）工程质量保修书；

（8）双方需要约定的其他事项；

（9）移交与接管单位、经办人员签章和有关部门、人员鉴证等。

符合接管条件的，接管单位应当接管。因客观原因导致整个项目无法全部完成，对满足设计质量要求和使用功能已完工的部分，在验收合格后，经市政主管部门同意，接管单位应当接管。

5. 工程缺陷的处理

在工程缺陷责任期内，接管单位发现有保修范围内施工质量问题的，应当通知建设单位要求施工单位限期进行修缮。施工单位逾期未完成修缮的，可由接管单位修缮，所需费用从质量保修金中支付。在工程缺陷责任期满后，接管单位应签署质量意见，作为建设单位向施工单位返还质量保修金的依据。

9.4　项目档案管理

9.4.1　市政工程档案管理的作用

工程档案是工程建设活动中直接形成的具有归档保存价值的文字、图表、声像等各种形式的历史记录。它与建设工程文件不同的是，建设工程文件是指在工程建设过程中形成的各种形式的信息记录，包括工程准备阶段文件、监理文件、施工文件、竣工图和竣工验收文件，而工程档案是以上建设工程文件中具有保存价值的文件。建设工程文件和档案组成建设工程文件档案资料。市政工程档案是编制城市规划及完善市政工程质量保证体系的基础资料，也是城市管理和市政工程管理的重要依据。

在我国，国家立法和验收标准等均对工程档案资料管理提出了明确要求。《中华人民共和国建筑法》《建设工程质量管理条例》等法律、法规，以及《建筑工程施工质量验收统一标准》GB 50300—2013 等规范，均把工程档案资料管理放在重要位置。工程档案资料不仅是实现科学管理和指导施工进展的重要依据，是科学技术成果存贮和信息传播的宝库，还是工程交工、使用、维修的珍贵档案，是工程竣工结算、工程移交归档、创优审核不可缺少的关键项目。

9.4.2　市政工程档案资料的主要内容

市政工程档案资料包括工程项目的提出、立项、可行性研究、审批、勘察设计、环境影响评价、测量、招标投标、征地拆迁、开工前的准备工作、施工、监理、竣工验收、试生产（使用）等工作活动全过程中形成的，具有保存价值的不同形式的历史记录，包括各种文字、图纸、图表、声像、电子文件等。对与工程建设有关的重要活动、记载工程建设主要过程和现状、具有保存价值的各种载体的文件，均应收集齐全，整理立卷后归档。工程文件的具体归档范围按照现行《建设工程文件归档规范（2019 年版）》GB/T 50328—2014 中"建设工程文件归档范围和保管期限表"规定的五大类执行。市政工程档案资料具体包括以下五类。

1. 工程施工技术资料

工程施工技术资料是工程项目施工全过程的真实记录，是施工各阶段产生的工程施工技术文件。工程施工技术资料的主要内容包括：施工技术准备文件；施工现场准备文件；地基处理记录；工程施工图变更记录；施工记录；设备产品检查安装记录；预检记录；工程质量事故处理记录；室外工程施工技术资料；工程竣工文件。

2. 工程质量保证资料

工程质量保证资料是施工过程中全面反映工程质量控制的证明资料，如原材料、构配件、器具及设备等的质量证明、出厂合格证明，以及进场材料复试试验报告、隐蔽工程检查记录、施工试验报告等。

3. 工程检验评定资料

工程检验评定资料是施工过程中按照国家现行工程质量检验标准，对分项工程、分部工程、单位工程质量逐级进行综合评定的资料。工程检验评定资料主要包括单位工程质量竣工验收记录、分部工程质量验收记录、分项工程质量验收记录和检验批质量验收记录等。

4. 竣工图

竣工图是工程施工完毕的实际成果和反映，是建设工程竣工验收的重要备案资料。竣工图的编制整理、审核盖章、交接验收应按国家对竣工图的要求办理。承包人应根据施工合同的约定，提交合格的竣工图。

5. 规定的其他应提交的资料

其他资料主要包括：建设工程施工合同；施工图预算、竣工结算；工程施工项目经理部及负责人名单；引进技术或引进设备的项目相关的引进技术和引进设备的图样、文件；地方行政法规、技术标准规定的和施工合同约定的其他应提交的资料；工程质量保修书；施工项目管理总结等。

9.4.3　市政工程档案管理的基本要求

工程档案资料在工程建设领域及社会经济生活中有十分重要的意义和使用价值，特别是在城市规划建设和管理中发挥着重要作用。企业应建立健全竣工资料管理制度，坚持科学收集、定向移交、统一归口、按时交接的原则，保证竣工资料完整、准确、系统和规范，便于存取和检索。竣工资料的整理应符合下列要求：

（1）工程施工技术资料的整理应始于工程开工，终于工程竣工，真实记录施工全过程，可按形成规律收集，采用表格方式分类组卷；

（2）工程质量保证资料应按专业特点，根据工程的内在要求，进行分类组卷；

（3）工程检验评定资料应按单项工程、单位工程、分部工程、分项工程进行分类组卷；

（4）竣工图应根据不同的情况按竣工验收的要求组卷。

9.4.4　各参建单位的档案资料管理职责

1. 建设单位的档案资料管理职责

作为建设单位，为了进一步提高市政建设工程档案管理质量，在工程建设过程中应加强业务培训，实施工程档案员持证上岗制度，推行工程档案移交责任制度，建立健全工程档案管理机制，加强监督检查和跟踪服务，把好工程档案质量验收关。在工程实施之初要制定工程档案整理归档制度，工程实施过程中要定期进行检查，确保充分地落实各项工作。

（1）在工程招标及与勘查、设计、监理、施工等单位签订协议和合同时，应对工程文件的套数、费用、质量、移交时间等提出明确要求。

（2）收集和整理工程决策阶段、准备阶段、实施阶段、竣工验收阶段形成的文件，并应进行立卷归档。

（3）负责组织、监督和检查勘察、设计、施工、监理等单位的工程文件的形成、积累和立卷归档工作；建设单位在工程项目开始时就需要将如何管理项目档案的相关资料和表格发给施工单位和监督单位，这样施工单位和监督单位就能避免因为表格格式和内容不一致而重新记录，以提高档案整理效率，使工程项目的档案内容更加完整和有效。

（4）收集和汇总勘察、设计、施工、监理等单位立卷归档的工程档案。

（5）在组织工程竣工验收前，应提请当地城市建设档案管理部门对工程档案进行预验收；未取得工程档案验收认可的文件，不得组织工程竣工验收。

（6）对于列入当地城市建设档案管理部门接收范围的工程，在工程竣工验收 3 个月内，向当地城市建设档案管理部门移交一套符合规定的工程文件；编制的档案资料的总套数不少于地方城市建设档案管理部门要求的数量，保存期可根据工程性质以及地方城市建设档案管理部门的有关要求确定。

（7）必须向参与工程建设的勘察、设计、施工、监理等单位提供与建设工程有关的原始资料，原始资料必须真实、准确、齐全。

（8）建设工程实行总承包的，总承包单位负责收集、汇总各分包单位形成的工程档案，各分包单位应将本单位形成的工程文件整理、立卷后及时移交给总承包单位。建设工程项目由几个单位承包的，各个承包单位负责收集、整理、立卷承包项目的工程文件，并及时向建设单位移交，各承包单位应保证归档文件的完整、准确、系统，能全面反映工程建设活动的全过程。

（9）做好地方城市建设档案管理部门接收或保管所辖范围内应当永久或长期保存的工程档案和有关资料的协调工作，负责联系相关部门对档案工作进行业务指导，监督和检查有关城市建设档案法规的实施；组织城市建设档案管理部门参加工程竣工验收及工程档案验收工作。

2. 其他各主要参建单位的档案资料管理职责

（1）勘察设计单位职责：负责收集项目的勘察、设计文件材料，按照项目合同、协议的规定向项目的建设单位移交相关材料。

（2）施工单位职责：主要负责收集、整理、归档施工过程，以及工程竣工验收过程中形成的各种资料，保证档案资料的完整、准确、真实，并符合有关档案管理的规定要求。

（3）监理单位职责：负责监理资料的收集、整理、归档工作，及时监督、检查承包人的档案资料的收集工作，并把档案编制工作纳入监理职责范围，保证档案资料的完整、准确。

各参建单位应配合、接受建设单位档案部门的监督指导和检查。建设单位档案部门专职档案员有权参加工程项目的月例会，并对建设过程中形成的资料、档案进行监督。

9.4.5　工程项目档案的编制质量要求与组卷方法

对建设工程档案编制质量要求与组卷方法，应该按照住房和城乡建设部于 2014 年 7 月 13 日发布、2015 年 5 月 1 日实施的《建设工程文件归档规范（2019 年版）》GB/T 50328—2014 国家标准为依据，此外，还应按照《科学技术档案案卷构成的一般要求》GB/T 11822—2008、《技术制图　复制图的折叠方法》GB/T 10609.3—2009 等规范或文件的规定及各省、市相应的地方规范执行。

根据建设程序和工程特点，归档可以分阶段、分期进行，也可以在单位或分部工程通过竣工验收后进行。勘察、设计单位应当在任务完成时，施工、监理单位应当在工程竣工验收前，将各自形成的有关工程档案向建设单位提交归档。勘察、设计、施工单位在收齐工程文件并整理立卷后，建设单位、监理单位应根据城市建设档案管理机构的要求对档案文件的完整、准确、系统情况和案卷质量进行审查。审查合格后向建设单位移交。工程档案一般不少于两套，一套由建设单位保管，一套（原件）移交至当地城市建设档案馆（室）。勘察、设计、施工、监理等单位向建设单位移交档案时，应编制移交清单，双方签字、盖章后方可交接。凡设计、施工及监理单位需要向本单位提交归档的文件，应按国家有关规定要求单独立卷归档。档案整理的格式要求按照相关国家标准执行，不再详述。

工程项目档案系统的建立方式分为以下几点：

1. 建档内容

工程项目中常常要建立如下的文档：合同文本及附件；合同分析资料；信件；会谈纪要；各种原始工程文件，如工程日记、备忘录等；记工单、用料单；各种工程报表，如月报、成本报表、进度报告等；索赔文件；工程的检查验收、技术鉴定报告等。

2. 资料编码

有效的文档管理是以用户友好和表达能力较强的资料特征（编码）为前提的。在项目实施前，就应专门研究，建立该项目的文档编码体系。一般的项目编码体系的要求是：统一的对所有资料适用的编码系统；能区分资料的种类和特征；能"随便扩展"；人工处理和计算机处理效果相同。通常，项目管理中的资料编码考虑以下几个方面的内容：

（1）有效范围：说明资料的有效/使用范围，如属某子项目、功能或要素。

（2）资料种类：按外部形态不同，有图纸、书信、备忘录等；按资料特点不同，有技术的、商务的、行政的等。

（3）资料的内容和对象：这是编码的重点。对于一般项目，可用项目结构分解的结果作为资料的内容和对象。但有时它并不适用，因为项目结构分解是按功能、要素和活动进行的，与资料说明的对象常常不一致，此时就要专门设计文档结构。

（4）日期/序号：相同有效范围、相同种类、相同对象的资料可通过日期或序号来表达，如对书信可用日期/序号来标识。

3. 索引系统

为了资料使用方便，必须建立资料的索引系统，它类似于图书馆的书刊索引系统。

项目相关资料的索引一般可采用表格形式。在项目实施前，它就应被专门设计。表中的栏目应能反映资料的各种特征信息。不同类别的资料可以采用不同的索引表，如果需要查询或调用某项资料，即可按图搜取。

9.4.6 档案验收及移交管理

建设单位要确保项目档案完整、准确、系统、安全和有效。建设项目档案的收集归档流程为：勘察、设计、监理、施工单位各自收集、组卷、移交，建设单位负责汇总。项目档案管理的要求为：新开工的项目必须于项目开工 3 个月内向档案局办理登记，并填报《重点建设项目档案管理登记表》，该登记表一式三份；建设单位于项目档案竣工验收后 3 个月内向档案局登记备案，并填报《重点建设项目档案登记办理表》，该表一式三份；在项目整体竣工验收合格后 3 个月内，建设单位按照有关要求，向城市建设档案馆、使用单位、项目主管部门及有关单位办理项目档案移交手续。

1. 档案验收

列入城市建设档案馆（室）档案接收范围的工程，建设单位在组织工程竣工验收前，应提请城市建设档案管理机构对工程档案进行预验收。建设单位未取得城市建设档案管理机构出具的认可文件，不得组织工程竣工验收。

城市建设档案管理部门在进行工程档案预验收时，应重点验收以下内容：

（1）工程档案的齐全性、系统性、完整性；

（2）工程档案的内容是否真实、准确地反映了工程建设活动和工程的实际状况；

（3）工程档案是否已整理立卷，且立卷符合有关规范的规定；

（4）竣工图绘制方法、图式及规格等是否符合专业技术要求，且图面整洁，盖有竣工图章；

（5）文件的形成、来源是否符合实际，要求单位或个人签章的文件，其签章手续是否完备；

（6）文件材质、幅面、书写、绘图、用墨、托裱等是否符合要求；

（7）列入城市建设档案馆（室）接收范围的工程，建设单位在工程竣工验收后 3 个月内，必须向城市建设档案馆（室）移交一套符合规定的工程档案。停建、缓建建设工程的档案，暂由建设单位保管。对改建、扩建和维修工程，建设单位应当组织设计、施工单位据实修改、补充和完善原工程档案。对改变的部位，应当重新编制工程档案，并在工程竣工验收后 3 个月内向城市建设档案馆（室）移交。建设单位向城市建设档案馆（室）移交工程档案时，应办理移交手续，填写移交目录，双方签字、盖章后交接。

2. 档案资料的移交管理

档案资料的移交验收是建设项目竣工验收的重要内容。档案资料的移交应当符合国家档案局颁布的《建设项目（工程）档案验收办法》和《建设工程文件归档规范（2019 年版）》GB/T 50328—2014 的规定和各地档案管理部门的规定。承包人应当在工程竣工验收前，将施工中形成的工程竣工资料向发包人提交归档。移交时，承发包双方应按编制的移交清单完成签字、盖章后方可移交接管。

项目整体竣工验收合格后 3 个月内，建设单位按照有关要求，向城市建设档案馆、使用单位、项目主管部门及有关单位办理项目档案移交手续。

【案例 9-1】

某单位市政工程项目档案资料管理的有关规定如下。

1. 满足政府档案管理的有关规定

在满足国家相关档案整理规定的前提下，还需要按照省及市相关管理规定执行：

(1)《省档案条例》；

(2)《省重点建设项目档案验收实施细则》；

(3)《省重点建设项目档案移交办法（暂行）的通知》；

(4)《省建设工程竣工图编制方法》；

(5)《市档案局关于做好重点建设项目档案工作的通知》；

(6)《市档案局关于加强我市新一轮跨越式发展中重点建设项目声像档案资料收集归档的几点意见的通知》；

(7)《关于贯彻执行〈省档案登记暂行办法〉的意见的通知》；

(8)《市档案局关于公布档案管理行政许可、非行政许可审批事项实施办法及备案事项办事指南的通知》。

2. 档案验收的基本要求及验收程序

根据住房和城乡建设部《城市建设档案管理规定》，建设单位在组织竣工验收前，应当提请城市建设档案管理机构对工程档案进行预验收。预验收合格后，由城市建设档案管理机构出具工程档案认可文件。建设单位在取得工程档案认可文件后，方可组织工程竣工验收。建设单位应当在工程竣工验收后 3 个月内，向城市建设档案馆报送一套符合规定的建设工程档案。

根据建设与管理局文件《市建设与管理局关于施行建设工程电子文件归档和完善竣工档案工作的通知》，档案收集整理的要求为：

(1) 建设单位在组织竣工验收前，应提请市城市建设档案馆对建设工程纸质和电子竣工档案进行（预）验收，并书面授权本单位职工持有效身份证件负责办理相关手续。

(2) 建设单位提请预验收时，应填报《市建设工程档案（预）验收申请表》《案卷总目录》《电子文件（扫描件）载体目录表》《电子档案质量保证书》《建设电子档案移交、接收登记表》等。

(3) 在报送建设工程文件时，应同时提供纸质和电子档案。电子档案可以是原始电子文件或纸质档案扫描件。原始电子文件应符合《建设电子文件与电子档案管理规范》CJJ/T 117—2017 要求，内嵌的电子签章应合法有效。纸质档案扫描件应符合《工程档案扫描件质量要求》。

(4) 委托第三方制作工程档案扫描件的，必须选择取得"国家秘密载体复制许可证"的单位。

(5) 建设工程文件应按单位工程组卷，以工程准备阶段、监理、施工、竣工验收文件的顺序进行排列。

（6）项目档案验收应与项目验收同步进行，未经档案验收或者验收不合格的项目，不得进行或通过项目竣工验收。

（7）项目档案专项验收由市档案局组织，验收组人数不少于5人。

（8）项目档案专项验收前，项目建设单位应组织项目勘察、设计、施工、工程监理等参建单位负责人及有关人员进行档案自检工作，并根据《重点建设项目档案验收标准》编制档案专项验收自检报告。

（9）项目整体竣工验收前1个月，建设单位依照相关办法，向市档案局提出项目档案专项验收申请，市档案局收到申请验收的报告后，在10个工作日内答复。

（10）档案专项验收不合格的，进行整改后复验，复验不合格的，不能进行项目的竣工验收。

（11）项目档案专项验收合格后，项目竣工验收主管部门在项目竣工验收时，通知市档案局作为项目竣工验收领导小组成员之一参加项目竣工验收，对项目档案的完整性、准确性、系统性情况进行竣工验收。

档案验收程序如图9-2所示。

3. 重点工程与非重点工程

档案的验收分为重点工程和非重点工程进行管理。档案信息的管理需要从项目起步开始，档案工作人员从工程开始就介入，通过摸索形成档案管理制度，在招标文件中即开始设定档案管理方案和条件。

（1）在重点工程项目的准备阶段，建设单位应根据相关规范，制定出针对该项目的档案管理办法，并发给各个参建单位，对该项目档案进行前期介入管理。

（2）在重点工程项目前期阶段，建设单位应邀请市档案局及城市建设档案馆的督导员提前指导，以便后续的档案专项验收工作顺利进行。

（3）重点工程与非重点工程档案资料管理的不同要求如表9-1所示。

重点工程与非重点工程档案资料要求对比表 表9-1

内容	建设工程项目档案（前期、施工、监理、竣工验收、决算）	
	非重点工程档案	重点工程档案（省重点、市重点）
1	档案文件收集、整理、立卷	档案文件收集、整理、立卷
2	—	各个标段档案汇总，并由建设单位档案人员审核指导整改
4	—	档案局及城市建设档案馆有关人员进行检查、指导整改
5	—	符合要求后，由建设单位向省或者市档案局提出书面申请，档案局组织召开档案的专项验收会议（项目竣工验收前1个月内）
6	送交市城市建设档案馆一套原件，并办理项目竣工备案手续	档案专项验收通过后3个月内，向城市建设档案馆移交档案（按档案馆的要求进行整理），并办理项目竣工备案手续
7	移交建设单位一套原件，由建设单位审查核对，符合要求后接收保管，不合要求的进行整改。整改后办理移交手续，也同时向其他有关单位移交档案资料	向建设单位移交一套档案原件，同时向其他有关单位移交档案复印件

4. 档案跟踪管理的方法

施工合同及招标文件中明确档案资料的有关条款，根据国家档案局的有关规定，项目

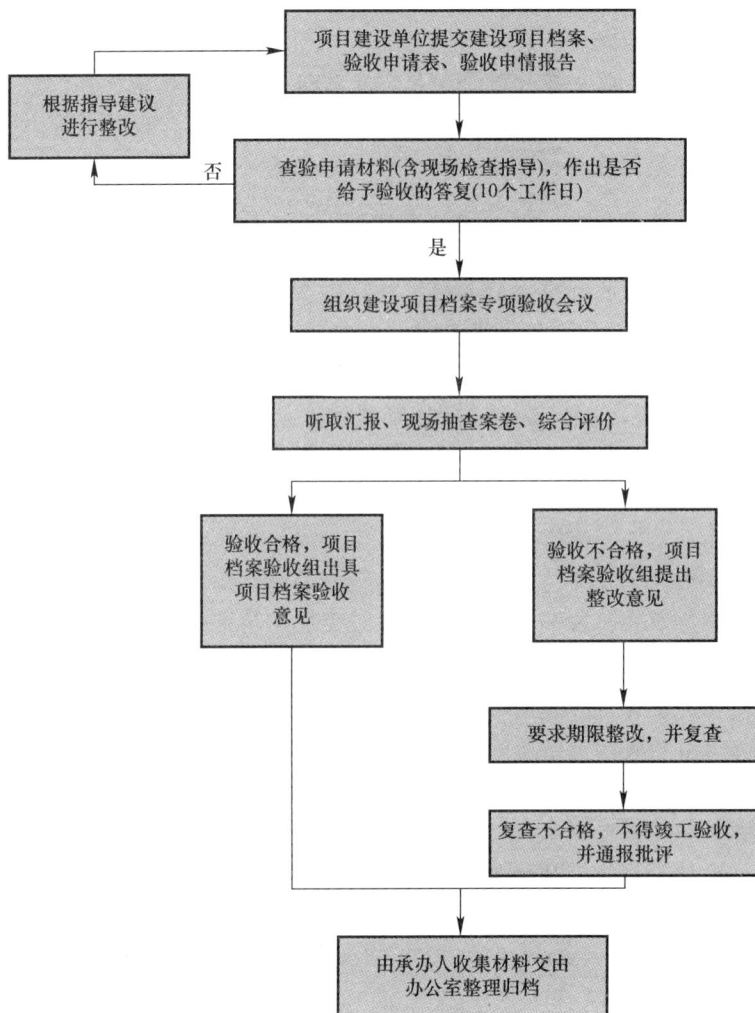

图 9-2　档案验收程序

竣工验收后 3 个月内必须办理档案移交手续。逾期未移交，建设单位将按滞后期扣除相应违约金（具体数额另请商定），同时要求施工单位配备有相应经验的专职档案管理人员。项目经理对项目的档案工作负全责，对施工、监理单位的内业资料进行跟踪和定期检查。档案员须定期去项目施工现场指导、检查档案资料。

各施工、设计、监理、勘察、科研、试验、建设等单位应当加强对档案工作的指导，指定一位总工程师或者技术负责人兼管此项工作，负责督促各项目负责人对应该归档的项目文件材料的完整性和准确性进行审查，并作出相应的审查结论。各单位应安排必要的专职人员及专项经费，以确保档案管理工作的顺利进展。

5. 工程档案管理的其他注意事项

（1）在工程竣工后，报财政审核需要的部分资料的原件（如造价审核）。

（2）在工程竣工验收后，需要送市城市建设档案馆一套档案（详见《建设单位资料归档范围和保管期限》）。

（3）办理竣工备案手续时需要提交以下资料：

1）建设工程施工许可证—复印件2份；

2）勘察、设计、监理、施工单位质量检查报告—原件各2份；

3）城市规划竣工验收认可文件—原件1份、复印件1份；

4）消防、环境保护、民防验收认可文件—原件1份、复印件1份；

5）档案专项验收认可文件—原件1份、复印件1份；

6）施工单位出具建设单位按合同约定支付的工程款证明—原件2份；

7）施工单位出具的工程质量保修书—原件2份；

8）住宅分户验收汇总记录—原件2份；

9）《住宅质量保证书》和《住宅使用说明书》（住宅工程应提交）—原件2份；

10）有关质量检测和功能性试验资料（市政基础设施应提交）—原件2份；

11）建设工程竣工验收报告—原件3份；

12）竣工验收备案申请表—原件2份；

13）工程质量监督报告—原件2份；

14）法律法规规定的其他认可文件—原件1份、复印件1份。

（4）工程竣工备案完以后作为建设单位，需要接收工程档案原件1套（归档范围见《建设单位资料归档范围和保管期限》）。

（5）施工单位保留一套原件资料。

（6）合同：至少需要签8份原件，甲乙双方各4份；建议项目部保存勘察、设计、监理、施工合同原件，在办理竣工备案手续时移交至市城市建设档案馆。

（7）监理文件：同一家监理单位监理不同标段时，建议将监理资料按照标段分开编制，以免归档时文件交叉，原件份数不够。

（8）会议纪要：一般要求保留原件以便归档使用（特别是进行重点工程项目档案专项验收的时候，一切资料都需要原件，因此要妥善保管好原件资料）。

（9）建设单位项目负责人和档案员、监理人员需要对施工单位进行监管，确保在施工过程中，档案资料不丢失、不损坏。同时督促施工单位将档案资料电子版及时存档，并且备份，以便后续备用。

（10）在工程竣工验收之后半个月内，施工单位移交一套档案资料至管理单位（按照城市建设档案馆的要求整理一套复印件移交即可），以便将工程整体移交给管理养护单位。

【本章小结】

竣工验收是承建单位将竣工的工程项目及相关资料移交给建设单位，并对工程项目总体进行检验和认证、综合评价和鉴定的一项活动。竣工验收应依据法律所规定的强制性标准与规范、建筑工程承包合同、设计和施工图纸、各种施工记录、分项工程的验收记录等进行。在竣工验收后，建设单位还应进行程序性的备案检查，并及时上报和领取由备案机关发放的竣工验收备案证。市政工程建成后必须尽快付使用，使之产生社会效益、环境效益和经济效益，让纳税人尽快享受建设成果。市政工程档案是工程建设活动中直接形成的具有归档保存价值的文字、图表、声像等各种形式的历史记录，市政工程档案具体包括工程施工技术资料、工程质量保证资料、工程检验评定资料、竣工图以及规定的其他应提交的资料等。工程施工技术资料的整理应始于工程开工，终于工程竣工，真实地记录施工全过程，可按形成规律收集，采用表格方式分类组卷。工程质量保证资料应按专业特点，根据工程的内在要求，进行分类组卷。工程检验评定资料应按单项工程、单位工程、分部工程、分项工程进行分类组卷。竣工图应根据不同的情况按竣工验收的要求组卷。列入城市建设档案馆（室）档案接收范围的工程，建设单位在工程竣工验收后 3 个月内，必须向城市建设档案馆（室）移交一套符合规定的工程档案。

【思考与练习题】

1. 竣工验收与竣工验收备案的含义是什么？

2. 竣工验收的原则、依据及条件是什么？

3. 竣工验收的分类和内容是什么？

4. 竣工验收备案应提交的文件有哪些？

5. 项目竣工验收及备案管理的流程是什么？

6. 项目移交管理的原则与内容有哪些？

7. 工程项目档案资料包括哪些内容？

8. 市政工程项目各参建单位的档案资料管理的职责是什么？

9. 工程项目档案编制质量与组卷方法有哪些基本要求？

10. 档案验收的内容有哪些？

第 10 章　市政工程项目后评价

【本章要点及学习目标】

1. 了解项目后评价的概念和作用。
2. 熟悉项目前期及实施阶段后评价的内容与方法。
3. 掌握项目后评价的内容和方法。

10.1　概　　述

10.1.1　项目后评价的概念

市政工程项目生成与可行性研究阶段的项目评价是在项目建设前进行的，属于项目前评价。项目前评价的判断和预测是否正确，项目的实际效果和效益如何，是否达到了预期的目标，项目的可持续性怎么样，这些都需要在项目竣工验收并投入使用后，根据实际数据资料进行再评价来检验，这种再评价就是项目后评价。

市政工程项目后评价是指在项目建成并投入使用后（一般为 2 年），或达到设计生产能力时，对项目建设的全过程、效果和效益、目标和可持续性等内容进行的全面的、系统的、客观的综合分析和评价，以期望得到经验教训并提出对策和建议的过程和活动。

通过项目后评价，可以确定投资预期的目标是否达到，项目或规划是否合理有效，项目的主要效果（效益）指标是否实现，通过分析评价找出成败的原因，总结经验教训，并通过及时有效的信息反馈，为未来同类市政工程项目的决策和投资决策管理水平的提高奠定基础，同时也提出针对被评价项目实施运营中出现问题的改进建议，达到提高投资效益的目的。

10.1.2　项目后评价的特点

1. 现实性

市政工程项目后评价分析研究的是项目的实际情况，所依据的数据资料是现实发生的真实数据或根据实际情况重新预测的数据，而市政工程项目可行性研究和前评价分析研究的是项目未来的状况，所用的数据都是预测数据。

2. 全面性

在进行市政工程项目后评价时，既要分析其投资过程，又要分析使用过程，不仅要分析项目投资的经济效益与效果，而且要分析项目经营管理情况，发掘项目的潜力。

3. 探索性

市政工程项目后评价要分析接管企业现状，发现问题并探索未来的发展方向，因而要求项目后评价人员具备高素质和创造性，能把握影响项目效益的主要因素，并提出切实可行的改进措施。

4. 反馈性

市政工程项目可行性研究和前评价的目的在于为计划部门投资决策提供依据，而项目后评价的主要目的在于为有关部门反馈信息，为今后的项目管理、投资计划制定和投资决策积累经验，并检测项目投资决策正确与否。

5. 合作性

市政工程项目可行性研究和前评价一般只通过评价单位与投资主体合作，专职的评价人员就可以编制评价报告，而后评价需要更多方面的合作，如专职技术经济人员、项目经理、接管企业经营管理人员、投资项目主管部门等，只有各方合作融洽，项目后评价工作才能顺利进行。

从以上特点可以看出，市政工程项目后评价与项目可行性研究、项目前评价相比存在较大的差别。主要表现在：

（1）在市政工程项目建设过程中所处的阶段不同。项目可行性研究和前评价属于项目前期工作，它决定项目是否可以上马。项目后评价是项目竣工验收并投入使用或达到设计生产能力后对项目进行的再评价，是项目管理的延伸。

（2）比较的标准不同。项目可行性研究和项目前评价根据国家、部门颁布的定额标准、国家参数来衡量项目建设的必要性、先进性和可行性。后评价虽然也参照有关定额标准和国家参数，但它主要是直接与项目前评价的预测情况或国内外其他同类项目的有关情况进行对比，得出项目实际情况与预测情况的差距，并分析产生差距的原因，提出改进措施。

（3）在投资决策中的作用不同。市政工程项目可行性研究和前评价直接作用于项目投资决策，前评价的结论是项目是否投资的依据。后评价则是间接作用于项目投资决策，是投资决策的信息反馈。通过项目后评价反映出项目建设过程和使用阶段中的一系列问题，将信息反馈给投资决策部门，以提高未来项目决策的科学化水平。

（4）评价的内容不同。市政工程项目可行性研究以及前评价分析和研究的主要内容是项目建设条件、工程设计方案、项目的实施计划以及项目的经济、社会效果。后评价不仅针对前评价分析的内容进行再评价，还对项目决策、项目实施效果与效益等进行评价，并深入分析项目的实际运营状况。

（5）组织实施的不同。市政工程项目可行性研究和前评价主要由投资主体或投资计划部门组织实施。后评价则由投资运行的监督管理机关或单独设立的后评价机构进行，以确保项目后评价的公正性和客观性。

（6）评价的性质不同。项目前评价是以数量指标和质量指标为主要依据的评价行为。项目后评价是集行政、经济、社会、法律为一体的综合性评估，是一种以事实为依据，以提高市政工程项目经济效果与效益为目的，以法律为准绳的市政工程项目实施结果鉴定行为。

10.1.3　项目后评价的作用

从前文内容可以看出，市政工程项目后评价在提高项目决策科学化水平、改进项目管理和提高投资效益等方面发挥着极其重要的作用。具体地说，项目后评价的作用主要表现在以下几个方面：

1. 总结市政工程项目管理的经验教训，提高项目管理水平

市政工程项目管理是一项十分复杂的活动。它涉及银行、计划部门、主管部门、企业、物资供应单位、施工单位等各方主体，只有各方密切合作，项目才能顺利完成。如何协调各方主体间的关系，各方应采取哪种协作形式等，都是值得思考的问题。项目后评价通过分析已建成项目的实际情况，总结项目管理经验，来指导未来的项目管理活动，从而

提高项目管理水平。

2. 提高市政工程项目决策科学化水平

项目前评价是项目投资决策的依据，但前评价中所作的预测是否准确，需要后评价来检验。通过建立完善的项目后评价制度和科学的方法体系，一方面可以增强前评价人员的责任感，促使评价人员努力做好前评价工作，提高项目预测的准确性；另一方面可以通过项目后评价的反馈信息，及时纠正项目决策中存在的问题，从而提高未来项目决策的科学化水平。

3. 为财政投资计划、国家及地方市政工程项目建设政策的制定提供依据

通过市政工程项目后评价能够发现市政工程投资管理中的不足，从而国家可以及时地修正某些不适合经济发展的技术经济政策，修订某些已经过时的指标参数。国家还可以充分地运用法律、经济、行政手段，建立必要的法令、法规以及各项制度和机构，促进市政工程投资管理的良性循环。

4. 可以对接管企业的经营管理进行"诊断"，促使项目运营状态的正常化

市政工程项目后评价是在项目运营阶段进行的，因此运营阶段的项目后评价可以分析和研究市政工程项目投入使用的实际情况，比较实际状况与预测状况的偏离程度，探索产生偏差的原因，提出切实可行的措施，从而促使项目运营状态正常化，提高项目的经济效果（效益）和社会效益。

10.1.4 项目后评价的基本程序

由于项目规模、复杂程度不同，每个项目后评价的具体工作程序也有所区别。然而，从总的情况来看，一般项目的后评价都有一个客观和循序渐进的过程。具体可以概括为以下几个步骤：

1. 确定项目后评价机构

项目后评价组织机构是指负责这项工作的主体。根据项目后评价的概念、特点和职能，我国项目后评价的组织机构应符合以下两方面的基本要求：

（1）满足客观性、公正性要求。这是由项目后评价本身的特点和要求决定的。只有项目后评价组织机构具有客观性和公正性，才能保证项目后评价的客观性和公正性。这就要求后评价组织机构要排除人为干扰，独立地对项目实施和结果进行评价。

（2）具有反馈检查功能。项目后评价的作用主要是通过项目全过程的再评价反馈信息，为科学地投资决策服务。因此，后评价组织机构应具有反馈检查功能，也就是要求后评价组织机构与计划决策部门具有通畅的反馈回路，以使后评价信息迅速地反馈到决策部门。

从以上两点要求来看，我国项目后评价的组织机构不应该是：①项目原可行性研究单位和前评价单位；②项目实施过程中的项目管理机构。

从国外情况来看，项目后评价工作进行得比较顺利且取得了一定成效的国家或国际机构，都设置了相对独立的项目后评价组织机构。世界银行项目后评价组织机构是与其他业务部门完全独立的业务评议局（Operation Evaluation Department，OED）。业务评议局只对银行执行董事和行长负责，并可不受外来干扰，独立地对项目执行结果作出评价并得出结论，将信息直接反馈到世界银行的最高决策机构。

其他国家和国际机构，如泰国、菲律宾、哥伦比亚、联合国教科文组织等，也都设置了项目后评价组织机构。国外项目后评价组织机构设置的基本特点是：组织机构相对独立，且每个组织机构只负责自己投资的项目的后评价组织工作。这对我国项目后评价机构

的设置也有借鉴作用。

2. 选择后评价的对象

原则上，对所有竣工投产的市政工程项目都要进行后评价，项目后评价应纳入项目管理程序之中。但是，由于我国现阶段客观条件不成熟，不可能对所有的市政工程项目都及时地进行后评价。主要原因包括，一方面没有完善的项目后评价方法体系，另一方面我国投资项目众多，而从事具体项目后评价的人员相对稀缺。项目后评价方法体系的完善和评价人员的培养尚需一段相当长的时间。因此，我国市政工程项目后评价应分两阶段实施：第一阶段，可选择一部分对经济社会有重大影响的财政投资的大中型项目进行后评价，以把握项目投资效果与效益的总体状态；第二阶段，待条件成熟后，全面开展对所有市政工程投资项目的后评价工作。

3. 收集资料和选取数据

市政工程项目后评价是以大量的资料和数据为依据的，这些资料和数据的来源要可靠，一般应由后评价者亲自调查整理。需要收集的资料和数据如下：

（1）档案资料。档案资料主要有市政工程项目的规划方案、项目建议书和批文、可行性研究报告、评估报告、设计任务书、初步设计材料和批文、施工图设计和批文、竣工验收报告、工程大事记、各种协议书和合同，以及有关厂址选择、工艺方案选择、设备方案选择的论证材料。

（2）项目投入使用的运营资料，主要是生产、技术、财务、劳动工资等部门的统计年度报告。

（3）分析预测用的基础资料，主要是建设项目开工以来的有关利率、汇率、价格、税种税率、物价指数变化的有关资料。

（4）与项目有关的其他资料，如国家及地方的产业结构调整政策、发展战略和长远规划，以及国家和地方颁布的规定和法律文件等。

4. 分析和加工收集的资料

要对所收集的资料和数据进行汇总、加工和分析，需要调整的数据和资料要进行调整。此时往往需要进一步补充测算有关的资料，以满足验证的需要。

5. 评价及编制后评价报告

编制各种评价报表及计算评价指标，并与前评价进行对比分析，找出差异及其原因，由评价组编制后评价报告。

6. 上报后评价报告

把编制的详细后评价报告和重点摘要上报给组织后评价的部门。

10.2　项目后评价的内容和方法

10.2.1　项目后评价的内容

市政工程项目的类型、规模、复杂程度以及后评价目的不同，对每个项目进行后评价的内容也不同。一般来讲，项目后评价的内容包括：

1. 项目目标后评价

评定项目立项时拟定的目的和目标的实现程度，是项目后评价所需要完成的主要任务之一。因此，项目后评价要对照原定目标完成的主要指标，检查项目实际实现的情况和变化，分析实际发生改变的原因，以判断目标的实现程度。判定项目目标实现程度的指标在项目立项时就应确定，一般包括宏观目标，即对地区、行业或国家经济、社会发展的总体影响和作用。建设项目的直接目的可能是实现特定的供需平衡，为社会提供各种产品或服务，指标一般可以量化。目标评价的另一项任务是要对项目原定决策目标的正确性、合理性和实践性进行分析评价。有些项目原定的目标不明确，或不符合实际情况，项目在实施过程中可能会发生重大变化，如政策性变化或市场变化等，在项目后评价时要重新进行分析和评价。

2. 项目实施过程后评价

项目实施过程后评价应对照立项评估时或可行性研究报告中所预计的情况，对实际执行的过程进行和分析，找出实际情况与预计情况的差别，分析原因。

项目实施过程的后评价一般要分析以下几个方面：

（1）项目的立项、准备和评估；

（2）项目内容和建设规模；

（3）工程进度和实施情况；

（4）配套设施和服务条件；

（5）受益者范围及反馈意见；

（6）项目的管理和机制；

（7）财务执行情况。

3. 项目效益或效果后评价

项目效益或效果后评价也称为财务评价和国民经济评价，评价的主要内容与项目前评估无太大的差别，主要分析指标还是内部受益率、净现值和贷款偿还期等项目盈利能力和清偿能力的指标，但项目后评价有以下几点需要加以说明。

（1）项目前评价采用的是预测值，项目后评价则采用已发生的财务现金流量和国民经济流量的实际值，使用统计学方法加以处理，并对后评价时点以后的流量作出新的预测。

（2）当财务现金流量来自财务报表时，应收而实际未收到的债权和非货币资金都不可计为现金流入，只有当实际收到时才作为现金流入；同理，应付而实际未付的债务资金不能计为现金流出，只有当实际支付时才作为现金流出。必要时，要对实际的财务数据进行调整。

（3）实际发生的财务会计数据都含有物价通货膨胀的因素，而通常采用的盈利能力指标是不含通货膨胀水分的。因此，对项目后评价采用的财务数据要剔除物价上涨的因素，以实现前后的一致性和可比性。

4. 项目影响后评价

项目影响后评价的内容主要包括环境影响评价和社会影响评价两个方面。

（1）环境影响后评价

项目环境影响后评价一般包括项目的污染控制、地区环境质量、自然资源利用和保护、区域生态平衡和环境管理等几个方面。

（2）社会影响后评价

项目社会影响后评价重点评价项目对所在地区和社区的影响。

5. 项目持续性后评价

项目持续性是指在项目的建设资金投入完成之后，项目的既定目标是否还能继续，项目是否可以持续地发展下去，接管单位是否愿意并可能依靠自己的力量继续去实现既定目标，项目是否具有可重复性，即是否可在未来以同样的方式建设同类项目。

10.2.2　项目后评价的方法

借鉴国外一些国家和世界银行后评价的方法，我国也在不断地改进和完善符合中国国情的后评价方法，目前项目后评价的方法主要有：

1. "前后对比"和"有无对比"法

一般情况下，"前后对比"（Before and After Comparision）是将项目实施之前与完成之后的情况加以对比，以确定项目的作用与效益的一种对比方法。在项目后评价中，则是将项目前期的可行性研究和评估的预测结论与项目的实际运行结果进行对比，发现变化和分析原因。这种对比用于揭示计划、决策和实施的质量，是项目过程评价应遵循的原则。

"有无对比"（With and Without Comparison）是指将项目实际发生的情况与若无项目可能发生的情况进行对比，以度量项目的真实效益、影响和作用。对比的重点是要分清项目作用的影响与项目以外作用的影响。这种对比用于项目的效益评价和影响评价，是项目后评价的一个重要方法。这里说的"有"与"无"指的是评价的对象，即市政工程项目。评价是通过对比实施项目所付出的资源代价与项目实施后产生的效果得出项目好坏的结论。该方法的关键是投入的代价与产出的效果口径要一致，也就是说，所度量的效果要真正归因于项目。

2. 逻辑框架法

逻辑框架法（Logical Framework Approach，LFA）是美国国际开发署在 1970 年开发并使用的一种设计、计划和评价工具，目前已有三分之二的国际组织把 LFA 作为援助项目的计划管理和后评价的主要方法。

LFA 是一种概念化评价项目的方法，即用一张简单的框图来清晰地表达一个复杂项目的目标、产出（建设内容）和投入（活动）之间的关系，并对其实施效果和可持续发展能力进行分析和评价。LFA 为项目评价者提供了一种分析框架，用以确定工作的范围和任务，并对项目目标和达到目标所需采用的手段进行逻辑关系的分析。

LFA 的模式是一个 4×4 的矩阵，竖行代表项目目标的层次（垂直逻辑），横行代表如何验证这些目标是否达到（水平逻辑）。垂直逻辑用于分析项目计划做什么，弄清项目手段与结果之间的关系；水平逻辑的目的是衡量项目的资源和结果，确立客观的验证指标，并对指标的变化情况进行原因分析。项目后评价的逻辑框架如表 10-1 所示。

项目后评价的逻辑框架表　　　　表 10-1

项目描述	实施效果(可客观验证的指标)			原因分析		项目可持续能力
	原定指标	实现指标	变化情况	内部原因	外部条件	
项目的宏观目标						
项目的直接目标						
产出/建设内容						
投入/活动						

3. 成功度评价法

（1）成功度评价的概念

成功度评价是依靠评价专家或专家组的经验，综合各项指标的评价结果，对项目的成功程度作出定性的结论，也就是通常所称的打分的方法。成功度评价是以用逻辑框架法的项目目标的实现程度和经济效益的评价结论为基础，以项目的目标和效益为核心，所进行的全面系统的评价。项目后评价，特别是项目事后评价，需要对项目的总体成功度进行评价，得出可靠的结论。项目成功度评价需要对照项目立项阶段所确定的目标和计划，分析实际结果存在的差别，以评价项目目标的实现程度。同时，在做项目成功度评价时，要十分注意项目原定目标的合理性、实际性以及环境条件变化带来的影响，以便根据实际情况，评价项目的成功度。

（2）项目成功度的标准

项目评价的成功度可分为五个等级：

成功（A）：项目各项指标都已全面实现或超过，相对于成本而言，项目取得了巨大的效益和影响。

基本成功（B）：项目的大部分目标已经实现，相对于成本而言，项目达到了预期的效益和影响。

部分成功（C）：项目实现了原定的部分目标，相对于成本而言，项目只取得了一定的效益和影响。

不成功（D）：项目实现的目标非常有限，相对于成本而言，项目几乎没有产生什么正的效益和正面影响。

失败（E）：项目的目标是不现实的，无法实现，相对于成本而言，项目不得不终止。

（3）项目成功度的测定

项目成功度评价表设置了项目评价的主要指标。在评定具体项目的成功度时，不一定要测定表根据中所有的指标。评价人员首先要根据项目的类型和特点确定表中指标与项目相关的程度，相关程度将其分为"重要""次重要"和"不重要"三类，在表中第二栏里（相关重要性）填注。"不重要"的指标无需测定，只需测定重要和次重要的项目内容，一般项目实际需测定的指标为10项左右。

测定各项指标采用打分制，即按项目评价的成功度的五个级别，分别用A、B、C、D、E表示。通过分析指标重要性和单项成功度，综合得到整个项目的成功度指标，也用A、B、C、D、E表示，填在表的最后一行（总成功度）内。

在具体操作时，由项目评价组成员填好表格，在小组内部针对各项指标的取舍和等级确定进行讨论，或对必要的数据进行处理，填写成功度表，再将结论写入评价报告。

项目成功度评价表格设计是根据评价任务的目的和性质决定的，我国与国际上各个组织和机构的表格设计各不相同，表10-2为国内典型的项目成功度评价表。

国内典型的项目成功度评价表　　　　　表 10-2

评定项目的指标	相关重要性	评定等级	备注
宏观目标和产业政策			
决策及程序			
布局与规模			
项目目标及市场			
设计与技术装备水平			

续表

评定项目的指标	相关重要性	评定等级	备注
资源和建设条件			
资金来源和融资			
项目进度及进度控制			
项目质量及质量控制			
项目投资及投资控制			
项目运营			
机构和管理			
项目财务效益			
项目的经济效益和影响			
社会和环境影响			
项目可持续性			
项目总评			

10.3　项目全过程的后评价

10.3.1　项目前期决策的后评价

项目前期决策后评价的主要内容有：

（1）项目建议书的主要内容及批复意见。

（2）可行性研究报告的主要内容及批复意见。

1）可行性研究报告主要内容的后评价内容包括项目建设必要性、建设条件、建设规模、主要技术标准和技术方案、建设工期、总投资及资金筹措，以及环境影响评价、经济评价、社会稳定风险评估等专项评价主要结论等；

2）可行性研究报告批复意见的后评价包括评价项目建设必要性、建设规模及主要建设内容、建设工期、总投资及资金筹措等内容；

3）评价可行性研究报告和项目建议书的主要变化。对比可行性研究报告和项目建议书的主要内容，并对主要变化原因进行简要分析。

（3）项目初步设计的主要内容及批复意见。初步设计应包含设计概算，大型项目一般还应在初步设计前增加总体设计阶段。后评价内容主要包括工程特点、工程规模、主要技术标准、主要技术方案、初步设计批复意见。

（4）项目前期决策的后评价，评价内容主要包括项目审批依据是否充分，是否依法履行了审批程序，是否依法附具了土地、环境影响评价、规划等相关手续文件。

10.3.2　项目建设准备、实施的后评价

项目建设准备、实施后评价的主要内容有：

（1）项目实施准备的后评价

项目实施准备的后评价包括：

1）对项目实施准备组织管理的后评价，包括对组织形式及机构设置，管理制度的建

立，勘察设计、咨询、审核等建设参与方的引入方式及程序，各参与方资质及工作职责情况进行评价；

2）对项目施工图设计情况的后评价，包括对施工图设计的主要内容和施工图设计审查意见执行情况进行评价；

3）各阶段与可行性研究报告相比主要的变化和变化的原因分析。根据项目设计完成情况，将初步设计（大型项目应在初步设计前增加总体设计阶段）、施工图设计等各设计阶段的实际情况与可行性研究报告中内容进行对比，发现主要变化，并分析主要原因。对比的内容主要包括：工程规模、主要技术标准、主要技术方案及运营管理方案、工程投资、建设工期；

4）对项目勘察设计工作的后评价，主要包括评价勘察设计单位的资质等级是否符合国家有关规定，勘察设计工作成果的内容、深度是否全面和合理，以及相关审批程序是否符合国家及地方有关规定；

5）对征地拆迁工作情况的后评价；

6）对项目招标投标工作情况的后评价；

7）对项目资金落实情况的后评价；

8）对项目开工程序执行情况的后评价，主要包括评价开工手续落实情况、实际开工时间和存在问题。

（2）项目实施组织与管理的后评价

项目实施组织与管理的后评价内容包括：

1）对项目管理组织机构（项目法人、指挥部）的后评价；

2）对项目的管理模式（法人直管、总承包、代建、BOT 等）的后评价；

3）对参与单位的类型及组织机构（设计、施工、监理、其他）的后评价；

4）对管理制度的制定及运行情况（管理制度的细目、重要的管理活动、管理活动的绩效）的后评价；

5）对项目组织与管理的后评价，针对项目的特点，分别对管理主体及组织机构的适宜性、管理的有效性、管理模式的合理性、管理制度的完备性以及管理效率进行评价。

（3）合同执行与管理的后评价

合同执行与管理的后评价内容包括：

1）对项目合同清单（包括正式合同及其附件并进行合同的分类、分级）的后评价；

2）对主要合同的执行情况的后评价；

3）对合同重大变更、违约情况及原因的评价分析；

4）对合同管理的后评价。

（4）信息管理的后评价

信息管理的后评价内容包括：

1）对信息管理机制的后评价；

2）对信息管理制度的后评价；

3）对信息管理系统的运行情况的后评价；

4）对信息管理的后评价。

（5）控制管理的后评价

控制管理的后评价内容包括：

1）对进度控制管理的后评价；

2）对质量控制管理的后评价；

3）对投资控制管理的后评价；

4）对安全、卫生、环保管理的后评价。

【案例 10-1】

某市奥林匹克体育中心建设项目质量控制管理后评价如下：

在奥体中心工程建设过程中，始终坚持"百年大计、质量第一""高质量施工、高水平管理"的方针，狠抓参建单位和人员的质量意识、质量行为，健全质量保证体系，树立质量预控理念、加大过程控制力度、严把质量验收关，并采取了系列有效的质量控制措施。

第一，在项目建设过程中，组建了奥体中心工程质量管理小组，明确了各环节、各专业的质量管理人员及职责；建立健全了小组工作流程、工作制度和工作办法。

第二，在项目建设过程中，建立了以技术为核心的工程质量保证体系。鉴于质量问题同技术之间的密切关系，把重点管控对象放在施工技术方案上，通过完善各专项技术方案中的质量保证措施，提高质量预控能力。

第三，在项目建设过程中，重点关注了参建单位的质量管理体系受控情况。为了全面提高体育场工程质量预控水平，除了做好技术保障工作外，还特别关注参建单位质量管理体系受控情况。通过定期或不定期地检查参建单位质量管理体系受控情况，提高参建单位的质量意识和质量保证能力，充分发挥出参建单位的主观能动性。

第四，在过程控制方面突出了"零距离服务"与"插入式管理"的理念。只要有工人作业的地方，就要有项目管理人员的身影，项目管理人员与各参建单位管理人员并肩作战，加大过程巡视频率和跟踪检查力度，及时处理工程施工过程中遇到的各类问题和不规范质量行为。

第五，在项目建设过程中，严格贯彻在施工单位"自检、交接检、专业检"基础上报验的质量验收制度，严把质量验收关，全面落实各参与者、各参与方应承担的质量管理义务，并清晰界定各参与者、各参与方的质量责任。

第六，在项目建设过程中，定期组织了质量管理专题会议，运用直方图、鱼刺图等现代质量分析方法，预先确定了影响质量的因素或特征，商讨质量预控方案，持续提高质量管理水平。

上述一系列的质量管理措施，在整个工程建设中得到了认真贯彻和落实，经各参建单位的共同努力，体育场工程各分部分项工程验收的合格率为 100%，一次性通过竣工验收，获得市"古彭杯"金奖和华东地区样板示范工程，QC 活动小组获得市级一等奖、省级一等奖、国家级二等奖，奥体中心主体育场钢结构工程获得中国钢结构金奖。

（6）重大变更设计情况的后评价

（7）资金使用管理的后评价

（8）工程监理情况的后评价

（9）新技术、新工艺、新材料、新设备运用情况的后评价

（10）竣工验收情况的后评价

（11）项目试运营（行）情况的后评价

1）对生产准备情况的后评价；

2）对试运营（行）情况的后评价。

（12）工程档案管理情况的后评价

10.3.3 项目运营（行）的总结与评价

1. 项目运营（行）概况

项目运营（行）概况包括：

（1）运营（行）期限，指项目运营（行）考核期的时间跨度和起始时刻的界定。

（2）运营（行）效果，指项目投产（或运营）后，产品的产量、种类和质量（或服务的规模和服务水平）情况及其增长规律。

（3）运营（行）水平，指项目投产（或运营）后，各分项目、子系统的运转是否达到预期的设计标准，各子系统、分项目、生产（或服务）各环节间的配合是否正常。

（4）技术及管理水平，指运营（行）期间项目表现反映出的项目主体的技术水平和管理水平。

（5）产品营销及市场占有情况，指产品投产后的销售状况、市场认可度及市场占有份额情况。

（6）运营（行）中存在的问题，包括：

1）生产项目的总平面布置、工艺流程及主要生产设施（服务类项目的总体规模、主要子系统的选择、设计和建设）是否存在问题，这些问题属于什么性质的问题；

2）项目的配套工程及辅助设施的建设是否有必要。配套工程及辅助设施的建设有无延误，原因是什么，产生了什么样的负面作用。

2. 项目运营（行）状况的后评价

项目运营（行）状况的后评价内容包括：

（1）项目能力后评价，即评价项目是否具备预期功能，达到预定的产量和质量（服务规模、服务水平）。如未达到预期目标，与预期目标的差距有多大。

（2）运营（行）现状后评价，即评价项目投产或运营后，产品的产量、种类和质量或服务的规模和服务水平与预期目标间存在的差异，并分析产生差异的原因。

（3）达到预期目标的可能性分析，即总结项目投产或运营后，产品的产量、种类和质量或服务的规模和服务水平增长的规律，并分析项目实现预期目标的可能性。

10.4 项目效果和效益的后评价

10.4.1 项目技术水平的后评价

1. 项目技术效果的后评价

项目技术效果的后评价的主要内容包括：

（1）技术水平。项目的技术前瞻性是否达到了国内（国际）先进水平。

（2）产业政策。项目建设是否符合国家产业政策。

（3）节能环保。节能环保措施是否落实，相关指标是否达标，是否达到国内（国际）先进水平。

（4）设计能力。是否达到了设计能力，运营（行）后是否达到了预期效果。

（5）设备、工艺、功能及辅助配套水平。设备、工艺、功能及辅助配套水平是否满足运营（行）和生产的需要。

（6）设计方案、设备选择是否符合我国国情（包括技术发展方向、技术水平和管理水平）。

2. 项目技术标准的后评价

项目技术标准的后评价的主要内容包括：

（1）采用的技术标准是否满足国家或行业标准的要求。

（2）采用的技术标准是否与可行性研究批复的标准吻合。

（3）工艺技术、设备参数是否先进、合理、适用且符合国情。

（4）对采用的新技术、新工艺、新材料的先进性、经济性、安全性和可靠性进行评价。

（5）工艺流程、运营（行）管理模式等是否满足实际需求。

（6）对项目采取的技术措施在本工程中的适应性进行评价。

3. 项目技术方案的后评价

项目技术方案的后评价的主要内容包括：

（1）设计指导思想是否先进，是否进行多方案比选后选择了最优方案。

（2）是否符合各阶段批复意见。

（3）技术方案是否经济合理、可操作性强。

（4）设备配备、工艺、功能布局等是否满足运营、生产需求。

（5）辅助配套设施是否齐全。

（6）对运营（行）的主要技术指标进行对比。

4. 技术创新的后评价

技术创新的后评价的主要内容包括：

（1）评价项目的科研、获奖情况。

（2）对本项目的技术创新产生的社会经济效益进行后评价。

（3）对技术创新在国内、国际的领先水平进行后评价。

（4）分析技术创新的适应性及对工程质量、投资、进度等产生的影响等。

（5）对新技术在同行业等相关领域是否具有可推广性进行后评价。

（6）对新技术、新工艺、新材料、新设备的使用效果，以及对技术进步的影响进行后评价。

（7）对项目取得的知识产权情况进行后评价。

（8）对项目团队建设及人才培养情况进行后评价。

【案例 10-2】

某市奥林匹克体育中心新技术应用的后评价如下。

1. 应用的新技术及综合效益分析

奥体中心工程积极推广应用新技术且成效显著，在住房和城乡建设部 2010 年推广的 10 项新技术中，奥体中心工程共推广应用 9 大项 22 小项，省级新技术 4 大项 8 小项，具有很高的科技含量。

（1）复合土钉墙支护技术。它不仅提高了施工质量安全，而且节约材料费和人工费共计 100 万元，节约工期 5 天。

（2）预应力锚杆施工技术。它不仅提高了施工质量安全，而且节约材料费和人工费共计 200 万元，节约工期 10 天。

（3）大直径钢筋直螺纹连接技术。它不仅提高了钢筋安装效率，降低了劳动强度，而且还节省了钢筋，为企业节约材料费和人工费共计 80 万元，节约工期 11 天。

（4）索结构预应力施工技术。它不仅提高了强度，而且节约费用 300 万元，节约工期 20 天。

（5）深化设计技术。这项技术共节约材料费和人工费 24 万元，节约工期 8 天。

（6）模块式钢结构框架组装、吊装技术。它不仅提高了施工质量安全，而且节约材料费和人工费共计 400 万元，节约工期 15 天。

（7）管线综合布置技术。这项技术大大降低了施工难度，提高了工作效率，缩短了施工工期，节约工期 7 天。各道工序穿插施工安排更趋合理，减少返工，降低了施工成本，共节约人工费和材料费用 39 万元。

（8）施工过程水回收利用技术。它不仅保护环境，而且节约费用共计 50 万元。

2. 推广应用的后评价

（1）通过推广应用新技术，不仅工程质量及工程进度得到了很好的保障，而且工程施工成本得到了很好的控制。

（2）通过推广应用新技术，建设方对项目在新技术应用推广方面非常支持和认可。通过工程的完美体现，兑现了公司对建设单位的承诺，达到了企业合同履约的要求。

（3）对新技术的推广应用，促使项目施工管理人员不断更新自身的专业技术技能，以适应新技术的运用要求。项目对施工管理人员进行了有针对性的培训，提升了项目管理人员的综合能力。如果施工人员的知识更新不及时、不到位，就不能很好地正确运用新技术，从而对工程的施工质量、进度、成本以及新技术应用的实施效果造成不可预测的影响。因此，在推广应用新技术的同时，促使现场施工管理人员随着建筑业新技术的不断发展也不断地更新了知识，提升了管理人员自身管理水平和综合管理素质。

（4）实践证明，新技术的推广和应用，对工程进度、工程质量、工程效果及企业效益等多方面都起到了极大的推进作用，不仅解决了施工中的很多难题，还使各项管理工作有所提高，锻炼了一批人才。施工管理人员的业务素质、技术水平、工作责任、创新意识都有了明显的提高，树立了"科技创精品，科技创效益，科技兴企业"的概念。

5. 设备国产化的后评价（主要适用于轨道交通等国家特定项目）

设备国产化后评价的主要内容包括：

（1）对选用的设备国产化率进行后评价，评价进口设备是否可采用国产设备。

（2）对设备采购给工程带来的利弊进行后评价。

（3）对国产化设备与国外同类产品的技术经济进行后对比分析。

（4）对国产设备对运营、维修保养的影响进行后评价。

10.4.2 项目财务及经济效益的后评价

项目财务及经济效益的后评价内容包括：

（1）竣工决算与可行性研究报告的投资对比分析评价，主要包括分年度工程建设投资、建设期贷款利息等其他投资等指标的对比分析。

（2）资金筹措与可行性研究报告对应内容的对比分析评价，主要包括资本金比例、资本金筹措、贷款资金筹措等指标的对比分析。

（3）运营（行）收入与可行性研究报告对应内容的对比分析评价，主要包括分年度实际收入和以后年度预测收入等指标的对比分析。

（4）项目成本与可行性研究报告对应内容的对比分析评价，主要包括分年度运营（行）支出和以后年度预测成本等指标的对比分析。

（5）财务评价与可行性研究报告对应内容的对比分析评价，主要包括财务评价参数、评价指标等指标的对比分析。

（6）国民经济评价与可行性研究报告对应内容的对比分析评价，主要包括国民经济评价参数、评价指标等指标的对比分析。

（7）其他财务、效益相关分析评价，例如，项目单位财务状况的分析与评价。

10.4.3　项目经营管理的后评价

项目经营管理后评价的内容包括：

（1）经营管理机构设置与可行性研究报告对应内容的对比分析评价。

（2）人员配备与可行性研究报告对应内容的对比分析评价。

（3）经营管理目标评价。

（4）运营（行）管理评价。

10.4.4　项目资源环境效益的后评价

项目资源环境效益后评价的内容包括：

（1）项目环境保护合规性评价。

（2）环保设施设置情况评价。项目环境保护设施落实环境影响报告书及前期设计情况以及存在差异的原因。

（3）项目环境保护效果及影响评价。

（4）公众参与调查评价。

（5）项目环境保护措施建议。

（6）环境影响评价结论。

（7）节能效果评价。项目落实节能评估报告及节能评估报告批复意见情况，分析未落实的原因以及项目实际能源利用效率。

10.4.5　项目社会效益的后评价

1. 利益相关者分析

利益相关者分析内容包括：

（1）识别利益相关者。利益相关者分为直接利益相关者和间接利益相关者。

（2）分析利益相关者利益构成。

（3）分析利益相关者的影响力。

（4）对比项目实际利益相关者与可行性研究对应内容的差异。

2. 社会影响分析

社会影响分析内容包括：

（1）项目对所在地居民收入的影响。

（2）项目对所在地区居民生活水平的生活质量的影响。

（3）项目对所在地区居民就业的影响。

（4）项目对所在地区不同利益相关者的影响。

（5）项目对所在地区弱势群体利益的影响。

（6）项目对所在地区文化、教育、卫生的影响。

（7）项目对当地基础设施、社会服务容量和城市化进程的影响。

（8）项目对所在地区少数民族风俗习惯和宗教的影响。

（9）社会影响后评价结论。

分别分析（1）～（8）的影响范围和影响程度，对比已出现后果与可行性研究对应内容，发现二者的差异等。

3. 互适应性分析

互适应性分析内容包括：

（1）不同利益相关者的态度。

（2）当地社会组织的态度。

（3）当地社会环境条件。

（4）互适应性后评价结论。

对于第（1）～（3）的内容，关注项目与不同利益相关者、当地社会组织、当地社会环境的相互适应程度，发现其中出现的问题，分析可行性研究中提出的针对性措施是否发挥作用，在此基础上形成互适应性后评价结论。

4. 社会稳定风险分析

社会稳定风险分析的内容包括：

（1）移民安置问题。

（2）民族矛盾、宗教问题。

（3）弱势群体支持问题。

（4）受损补偿问题。

（5）社会风险后评价结论。

对于（1）～（4）的内容，分别分析风险的持续时间、已经出现的后果、可行性研究中提出的措施是否发挥作用等。

10.5 项目目标和可持续性的后评价

10.5.1 项目目标的后评价

项目目标后评价的内容包括：

（1）项目的工程建设目标。对工程建设的安全、投资、进度、质量、合同管理等是否达到决策目标进行评价。

（2）总体及分系统技术目标。对项目采用的技术总目标及各分系统的技术子目标是否达到决策目标进行评价。

（3）总体功能及分系统功能目标。对项目投入使用后的总体功能及分系统功能子目标是否达到决策目标进行评价。

（4）投资控制目标。对项目的投资估算、设计概算、施工图预算、竣工结算及财务决算是否达到决策目标进行评价。

（5）经济目标。对经济分析及财务分析的主要指标、运营成本、投资效益等是否达到决策目标进行评价。

（6）项目影响目标。对项目实现的社会经济影响、项目对自然资源的综合利用和对生态环境的影响以及对相关利益群体的影响等是否达到决策目标进行评价。

10.5.2　项目可持续性的评价

项目可持续性评价内容包括：

（1）项目的经济效益。项目的经济效益主要包括项目全生命周期的经济效益和项目的间接经济效益。

（2）项目资源利用情况包括：

1）项目建设期的资源利用情况；

2）项目运营（行）期的资源利用情况，主要包括项目运营（行）所需资源、项目运营（行）产生的废弃物处理和利用情况、项目报废后资源的再利用情况。

（3）项目的可改造性。项目的可改造性主要包括改造的经济可能性和技术可能性。

（4）项目的环境影响。项目的环境影响主要包括对自然环境的影响、对社会环境的影响和对生态环境的影响。

（5）项目科技进步性。项目科技进步性主要包括项目设计的先进性和技术的先进性。

（6）项目的可维护性。项目的可维护性主要包括设计合理性、技术适应性、经济可持续性、环境友好性和社会可接受性。

【案例 10-3】

某市奥林匹克体育中心可持续性的后评价如下。

市奥体中心工程作为改善省、市体育基础设施的重大工程之一，对提高全民运动健康意识、促进地区体育事业的发展、培育体育人才等具有重大的持续的价值。

体育场工程在筹建、设计之初，便遵循"未雨绸缪"的原则，在坚持公益性不变的基础上，借鉴国内同类体育场馆的建设经验，确定了多元化定位。除了满足国际足联、田联赛事比赛的相关要求以外，注重赛后运营的多种需要，为日后的经营管理、最大发挥场馆设施价值奠定基础，使得体育场工程的赛后运营具有以下较强优势：

（1）市场识别性高。市奥体中心工程作为省第 18 届运动会主赛场，赛后将成为一个集体育竞赛、文化娱乐、休闲购物和观光旅游于一体，空间开放、绿地环绕、环境优美，能够提供多功能服务的市民公共活动中心。这种在国内独一无二的特性决定了体育场工程在较大的区域范围内吸引客源的特性。

（2）交通便捷。奥体中心工程项目位于市新城区。新城区内有新建的市政府，新城区是未来城市的政治、文化、体育中心，地理位置得天独厚，十分优越。此外，现已有数路公交车通达该场址，未来的地铁线站点就设于场址的附近。

（3）地域性极富消费潜力。奥体中心工程所处的新城区本身就是一个居住、医院、办公等综合性强的区域，并且新城区北部分布了众多的高档别墅区。此地区还汇集多个高等学府及高新技术产业开发区。体育中心工程所处的地域特性能够保证中高档的体育消费成为现实。

（4）配套设施先进。奥体中心工程建成之后，将拥有一流的配套设施，使得奥体中心具有巨大的商业开发潜力。

上述系列优势，使得奥体中心工程在满足未来较长一段时间内举办重大体育赛事和国内体育联赛，促进当地群众体育活动，以及弘扬体育运动精神的需求的同时，在经营管理上，可以做成以组织各类专业体育赛事和各种大型文艺活动为主，以休闲娱乐、餐饮、购物、旅游参观、开办国内运动教育机构、设施出租和展览展示为辅，打造集体育赛事、休闲运动、文娱、旅游、展示等为一体的综合性产业市场，最大可能地发挥场馆的社会经济效益。具体包括：

（1）组织以各种专业体育比赛为主体的各种体育活动。体育场工程以国内足球职业联赛为载体，广泛联系各种国内外体育组织，常年组织各种专业体育比赛，满足体育场工程的专业比赛用途。其他场馆举办如体操、篮球、排球、乒乓球、羽毛球、手球等比赛项目，开发台球、技巧等比赛项目。通过定期举办赛事，提高奥体中心的知名度。

（2）组织以综合娱乐为主体的大型文娱活动。与国际国内的各种演出公司、展览公司签订长期合作协议，承接各种综合娱乐活动，如音乐会、明星演唱会、杂技、展览会、表演庆典等大型活动。

（3）开展以大众健身娱乐为主的各种体育休闲活动，并在此基础上建立一个高档次、极具时尚性的大众健身娱乐俱乐部，其中包括餐饮、购物、健身、娱乐等功能，并长期保持良好的运营状态，以提高场馆的使用率。

（4）设施经营出租。出租对象包括体育关联企业，如体育器材公司、体育服务公司、运动俱乐部等。

（5）进行无形资产开发。开展体育教育、培训、旅游参观、开办国际运动学校及展览展示等经营项目，进行冠名权拍卖，在重要赛事期间进行场内广告拍卖等。

综上所述，奥体中心工程建成后，只要本着"因地制宜、与时俱进"的思路，形成以体育为主业、全方位多元化经营运作的新局面，就能确保奥体中心工程在保证社会公益性的前提下，通过奥体中心工程的赛后运营，实现经济利益与社会效益双丰收，实现奥体中心工程的长期可持续性发展与利用。

【本章小结】

市政工程项目建成并投入使用后或达到设计生产能力时，应对项目进行全面、系统、客观的综合分析和评价，即后评价。后评价具有现实性、全面性、探索性、反馈性、合作性等特点，它与项目可行性研究、项目前评价有较大的差别。项目后评价的基本程序为确定项目后评价机构、选择后评价的对象、收集资料和选取数据、分析和加工收集的资料、评价及编制后评价报告以及上报后评价报告。项目后评价一般包括项目目标评价、项目实施过程评价、项目效益或效果评价、项目影响评价、项目持续性评价等内容；目前项目后评价的方法主要有"前后对比"和"有无对比"法、逻辑框架法、成功度评价法。项目全过程的后评价包括前期决策的后评价、建设准备与实施的后评价、运营（行）总结与评价等内容；项目效果和效益后评价包括项目技术水平的后评价、项目财务及经济效益的后评价、项目经营管理的后评价、项目资源环境效益的后评价、项目社会效益的后评价等内容。

【思考与练习题】

1. 项目后评价的特点是什么？与前评价的区别有哪些？

2. 后评价有何作用？

3. 为什么后评价的组织机构不能是项目原可行性研究单位和前评价单位?

4. 项目后评价的方法有哪些?

5. 项目全过程后评价的主要内容是什么?

6. 项目效果和效益后评价的主要内容是什么?

7. 项目目标和可持续性后评价的主要内容是什么?

参考文献

［1］李斯海，欧阳永金. 市政工程建设项目管理理论与实践［M］. 北京：人民交通出版社，2014.

［2］中华人民共和国住房和城乡建设部. 建设工程项目管理规范：GB/T 50326—2017［S］. 北京：中国建筑工业出版社，2017.

［3］王恩茂. 工程经济学［M］. 北京：科学出版社，2019.

［4］李昌春，林文剑. 市政工程施工项目管理［M］. 3 版. 北京：中国建筑工业出版社，2019.

［5］全国一级建造师执业资格考试用书编写委员会. 市政公用工程管理与实务［M］. 北京：中国建筑工业出版社，2022.

［6］全国造价工程师职业资格考试培训教材编写委员会. 建设工程造价管理基础知识［M］. 北京：中国计划出版社，2023.

［7］胡新赞，刘自福，尹立奇，等. 市政基础设施工程全过程工程咨询实践与案例［M］. 北京：中国建筑工业出版社，2020.